北京明昭陵古建筑群修缮与保护研究

周颖　何志敏　李芳　著

学苑出版社

图书在版编目（CIP）数据

北京明昭陵古建筑群修缮与保护研究 / 周颖 , 何志敏 , 李芳著 . — 北京 : 学苑出版社 , 2021.11

ISBN 978-7-5077-6303-4

Ⅰ. ①北…　Ⅱ. ①周…　②何…　③李…　Ⅲ. ①帝王—陵墓—古建筑—修缮加固—研究—北京—明代

Ⅳ . ① TU-092.48

中国版本图书馆 CIP 数据核字（2021）第 238275 号

责任编辑：周鼎　魏桦

出版发行：学苑出版社

社　　址：北京市丰台区南方庄2号院1号楼

邮政编码：100079

网　　址：www.book001.com

电子信箱：xueyuanpress@163.com

联系电话：010-67601101（营销部）、010-67603091（总编室）

经　　销：全国新华书店

印　刷　厂：三河市灵山芝兰印刷有限公司

开本尺寸：889×1194　1/16

印　　张：37.5

字　　数：526千字

版　　次：2021年11月第1版

印　　次：2021年11月第1次印刷

定　　价：800.00元

前言

　　明十三陵昭陵坐落于北京市昌平区天寿山麓，总面积一百二十余平方公里，距离天安门约五十公里。十三陵地处东、西、北三面环山的小盆地之中，陵区周围群山环抱，中部为平原，陵前有小河曲折蜿蜒。

　　昭陵在明十三陵中位居第九，是明朝第十二个皇帝和他的三个皇后的合葬墓，昭陵的建筑有其独特的地方。是明十三陵中地面建筑最完整，且最具代表性的陵寝建筑。也是目前十三陵中第一座大规模复原修葺的陵园。

　　十三陵昭陵1960年3月4日国务院公布为是全国重点文物保护单位。2003年11月，明十陵陵一起，被第27届世界遗产委员会列为世界文化遗产。

　　2015年受十三陵管理处管理处委托，我们承担了明十三陵昭陵修缮工程勘察设计任务，自接到任务起，我们组织技术人员进入现场进行详尽的调研、分析病害原因、出具勘察报告，通过努力将该勘察、设计项目顺利完成。自项目完成本着对学术研究严谨同时为后期同类工程提供翔实的第一手资料的态度，本书从构思、编著到审校、出版，作者付出了大量的时间和精力。

　　本书从前期历史沿革、现场勘察内容、安全性评估、保护修缮建议等方面进行了详细诠释。十三陵昭陵修缮项目实施过程中，积累了丰富的资料，为将此成果成为后续同类工程的借鉴资料，经过研究将成果结集出版。

目录

历史篇

勘察篇

设计篇

施工篇

历史篇

第一章　历史沿革

　　明十三陵昭陵坐落于北京市昌平区天寿山麓，总面积120多平方千米，距离天安门约50千米。十三陵地处东、西、北三面环山的小盆地之中，陵区周围群山环抱，中部为平原，陵前有小河曲折蜿蜒，陵区西南隅是鹿马山南麓（又名锦屏山或锦壁山）。北靠燕山、西临太行山，年降水量平均600毫米～700毫米，属于温带半湿润气候，风景秀丽，空气质量良好，是天然的氧吧。

　　昭陵在明十三陵中位居第九，是明朝第十二个皇帝和他的三个皇后的合葬墓。是

航拍图

3

昭陵祾恩殿现状

明十三陵中地面建筑最完整，且最具代表性的陵寝建筑，也是目前十三陵中第一座大规模复原修葺的陵园。

十三陵于 1961 年被国务院公布为第一批全国重点文物保护单位。2003 年 11 月，与南京明孝陵一起，被第 27 届联合国教科文组织世界遗产委员会列入《世界遗产名录》。

隆庆六年（1572 年）六月己巳（十五日），诏建穆宗陵寝于大峪山。辛巳（二十七日）荐号昭陵。八月乙亥（二十二日），孝懿皇后李氏迁葬昭陵。九月十九日辰时，明穆宗葬昭陵。

万历二年（1574 年）六七月，大雨，昭陵祾恩门、祾恩殿多处沦陷、闪动。万历三年（1575 年）正月，修葺昭陵，七月甲子（二十八日）昭陵修葺完工。

明朝灭亡之后，昭陵先后遭受两次严重破坏。一次是清顺治元年（1644 年），明楼在战乱中遭受火灾，另一次是清康熙三十四年（1695 年），祾恩殿、两庑配殿遭雷击，祾恩殿被彻底烧毁。后随着长期的风雨侵蚀，至清乾隆年间，两庑配殿和祾恩门也相继残坏。清政府于乾隆五十至五十二年（1785—1787 年）对十三陵进行大规模修缮，昭陵祾恩殿、祾恩门、明楼得到了修缮，但原有建筑规制也被改变。祾恩殿、祾恩门被缩小了规制，明楼内增加了条石券顶，而两庑配殿、神功圣德碑亭的断壁残垣均被拆除。

1987 年至 1992 年，依照明朝旧制，昭陵被全面复原修缮。其工程包括更换明楼木架结构和瓦饰，复原修建祾恩殿、祾恩门、两庑配殿、神功圣德碑亭、宰牲亭、神厨、神库。1992 年修复后的昭陵全面开放。重修后的昭陵，建筑宏伟，金碧辉煌，具有陵制完整的特点。

2013 年，对昭陵碑亭屋面及祾恩殿屋面进行抢险修缮。2014 年，昭陵祾恩殿屋面抢险修缮工程竣工。

第二章　建筑特点与价值

一、建筑格局

昭陵的陵寝规模在十三陵中属中等。其神道的设置，从长陵神道七孔桥北向西分出，长约2000米。途中建有五孔、单孔石桥各一座。近陵处建碑亭一座，亭后建并列单孔石桥三座。陵宫建筑，朝向为南偏东38度，占地约3.46万平方米。其总体布局亦呈前方后圆之形，宝城前设两进院落，方城下甬道做直通前后的方式，以及祾恩殿、配殿为五间，祾恩门为三间的规制均如泰、康诸陵制度。

二、建造特点

昭陵的最大特点，是率先形成了完备的"哑巴院"制度。明朝的帝陵从献陵到康陵前后六陵，宝城内的封土都是从宝城内环形排水沟以内开始夯筑"宝山"（墓冢）的，其形状呈自然隆起之态。《昌平山水记》记之为"甬道平，宝城小，冢半填"。昭陵则不同，宝城内的封土填得特别满，几乎与宝城城墙等高，正中筑有上小下大的柱形夯土墓冢，封土的前部有弧形砖墙拦挡封土，并与方城两侧的宝城墙内壁相接，形成了一个封闭的月牙形院落，人们俗称为"哑巴院"，并称院外月牙形的墙体为"月牙城"。

宝城封土的排水系统也十分讲究。宝城为前低后高形式，城内的封土则是中高外低。宝城的内侧设砖墁凹形水槽，左右两侧稍前处又各设方井两眼，井上覆盖凿有漏水孔的水箅子，井下有暗沟前通哑巴院内的两侧排水孔道。下大雨后，城内雨水能顺利地从哑巴院两侧的排水暗沟排出，有效地保证了玄宫上面封土的干燥。

方城后的琉璃影壁也改泰、康等陵依墙而建的方式，为一半嵌入墙体之内的随墙而建的方式。

昭陵的宝城与泰、康等陵的宝城模式相比较，显得更加精致壮观。这种形制由于冢前拦土墙大幅度增高，不仅可以满足以永陵模式在宝城内填满黄土的需要，而且方城下的甬道和宝城内通向明楼的左右转向礓磋道路也可以继续使用，而不致被封土掩埋。这种月牙城、哑巴院的方式为后来的庆、德二陵所沿用。

三、建筑价值

昭陵是明代皇家陵寝的重要组成部分，是明十三陵中地面建筑最完整，且最具代表性的陵寝建筑，具有划时代的历史意义和很高的文物价值，因此，对其文物价值载体之一的建筑本体保护是保护其文物价值的核心所在。这是研究社会演变时期的政治、经济及传统建筑工艺传承重要的实物依据。

昭陵是具有典型时代标记的建筑组群，对于研究皇家建筑文化具有特别的价值。在选址、建筑布局、设计等方面均具有很高的历史、科学、艺术价值。

昭陵是全国重点文物保护单位，是世界遗产明皇家陵寝的重要组成部分，具有广泛的社会文化价值和国际影响。

勘察篇

第一章　勘察内容与思路

一、勘察内容

勘察范围包括：祾恩门、祾恩殿、三座门、棂星门、东配殿、西配殿、宰牲亭、神厨、神库及院墙、院落地面铺装。

勘察内容包括：瓦作、木结构、石材、地面铺装、油饰及彩画。

修缮建筑总面积（建筑面积为台明外轮廓面积）：2514平方米。

二、勘察思路

在勘察中主要以建筑部位为单位进行分部勘察，对结构安全可靠性进行勘察判断。

对于院落铺装、建筑散水等露天砖材的酥碱破损问题，有针对性地使用了局部揭露探查的方法，检查铺装基层，以便准确地分析判断砖材破损的主要原因。

第二章　祾恩门现状勘察

一、建筑基本情况

祾恩门面阔三间，进深二间，黄琉璃瓦歇山顶屋面，檐下施单昂五踩斗拱。三间中柱实榻大门。前檐施垂带台阶七步，后檐施垂带台阶两步。前檐（南）有月台，月台前施青白石礓磋坡道。祾恩门两侧接宫墙。祾恩门于1987年到1990年曾进行过修复。

二、建筑现状勘察

（一）屋面

构件名称：瓦件、脊件、木基层

现状基本做法：歇山黄琉璃瓦顶。筒瓦规格：140毫米（直径），板瓦230毫米（宽）——六样。前后坡各90垄瓦，东西撒头各52垄。南北坡正身椽各60根，翼角椽30根，东西山面正身椽40根，翼角椽26根。

檐头望板为横铺，其余望板为顺铺，板厚约25毫米。檐椽直径120毫米，飞椽120毫米×120毫米。山花板厚约50毫米，博风板厚约80毫米。

存在残损问题：屋面琉璃脊件均有脱釉，占10%，西北翼角缺失仙人1个。四坡屋面檐头滴水有松动，南坡缺损滴水1块。琉璃筒瓦残损20%，底瓦残损10%，檐头椽、望有水渍，比较严重。北屋面瓦件连接处的捉节灰及夹腮灰开裂、脱落严重。连檐、瓦口糟朽50%，南北飞椽椽头糟朽10%，东西飞椽椽头糟朽30%，檐口望板糟朽严重。

破坏原因：琉璃构件受湿气、雨水、风、雪侵蚀等自然因素影响，造成屋面琉璃构件普遍脱釉现象，失釉的琉璃构件本体防水性能降低，少数构件在冻胀作用力或受力不均情况下，产生断裂。受外力和自然环境的影响，瓦件连接处的捏节灰及夹腮灰开裂，影响了屋面瓦件整体性。屋面常年渗水，木基层（望板、檐椽、飞椽）处于潮湿状态，易造成糟朽。在冻胀的作用力下，屋面易产生变形。

（二）大木构架

构件名称：柱子、梁、枋、斗拱

现状基本做法：前檐柱、后檐柱、中柱、山柱各两根，角柱四根。单步梁、双步梁、三步挑尖梁、檐柱及中柱间与三步挑尖梁下施穿插枋，枋上施隔架斗拱承托天花枋，四角各施抹角梁，角梁后尾插金与垂柱，前后檐及山面柱间施额枋，每间施檩九根。斗拱斗口 2.5 寸，单昂五踩斗拱，明间八攒、次间四攒及山面每间三攒平身科斗拱，共计四十四攒，柱头科、角科斗拱各四攒。

存在残损问题：探查露明檐柱柱根基本完好。梁枋基本完好，未现拔榫、脱榫情况，额枋局部开裂。斗拱略有变形。

破坏原因：由于建筑基座较高，室外地坪没有提升，所有柱均有露明部位，通风较好，柱根部未产生明显的糟烂现象。所有构件均按明代官式营造做法加工制作，用料较大，受力较好，未遭到特大外力影响，大木连接稳定。因斗拱木构件受压后，发生压缩变形。

（三）墙体

构件名称：下碱、上身

现状基本做法：墙体下碱墙澄浆城砖三顺一丁干摆砌筑；上身城砖糙砌，抹靠骨灰，刷红土子浆。

存在残损问题：墙体未发现歪、闪、变形情况。外檐下碱墙基本完好，表面污染红浆色。

破坏原因：由于建筑基座较高，建筑出檐较大，下碱墙未遭到雨水侵蚀及地表水浸泡，下碱墙未发生明显冻胀作用，故保存较好。

（四）台明及地面

构件名称：台阶、柱顶石、阶条、台帮、散水、地面

现状基本做法：建筑台明及地面，汉白玉槛垫石、过门石、门枕石、压面石、埋头石、青白石柱顶石、垂带及台阶，澄浆城砖干摆台帮及台阶象眼，方砖细墁地面。

月台青白石压面石、埋头石、垂带、礓磋坡道，澄浆城砖干摆台帮及台阶象眼，地面为 440 毫米×215 毫米×110 毫米砖十字缝细墁地面。无散水周边水泥砖墁地。

存在残损问题：槛垫石、过门石、门枕石保存完好，垂带、踏步基本完好，灰缝脱落。南侧月台水泥砖墁地，城砖礓蹉坡道风化酥碱残损 60%，钢制保护楼梯锈蚀、油饰脱落。

（五）装修

构件名称：大门、其他

现状基本做法：大门，三樘中柱实榻大门；枝条，露明天花支条做法。

存在残损问题：实榻大门，保存基本完好，未现变形，枝条基本完好，未见下垂、缺失。

三、彩画现状勘察

祾恩门彩画为墨线小点金旋子彩画。外檐彩画基本完好，局部污染。内檐彩画大部分保存较好，彩画少量脱落、空鼓。博缝油皮粉化失光，大面积脱落，金箔氧化、失光。连檐瓦口油饰脱落，前檐部分飞头和后檐大部分飞头糟朽，地仗及彩画脱落。内外檐下架大木油饰破损严重。

（一）博缝、山花结带

地仗做法：一麻五灰。

油饰做法：朱红色油饰。

油饰地仗、彩画残损情况：油皮粉化失光，大面积脱落。地仗龟裂，金箔氧化、失光。

现状评估：目前油饰残损较严重，已不能很好地保护及装饰木构件。

（二）前后外檐连檐瓦口、飞头、椽头、椽望及内檐椽子望板

地仗做法：椽头四道灰，连檐、瓦口、椽子、望板三道灰。

油饰做法：连檐瓦口、椽望，红色油；椽肚，红帮绿地。

彩画类别做法：飞头，沥粉贴金万字；椽头，退晕金眼宝珠。

油饰地仗、彩画残损情况：连檐瓦口油饰脱落，前檐部分飞头和后檐大部分飞头糟朽，地仗及彩画脱落。金箔基本脱落。

现状评估：部分构件地仗、油饰缺失，已丧失了对木构的保护及装饰作用。

（三）斗拱、垫拱板

地仗做法：三道灰地仗。

彩画类别做法：斗拱，墨线斗拱；垫拱板，三宝珠火焰。

油饰地仗、彩画残损情况：彩画褪色，局部脱落，污染严重。

现状评估：基本还能保护木构。

（四）平板枋

地仗做法：一麻五灰。

彩画类别做法：降魔云纹。

油饰地仗、彩画残损情况：保存较好。

现状评估：能很好保护木构件。

（五）露明天花枝条

地仗做法：无地仗。

彩画类别做法：烟啄墨岔角云四合云鼓子心天花。

油饰地仗、彩画残损情况：基本完好。

（六）外檐上架大木

地仗做法：一麻五灰。

彩画类别做法：墨线小点金旋子彩画。

油饰地仗、彩画残损情况：基本完好，有褪色现象，金箔基本脱落。

现状评估：彩画还能很好地保护文物本体。

（七）内檐上架大木

地仗做法：四道灰地仗。

彩画类别做法：墨线小点金旋子彩画。

油饰地仗、彩画残损情况：基本完好，有褪色现象。东次间额枋彩画局部空鼓开裂。金箔基本脱落。

现状评估：目前彩画还能较好保护木构件。

（八）内外檐下架

地仗做法：一麻五灰。

油饰做法：朱红色油饰。

油饰地仗、彩画残损情况：柱子油皮大面积起皮脱落。

现状评估：不能很好保护木构件。

（九）大门

地仗做法：大门一麻五灰。

油饰做法：朱红色油饰。

油饰地仗、彩画残损情况：大门装修局部油皮脱落。

现状评估：失去装饰作用，影响观瞻效果。

四、现状勘察照片

祾恩门南立面

裬恩门东立面

裬恩门北立面瓦面夹腮灰脱落

祾恩门北立面椽望糟朽，飞椽及连檐地仗油饰无存

祾恩门西立面飞椽及连檐地仗油饰

裬恩门南立面飞椽及连檐地仗油饰剥落严重，下架地仗开裂剥落

裬恩门南立面飞椽及连檐地仗油饰剥落严重，下架地仗开裂剥落

祾恩门东立面飞椽及连檐地仗油饰剥落严重，下架地仗开裂剥落

祾恩门大门地仗油饰空鼓、褪色

祾恩门室内方砖地面保存基本完好

祾恩门南侧礓磋地面残损严重

祾恩门南侧月台水泥砖墁地

祾恩门南侧礓磋坡道保护楼梯锈蚀

祾恩门北侧散水无存，水泥砖墁地

祾恩门北侧散水无存，水泥砖墁地，甬路保存局部污染残损

祾恩门内檐彩画基本完好

五、勘察结论

屋面檐口渗漏，木构架基本处于稳定状态，未发现安全隐患。墙体结构安全，处于稳定状态。建筑地面保存基本完好，装修保存基本完好。下架油饰开裂严重。

第三章 西配殿现状勘察

一、建筑基本情况

西配殿面阔五间，进深三间，前后带廊黄琉璃瓦歇山顶屋面，檐下施单昂三踩斗拱。金步隔扇装修。前檐施垂带台阶两步。西配殿于 1987 年到 1990 年曾进行过修复。

二、建筑现状勘察

（一）屋面

构件名称：瓦件、脊件、木基层。

现状基本做法：歇山黄琉璃瓦顶。筒瓦规格：140 毫米（直径），板瓦 230 毫米（宽）——六样。前后坡各 94 垄瓦，东西撒头各 24 垄。南北坡正身椽各 22 根，翼角椽 26 根，东西山面正身椽 100 根，翼角椽 26 根。

檐头望板为横铺，其余望板为顺铺，板厚约 25 毫米。檐椽直径 120 毫米，飞椽 120 毫米×120 毫米。山花板厚约 50 毫米，博风板厚 80 毫米。

存在残损问题：屋面琉璃瓦件均有脱釉，占 10%，西北翼角缺失仙人 1 个。四坡屋面檐头滴水有松动。琉璃筒瓦残损 10%，底瓦残损 10%，檐头椽、望有水渍，比较严重。连檐、瓦口糟朽 50%，南北飞椽椽头糟朽 30%，东西飞椽椽头糟朽 10%，檐口望板糟朽严重。

破坏原因：琉璃构件受湿气、雨水、风、雪侵蚀等自然因素影响，造成屋面琉璃构件普遍脱釉现象，失釉的琉璃构件本体防水性能降低，少数构件在冻胀作用力或受力不均情况下，产生断裂。受外力和自然环境的影响，瓦件连接处的捉节灰及夹腮灰开裂，影响了屋面瓦件整体性。屋面常年渗水，木基层（望板、檐椽、飞椽）处于潮湿状态，易造成糟朽。在冻胀的作用力下，屋面易产生变形。

（二）大木构架

构件名称：柱子、梁、枋、斗拱

现状基本做法：前檐柱四根、后檐柱、中柱、山柱各两根，角柱四根。单步梁、双步梁、檐柱及中柱间下施穿插枋，枋上施隔架斗拱承托天花枋，四角各施抹角梁，角梁后尾插金与垂柱，前后檐及山面柱间施额枋，每间施檩9根。斗拱斗口4.3寸，单昂三踩斗拱，明间六攒、次间和稍间各施四攒及山面共八攒平身科斗拱，共计四十八攒、柱头科八攒、角科斗拱四攒。

存在残损问题：探查露明檐柱柱根基本完好。梁枋基本完好，未见拔榫、脱榫情况。斗拱略有变形。

破坏原因：由于建筑基座较高，室外地坪没有提升，所有柱均有露明部位，通风较好，柱根部未产生明显的糟烂现象。所有构件均按明代官式营造做法加工制作，用料较大，受力较好，未遭到特大外力影响，大木连接稳定。因斗拱木构件受压后，发生压缩变形。

（三）墙体

构件名称：下碱、上身

现状基本做法：墙体下碱墙澄浆城砖三顺一丁干摆砌筑；上身城砖糙砌，抹靠骨灰，刷红土子浆（内檐刷黄灰）。

存在残损问题：墙体未发现歪、闪、变形情况。下碱墙基本完好，表面污染红浆色。

原因：由于建筑基座较高，建筑出檐较大，下碱墙未遭到雨水侵蚀及地表水浸泡，下碱墙未发生明显冻胀作用，故保存较好。

（四）台明及地面

构件名称：台阶、柱顶石、阶条、台帮、散水、地面

现状基本做法：青白石槛垫石、过门石、门枕石、压面石、埋头石、青白石柱顶石、垂带及台阶，澄浆城砖干摆台帮及台阶象眼，方砖细墁地面，后做水泥砖散水。

存在残损问题：槛垫石、过门石、门枕石保存完好，垂带、踏步基本完好，灰缝脱落。

（五）装修

构件名称：大门、其他

现状基本做法：四扇隔扇装修。

枝条：露明天花支条做法。

存在残损问题：四扇隔扇装修，保存基本完好，未现变形，枝条基本完好，未见下垂、缺失。

三、彩画现状勘察

西配殿彩画为墨线小点金旋子彩画。外檐彩画基本完好，局部污染。内檐彩画大部分保存较好，彩画少量脱落、空鼓。博缝油皮粉化失光，大面积脱落，金箔氧化、失光。连檐瓦口油饰脱落，前檐部分飞头和后檐大部分飞头糟朽，地仗及彩画脱落。内外檐下架大木油饰破损严重。

（一）博缝、山花结带

地仗做法：一麻五灰。

油饰做法：朱红色油饰。

油饰地仗、彩画残损情况：油皮粉化失光，大面积脱落。地仗龟裂，金箔氧化、失光。

现状评估：目前油饰残损较严重，已不能很好地保护及装饰木构件。

（二）前后外檐连檐瓦口、飞头、椽头、椽望及内檐椽子望板

地仗做法：椽头四道灰，连檐、瓦口、椽子、望板三道灰。

油饰做法：连檐瓦口、椽望，红色油；椽肚，红帮绿地。

彩画类别做法：飞头，墨万字；椽头，退晕虎眼宝珠。

油饰地仗、彩画残损情况：连檐瓦口油饰脱落，前檐部分飞头和后檐大部分飞头糟朽，地仗及彩画脱落。金箔脱落40%。

现状评估：部分构件地仗、油饰缺失，已丧失了对木构的保护及装饰作用。

（三）斗拱、垫拱板

地仗做法：三道灰地仗。

彩画类别做法：斗拱，墨线斗拱；垫拱板，三宝珠火焰。

油饰地仗、彩画残损情况：彩画褪色，局部脱落，污染严重。

现状评估：基本还能保护木构。

（四）平板枋

地仗做法：一麻五灰。

彩画类别做法：降魔云纹。

油饰地仗、彩画残损情况：保存较好。

现状评估：能很好保护木构件。

（五）露明天花枝条

地仗做法：无地仗。

彩画类别做法：烟啄墨岔角云四合云鼓子心天花。

油饰地仗、彩画残损情况：基本完好。

（六）外檐上架大木

地仗做法：一麻五灰。

彩画类别做法：雅武墨方心旋子彩画。

油饰地仗、彩画残损情况：基本完好，有褪色现象。额枋彩画局部空鼓开裂。

现状评估：彩画还能很好地保护文物本体。

（七）内檐上架大木

地仗做法：四道灰地仗。

彩画类别做法：雅武墨方心旋子彩画。

油饰地仗、彩画残损情况：基本完好，有褪色现象。额枋彩画局部空鼓开裂。

现状评估：目前彩画还能较好保护木构件。

（八）内外檐下架大木

地仗做法：一麻五灰。

油饰做法：朱红色油饰。

油饰地仗、彩画残损情况：柱子油皮大面积起皮脱落。

现状评估：不能很好保护木构件。

（九）装修

地仗做法：大门一麻五灰。

油饰做法：朱红色油饰。

油饰地仗、彩画残损情况：局部油皮脱落。

现状评估：失去装饰作用，影响观瞻效果。

四、现状勘察照片

西配殿东立面

西配殿西立面

西配殿北立面

西配殿南立面

西配殿南立面

西配殿飞椽椽头糟朽，地仗彩画剥落

西配殿飞椽椽头糟朽，地仗彩画剥落

西配殿飞椽椽头糟朽，地仗彩画剥落

西配殿外檐上架彩绘褪色、空鼓

西配殿内檐上架彩绘局部空鼓，大木构件局部横向干裂

西配殿大木构件局部横向干裂

西配殿外檐下架地仗油饰剥落严重

西配殿室内上架彩绘保存完好，局部大木构件横向干裂

西配殿外檐水泥砖散水，水泥砖墁地

西配殿外檐水泥砖散水，水泥砖墁地

五、勘察结论

屋面檐口渗漏，木构架基本处于稳定状态，未发现安全隐患。墙体结构安全，处于稳定状态。建筑地面保存基本完好，装修保存基本完好。下架油饰开裂严重。

第四章　东配殿现状勘察

一、建筑基本情况

东配殿面阔五间，进深三间，前后带廊黄琉璃瓦歇山顶屋面，檐下施单昂三踩斗拱。金部隔扇装修。前檐施垂带台阶两步。西配殿于 1987 年到 1990 年曾进行过修复。

二、建筑现状勘察

（一）屋面

构件名称：瓦件、脊件、木基层

现状基本做法：歇山黄琉璃瓦顶。筒瓦规格：140 毫米（直径），板瓦 230 毫米（宽）——六样。前后坡各 94 垄瓦，东西撒头各 24 垄。南北坡正身椽各 22 根，翼角椽 26 根，东西山面正身椽 100 根，翼角椽 26 根。

檐头望板为横铺，其余望板为顺铺，板厚约 25 毫米。檐椽直径 120 毫米，飞椽 120 毫米×120 毫米。山花板厚约 50 毫米，博风板厚 80 毫米。

存在残损问题：屋面琉璃瓦件均有脱釉，占 10%，西北翼角缺失仙人 1 个。四坡屋面檐头滴水有松动。琉璃筒瓦残损 10%，底瓦残损 10%，檐头椽、望有水渍，比较严重。连檐、瓦口糟朽 50%，南北飞椽椽头糟朽 30%，东西飞椽椽头糟朽 10%，檐口望板糟朽严重。

破坏原因：琉璃构件受湿气、雨水、风、雪侵蚀等自然因素影响，造成屋面琉璃构件普遍脱釉现象，失釉的琉璃构件本体防水性能降低，少数构件在冻胀作用力或受力不均情况下，产生断裂。受外力和自然环境的影响，瓦件连接处的捉节灰及夹腮灰开裂，影响了屋面瓦件整体性。屋面常年渗水，木基层（望板、檐椽、飞椽）处于潮湿状态，易造成糟朽。在冻胀的作用力下，屋面易产生变形。

（二）大木构架

构件名称：柱子、梁、枋、斗拱

现状基本做法：前檐柱四根、后檐柱、中柱、山柱各两根，角柱四根。单步梁、双步梁、檐柱及中柱间下施穿插枋，枋上施隔架斗拱承托天花枋，四角各施抹角梁，角梁后尾插金与垂柱，前后檐及山面柱间施额枋，每间施檩九根。斗拱斗口4.3寸，单昂三踩斗拱，明间六攒、次间和稍间各施四攒及山面共八攒平身科斗拱，共计四十八攒，柱头科八攒、角科斗拱四攒。

存在残损问题：探查露明檐柱柱根基本完好。梁枋基本完好，未现拔榫、脱榫情况。斗拱略有变形。

破坏原因：由于建筑基座较高，室外地坪没有提升，所有柱均有露明部位，通风较好，柱根部未产生明显的糟烂现象。所有构件均按明代官式营造做法加工制作，用料较大，受力较好，未遭到特大外力影响，大木连接稳定。因斗拱木构件受压后，发生压缩变形。

（三）墙体

构件名称：下碱、上身

现状基本做法：墙体下碱墙澄浆城砖三顺一丁干摆砌筑；上身城砖糙砌，抹靠骨灰，刷红土子浆（内檐刷黄灰）。

存在残损问题：墙体未发现歪、闪、变形情况。下碱墙基本完好，表面污染红浆色。

破坏原因：由于建筑基座较高，建筑出檐较大，下碱墙未遭到雨水侵蚀及地表水浸泡，下碱墙未发生明显冻胀作用，故保存较好。

（四）台明及地面

构件名称：台阶、柱顶石、阶条、台帮、散水、地面

现状基本做法：青白石槛垫石、过门石、门枕石、压面石、埋头石、青白石柱顶石、垂带及台阶，澄浆城砖干摆台帮及台阶象眼，方砖细墁地面，后做水泥砖散水。

存在残损问题：槛垫石、过门石、门枕石保存完好，垂带、踏步基本完好，灰缝脱落。

（五）装修

构件名称：大门、其他

现状基本做法：四扇隔扇装修。

枝条：露明天花支条做法。

存在残损问题：四扇隔扇装修，保存基本完好，未现变形，枝条基本完好，未见下垂、缺失。

三、彩画现状勘察

东配殿彩画为墨线小点金旋子彩画。外檐彩画基本完好，局部污染。内檐彩画大部分保存较好，彩画少量脱落、空鼓。博缝油皮粉化失光，大面积脱落，金箔氧化、失光。连檐瓦口油饰脱落，前檐部分飞头和后檐大部分飞头糟朽，地仗及彩画脱落。内外檐下架大木油饰破损严重。

（一）博缝、山花结带

地仗做法：一麻五灰。

油饰做法：朱红色油饰。

油饰地仗、彩画残损情况：油皮粉化失光，大面积脱落。地仗龟裂，金箔氧化、失光。

现状评估：目前油饰残损较严重，已不能很好地保护及装饰木构件。

（二）前后外檐连檐瓦口、飞头、椽头、椽望及内檐椽子望板

地仗做法：椽头四道灰，连檐、瓦口、椽子、望板三道灰。

油饰做法：连檐瓦口、椽望，红色油；椽肚，红帮绿地。

彩画类别做法：飞头，墨万字；椽头，退晕虎眼宝珠。

油饰地仗、彩画残损情况：连檐瓦口油饰脱落，前檐部分飞头和后檐大部分飞头槽朽，地仗及彩画脱落。金箔脱落40%。

现状评估：部分构件地仗、油饰缺失，已丧失了对木构的保护及装饰作用。

（三）斗拱、垫拱板

地仗做法：三道灰地仗。

彩画类别做法：斗拱，墨线斗拱；垫拱板，三宝珠火焰。

油饰地仗、彩画残损情况：彩画褪色，局部脱落，污染严重。

现状评估：基本还能保护木构。

（四）平板枋

地仗做法：一麻五灰。

彩画类别做法：降魔云纹。

油饰地仗、彩画残损情况：保存较好。

现状评估：能很好保护木构件。

（五）露明天花枝条

地仗做法：无地仗。

彩画类别做法：烟啄墨岔角云四合云鼓子心天花。

油饰地仗、彩画残损情况：基本完好。

（六）外檐上架大木

地仗做法：一麻五灰。

彩画类别做法：雅武墨方心旋子彩画。

油饰地仗、彩画残损情况：基本完好，有褪色现象。额枋彩画局部空鼓开裂。

现状评估：彩画还能很好地保护文物本体。

（七）内檐上架大木

地仗做法：四道灰地仗。

彩画类别做法：雅武墨方心旋子彩画。

油饰地仗、彩画残损情况：基本完好，有褪色现象，东次间额枋彩画局部空鼓开裂。

现状评估：目前彩画还能较好保护木构件。

（八）内外檐下架大木

地仗做法：一麻五灰。

油饰做法：朱红色油饰。

油饰地仗、彩画残损情况：柱子油皮大面积起皮脱落。

现状评估：不能很好保护木构件。

（九）装修

地仗做法：大门一麻五灰。

油饰做法：朱红色油饰。

油饰地仗、彩画残损情况：局部油皮脱落。

现状评估：失去装饰作用，影响观瞻效果。

四、现状勘察照片

东配殿西立面

东配殿东立面

东配殿南立面

东配殿飞椽椽头糟朽，地仗彩画剥落

东配殿下架地仗剥落、油饰残损

东配殿廊步内檐彩画保存基本完好

东配殿室内上架彩绘保存完好

东配殿水泥砖散水

五、勘察结论

屋面檐口渗漏，木构架基本处于稳定状态，未发现安全隐患。墙体结构安全，处于稳定状态。建筑地面保存基本完好，装修保存基本完好。下架油饰开裂严重。

第五章 祾恩殿现状勘察

一、建筑基本情况

祾恩殿面阔五间，进深五间，前后带廊黄琉璃瓦两层庑殿顶屋面，檐下施单昂三踩斗拱。檐柱装修，明间及次间隔扇，两稍间为槛窗，前檐（南侧）有月台，月台三面有垂带台阶。祾恩殿于1987年到1990年曾进行过修复。2014年进行过瓦面修缮。

二、建筑现状勘察

（一）屋面

构件名称：瓦件、脊件、木基层

现状基本做法：歇山黄琉璃瓦顶。筒瓦规格：160毫米（直径），板瓦270毫米（宽）——五样，前后坡各86垄瓦，东西撒头各60垄。两层南北坡正身椽各242根，翼角椽128根，东西山面正身椽各152根，翼角椽各128根。

望板为横铺，板厚约25毫米。里口木做法檐椽直径115毫米，飞椽110毫米×110毫米。山花板厚约50毫米，博风板厚80毫米，板件用扒锔固定。

存在残损问题：瓦面新做修缮，保存基本完好。屋面琉璃瓦件均有脱釉，滴子脱釉50%。

破坏原因：琉璃构件局部脱釉，失釉的琉璃构件本体防水性能降低。

（二）大木构架

构件名称：柱子、梁、枋、斗拱

现状基本做法：前檐柱、后檐柱、金柱、山柱、角柱各四根。三架梁、五架梁、单步梁、双步挑尖梁接尾梁及梁下随梁，檐柱（山柱）及金柱间施穿插枋，枋上施隔架斗拱承托随梁，稍间于双步挑尖梁上施童柱承托踩步金。前后檐柱及山柱间施额枋，每间施檩十一根。斗拱斗口2.8寸，头层单翘单昂五踩斗拱，明间十二攒、次间、稍间各施八攒平身科斗拱，共计八十攒，山面明间施六攒平身科斗拱，两次间各施六攒平身科斗拱，共计四十攒。角科斗拱八攒、柱头科斗拱24攒。二层重昂五踩斗拱。

存在残损问题：埋墙柱柱根糟朽共5根，高约0.3米～0.5米；油皮脱落。前檐明间东稍间金柱通裂。后檐装修现存纵向干裂缝。梁枋基本完好，未现拔榫、脱榫情况。外檐梁枋大木构架横向干裂现象较多。斗拱略有变形。

破坏原因：由于建筑基座较高，室外地坪没有提升，所有柱均有露明部位，通风较好，柱根部未产生明显的糟烂现象。所有构件均按明代官式营造做法加工制作，用料较大，受力较好，未遭到特大外力影响，大木连接稳定。因斗拱木构件受压后，发生压缩变形。

（三）墙体

构件名称：下碱、上身

现状基本做法：墙体下碱墙澄浆城砖三顺一丁干摆砌筑；上身城砖糙砌，抹靠骨灰，刷红土子浆（内檐刷黄灰）。

存在残损问题：墙体未发现歪、闪、变形情况。上身红色抹灰褪色、陈旧。下碱墙基本完好，表面污染红浆色。

破坏原因：由于建筑基座较高，建筑出檐较大，下碱墙未遭到雨水侵蚀及地表水浸泡，下碱墙未发生明显冻胀作用，故保存较好。

（四）台明及地面

构件名称：台阶、柱顶石、阶条、台帮、散水、地面

现状基本做法：青白石压面石、埋头石、柱顶石，500毫米×500毫米×80毫米方砖细墁地面。月台青白石压面石、埋头石、垂带、台阶、台帮及象眼，地面为水泥砖地面。后做水泥砖散水。

存在残损问题：槛垫石、过门石、门枕石保存完好，垂带、踏步基本完好，灰缝脱落。

（五）装修

构件名称：大门、其他

现状基本做法：四扇隔扇装修。

枝条：露明天花支条做法。

存在残损问题：四扇隔扇装修，保存基本完好，未现变形，枝条基本完好，未见下垂、缺失。

三、彩画现状勘察

祾恩殿彩画为墨线小点金旋子彩画。外檐彩画基本完好，局部污染。内檐彩画大部分保存较好，彩画少量脱落、空鼓。博缝油皮粉化失光，大面积脱落，金箔氧化、失光。连檐瓦口油饰脱落，前檐部分飞头和后檐大部分飞头糟朽，地仗及彩画脱落。内外檐下架大木油饰破损严重。

（一）前后外檐连檐瓦口、飞头、椽头、椽望及内檐椽子望板

地仗做法：椽头四道灰，连檐、瓦口、椽子、望板三道灰。

油饰做法：连檐瓦口、椽望，红色油饰；椽肚，红帮绿地。

彩画类别做法：飞头，沥粉贴金万字；椽头，退晕金眼宝珠。

油饰地仗、彩画残损情况：前檐部分飞头和后檐大部分飞头地仗及彩画脱落。金箔基本脱落。

现状评估：部分构件地仗、油饰缺失，已丧失了对木构的保护及装饰作用。

（二）斗拱、垫拱板

地仗做法：三道灰地仗。

彩画类别做法：斗拱，墨线斗拱；垫拱板，三宝珠火焰。

油饰地仗、彩画残损情况：外檐彩画褪色，局部脱落，污染严重。

现状评估：基本还能保护木构。

（三）平板枋

地仗做法：一麻五灰。

彩画类别做法：降魔云纹。

油饰地仗、彩画残损情况：保存较好。

现状评估：能很好保护木构件。

（四）露明天花枝条

地仗做法：无地仗。

彩画类别做法：烟啄墨岔角云四合云鼓子心天花。

油饰地仗、彩画残损情况：基本完好。

（五）外檐上架大木

地仗做法：一麻五灰。

彩画类别做法：雅武墨方心旋子彩画。

油饰地仗、彩画残损情况：外檐基本完好，有褪色现象，开裂现象较多。

现状评估：彩画还能很好地保护文物本体。

（六）内檐上架大木

地仗做法：四道灰地仗。

彩画类别做法：雅武墨方心旋子彩画。

油饰地仗、彩画残损情况：基本完好，有褪色现象。

现状评估：目前彩画还能较好保护木构件。

（七）内外檐下架大木

地仗做法：一麻五灰。

油饰做法：朱红色油饰。

油饰地仗、彩画残损情况：外檐柱油皮大面积起皮、空鼓脱落。内檐前檐金柱地仗出现纵向开裂现象，后檐四根金柱地仗空鼓开裂现象严重。

现状评估：不能很好保护木构件。

（八）装修

地仗做法：大门一麻五灰。

油饰做法：朱红色油饰。

油饰地仗、彩画残损情况：局部油皮脱落。

现状评估：失去装饰作用，影响观瞻效果。

四、现状勘察照片

祾恩殿南立面

祾恩殿北立面

祾恩殿北立面

祾恩殿飞橡彩绘脱落

祾恩殿前檐飞椽彩绘脱落

祾恩殿室内后檐金柱油皮空鼓、脱落

祾恩殿前檐金柱纵向通裂

祾恩殿埋墙柱柱根糟朽

祾恩殿埋墙柱柱根糟朽

祾恩殿埋墙柱柱根糟朽

祾恩殿埋墙柱柱根糟朽

祾恩殿木构件多处横向干裂缝

祾恩殿木构件多处横向干裂缝

祾恩殿内檐彩画保存完好，多处横向干裂缝

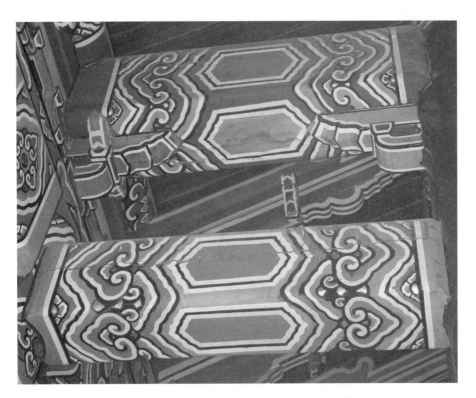

祾恩殿内檐彩画保存完好，多处横向干裂缝

祾恩殿西侧后檐装修开裂

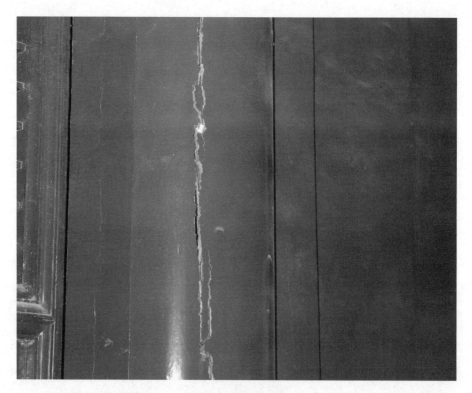

祾恩殿内檐柱纵向通裂缝

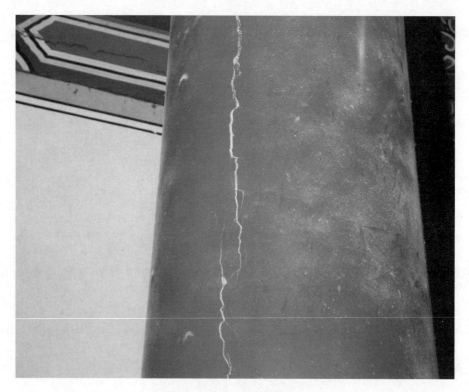

祾恩殿内檐柱纵向通裂缝

祾恩殿外檐装修油皮脱落严重

祾恩殿外檐装修油皮脱落严重

祾恩殿月台水泥砖墁地

祾恩殿水泥砖散水及院落地面

五、勘察结论

屋面基本完好，木构架基本处于稳定状态，未发现安全隐患。墙体结构安全，处于稳定状态。大木构件多处出现横向及竖向干裂通缝。建筑地面保存基本完好，装修保存基本完好。下架油饰开裂严重。

第六章　三座门现状勘察

一、建筑基本情况

三座门建筑面积共 54.1 平方米，七样黄琉璃瓦砖制单门洞歇山琉璃砖门式建筑。

正门墙体下部为青白石须弥座，上部为城砖糙砌抹红灰，琉璃砖制额枋、斗拱、椽子、雀替。歇山式屋顶，七样黄琉璃瓦件。正门建筑面积 25.3 平方米。

东、西旁门下碱城砖干摆，上身城砖糙砌抹红灰，琉璃挂檐板、拔檐。歇山式屋顶，七样黄琉璃瓦件。建筑面积均为 14.4 平方米。三座门于 1991 年到 1992 年曾进行过修复。

二、建筑现状勘察

（一）屋面

构件名称：瓦件、脊件、木基层

现状基本做法：歇山黄琉璃瓦顶。筒瓦规格：130 毫米（直径），板瓦 230 毫米（宽）——七样。

前后坡各 64 垄瓦，黄琉璃椽、飞。

存在残损问题：屋面琉璃瓦件均有脱釉，约 10%，捉节灰及夹腮灰开裂。

破坏原因：琉璃构件受湿气、雨水、风、雪侵蚀等自然因素影响，造成屋面琉璃构件普遍脱釉现象，失釉的琉璃构件本体防水性能降低。

（二）墙体

构件名称：下碱、上身

现状基本做法：正门墙体下部须弥座；旁门墙体下碱墙澄浆城砖三顺一丁干摆砌筑，风化酥碱约 20%；上身城砖糙砌，抹靠骨灰，刷红土子浆。

存在残损问题：墙体未发现歪、闪、变形情况。下碱保存基本完好，灰缝脱落。上身抹灰褪色。

（三）台明及地面

构件名称：台阶、柱顶石、阶条、台帮、散水、地面

现状基本做法：青白压面石、埋头石、青白石柱顶石，澄浆城砖干摆台帮，后做水泥砖散水。

存在残损问题：槛垫石、过门石、门枕石保存完好，垂带、踏步基本完好，灰缝脱落。

（四）装修

构件名称：大门

现状基本做法：槛框及木板门。

存在残损问题：保存基本完好，未见变形。

三、彩画现状勘察

大门装修油饰破损严重。

地仗做法：大门一麻五灰。

油饰做法：朱红色油饰。

油饰地仗、彩画残损情况：槛框及木板门局部油皮脱落。

现状评估：失去装饰作用，影响观瞻效果。

四、现状勘察照片

三座门北立面

三座门正门北立面

三座门西旁门北立面

三座门东旁门北立面

三座门南立面

三座门西旁门大门装修

三座门正门大门装修

三座门南立面地面铺装

三座门北立面地面铺装

五、勘察结论

屋面基本完好，木构架基本处于稳定状态，未发现安全隐患。墙体结构安全，处于稳定状态。建筑地面保存基本完好，装修保存基本完好。大门装修油饰开裂严重。

第七章　棂星门现状勘察

一、建筑基本情况

棂星门于 1991 年到 1992 年曾进行过修复。

二、建筑现状勘察

（一）屋面

构件名称：瓦件、脊件、木基层

现状基本做法：黄琉璃瓦顶。筒瓦规格：130 毫米（直径），板瓦 230 毫米（宽）——七样。

望板为横铺，板厚约 25 毫米。檐椽直径 70 毫米，飞椽 70 毫米×70 毫米。博风板厚 80 毫米，前后坡各 44 垄瓦，椽各 68 根。

存在残损问题：屋面琉璃瓦件均有脱釉，约 10%，捉节灰及夹腮灰开裂。

破坏原因：琉璃构件受湿气、雨水、风、雪侵蚀等自然因素影响，造成屋面琉璃构件普遍脱釉现象，失釉的琉璃构件本体防水性能降低，瓦件连接处的捉节灰及夹腮灰开裂，影响了屋面瓦件整体性。

（二）大木构架

构件名称：枋、斗拱

现状基本做法：额枋、斗拱。

存在残损问题：梁枋基本完好，未现拔榫、脱榫情况。

破坏原因：大木连接稳定。

（三）台明及地面

构件名称：阶条、地面

现状基本做法：青白压面石、城砖细墁地面后做水泥砖墁地。水泥砖墁地。

存在残损问题：槛垫石、过门石、门枕石保存完好，灰缝脱落。

（四）装修

构件名称：大门

现状基本做法：大门槛框。

存在残损问题：大门无存。槛框保存基本完好。

三、彩画现状勘察

上架彩绘保存基本完好，博风板油饰无存；装修油饰破损严重。

（一）博缝

地仗做法：一麻五灰。

油饰做法：朱红色油饰。

油饰地仗、彩画残损情况：大面积脱落，地仗龟裂。

现状评估：目前油饰残损较严重，已不能很好地保护及装饰木构件。

（二）前后外檐连檐瓦口、飞头、椽头、椽望

地仗做法：椽头四道灰，连檐、瓦口、椽子、望板三道灰。

油饰做法：连檐瓦口、椽望，红色油饰；椽肚，红帮绿地。

彩画类别做法：飞头，墨万字；椽头，退晕墨眼宝珠。

油饰地仗、彩画残损情况：连檐瓦口油饰褪色，椽头地仗及彩画保存基本完好。

现状评估：彩画还能很好地保护文物本体。

（三）外檐上架大木

地仗做法：一麻五灰。

彩画类别做法：金线小点金璇子彩绘。

油饰地仗、彩画残损情况：外檐基本完好，有褪色现象。

现状评估：彩画还能很好地保护文物本体。

（四）装修

地仗做法：大门一麻五灰。

油饰做法：朱红色油饰。

油饰地仗、彩画残损情况：槛框局部油皮脱落。

现状评估：失去装饰作用，影响观瞻效果。

四、现状勘察照片

棂星门南立面

棂星门北立面

棂星门西立面

棂星门大门装修（一）

棂星门大门装修（二）

棂星门博风板油饰

五、勘察结论

　　屋面基本完好，木构架基本处于稳定状态，未发现安全隐患。建筑地面保存基本完好，装修保存基本完好。下架油饰开裂严重。

第八章　神厨现状勘察

一、建筑基本情况

神厨面阔五间，进深三间，前后带廊黄琉璃瓦悬山顶屋面，檐柱装修，明间隔扇，次间及稍间为槛窗。神厨于 1991 年到 1992 年曾进行过修复。

二、建筑现状勘察

（一）屋面

构件名称：瓦件、脊件、木基层

现状基本做法：悬山黄琉璃瓦顶。筒瓦规格：140 毫米（直径），板瓦 230 毫米（宽）——六样。

望板为横铺，板厚约 25 毫米。檐椽直径 90 毫米，飞椽 80 毫米×80 毫米。山花板厚约 50 毫米，博风板厚 80 毫米，板件用扒锔固定。板件用扒锔固定。前后坡各 100 垄瓦，椽各 126 根。

存在残损问题：屋面琉璃瓦件均有脱釉，滴子脱釉 50%。两坡屋面檐头滴水有松动。琉璃筒瓦残损 10%，底瓦残损 10%。

破坏原因：琉璃构件受湿气、雨水，风、雪侵蚀等自然因素影响，造成屋面琉璃构件普遍脱釉现象，失釉的琉璃构件本体防水性能降低，少数构件在冻胀作用力或受力不均情况下，产生断裂。受外力和自然环境的影响，瓦件连接处的捉节灰及夹腮灰开裂，影响了屋面瓦件整体性。屋面常年渗水，木基层（望板、檐椽、飞椽）处于潮湿状态，易造成糟朽。在冻胀的作用力下，屋面易产生变形。

（二）大木构架

构件名称：柱子、梁、枋、斗拱

现状基本做法：前檐柱、后檐柱各四根、角柱各两根。三架梁、五架梁、单步梁、双步及随梁，每间施檩五根。

存在残损问题：探查露明檐柱柱根基本完好。梁枋基本完好，未现拔榫、脱榫情况。

破坏原因：所有构件均按明代官式营造做法加工制作，用料较大，受力较好，未遭到特大外力影响，大木连接稳定。因斗拱木构件受压后，发生压缩变形。

（三）墙体

构件名称：下碱、上身

现状基本做法：墙体下碱墙澄浆城砖三顺一丁干摆砌筑；上身城砖糙砌，抹靠骨灰，刷红土子浆（内檐刷黄灰）。

存在残损问题：墙体未发现歪、闪、变形情况。下碱墙基本完好，表面污染红浆色。

破坏原因：由于建筑基座较高，建筑出檐较大，下碱墙未遭到雨水侵蚀及地表水浸泡，下碱墙未发生明显冻胀作用，故保存较好。

（四）台明及地面

构件名称：台阶、柱顶石、阶条、台帮、散水、地面

现状基本做法：青白压面石、埋头石、青白石柱顶石，澄浆城砖干摆台帮，410毫米×410毫米×80毫米金砖细墁地面。后做水泥砖散水。

存在残损问题：槛垫石、过门石、门枕石保存完好，垂带、踏步基本完好，灰缝脱落。

（五）装修

构件名称：大门、其他

现状基本做法：四扇隔扇装修。

枝条：露明天花支条做法。

存在残损问题：四扇隔扇装修，保存基本完好，未现变形，枝条基本完好，未见下垂、缺失。

三、彩画现状勘察

神厨彩画为雄黄玉旋子彩画。外檐彩画基本完好，局部污染。内檐彩画大部分保存较好。博缝油皮粉化失光，大面积脱落。连檐瓦口油饰脱落，前檐部分飞头和后檐大部分飞头糟朽，地仗及彩画脱落。外檐下架大木油饰破损严重。

（一）博缝、山花结带

地仗做法：一麻五灰。

油饰做法：朱红色油饰。

油饰地仗、彩画残损情况：油皮粉化失光，大面积脱落，地仗龟裂。

现状评估：油饰残损较严重，已不能很好地保护及装饰木构件。

（二）前后外檐连檐瓦口、飞头、椽头、椽望及内檐椽子望板

地仗做法：椽头四道灰，连檐、瓦口、椽子、望板三道灰。

油饰做法：连檐瓦口、椽望，红色油饰；椽肚，红帮绿地。

彩画类别做法：飞头，墨万字；椽头，退晕墨眼宝珠。

油饰地仗、彩画残损情况：连檐瓦口油饰褪色，椽头地仗及彩画脱落。

现状评估：部分构件地仗、油饰缺失，已丧失了对木构的保护及装饰作用。

（三）露明天花枝条

地仗做法：无地仗。

彩画类别做法：烟啄墨岔角云四合云鼓子心天花。

油饰地仗、彩画残损情况：基本完好。

（四）外檐上架大木

地仗做法：一麻五灰。

彩画类别做法：雄黄玉旋子彩画。

油饰地仗、彩画残损情况：外檐基本完好，有褪色现象。

现状评估：彩画还能很好地保护文物本体。

（五）内檐上架大木

地仗做法：四道灰地仗。

彩画类别做法：雄黄玉旋子彩画。

油饰地仗、彩画残损情况：基本完好。

现状评估：目前彩画还能较好保护木构件。

（六）内外檐下架大木

地仗做法：一麻五灰。

油饰做法：朱红色油饰。

油饰地仗、彩画残损情况：外檐柱子油皮局部起皮脱落。

现状评估：不能很好保护木构件。

（七）装修

地仗做法：大门一麻五灰。

油饰做法：朱红色油饰。

油饰地仗、彩画残损情况：槛框局部油皮脱落。

现状评估：失去装饰作用，影响观瞻效果。

四、现状勘察照片

神厨西立面

神厨南立面

神厨北立面

神厨东立面

神厨外檐装修

神厨外檐装修

神厨内檐装修

神厨室内地面

神厨室外地面

五、勘察结论

屋面基本完好，木构架基本处于稳定状态，未发现安全隐患。墙体结构安全，处于稳定状态。建筑地面保存基本完好，装修保存基本完好。下架油饰局部开裂起皮。

第九章　北神库现状勘察

一、建筑基本情况

北神库面阔三间，进深一间，黄琉璃瓦悬山顶屋面，檐柱装修，明间隔扇，次间为槛窗。北神库于 1991 年到 1992 年曾进行过修复。

二、建筑现状勘察

（一）屋面

构件名称：瓦件、脊件、木基层

现状基本做法：悬山黄琉璃瓦顶。筒瓦规格：140 毫米（直径），板瓦 230 毫米（宽）——六样。

望板为横铺，板厚约 25 毫米。檐椽直径 100 毫米，飞椽 90 毫米×90 毫米。博风板厚 80 毫米。前后坡各 48 垄瓦，椽各 68 根。

存在残损问题：屋面琉璃、脊瓦件均有脱釉，约 30%。两坡屋面檐头滴水有松动。琉璃筒瓦残损 10%，底瓦残损 10%。

破坏原因：琉璃构件受湿气、雨水、风、雪侵蚀等自然因素影响，造成屋面琉璃构件普遍脱釉现象，失釉的琉璃构件本体防水性能降低，少数构件在冻胀作用力或受力不均情况下，产生断裂。受外力和自然环境的影响，瓦件连接处的捉节灰及夹腮灰开裂，影响了屋面瓦件整体性。屋面常年渗水，木基层（望板、檐椽、飞椽）处于潮湿状态，易造成糟朽。在冻胀的作用力下，屋面易产生变形。

（二）大木构架

构件名称：柱子、梁、枋

现状基本做法：前檐柱、后檐柱、角柱各两根。三架梁、五架梁、单步梁、双步及随梁，每间施檩5根。

存在残损问题：探查露明檐柱柱根基本完好。梁枋基本完好，未现拔榫、脱榫情况。

破坏原因：由于建筑基座较高，室外地坪没有提升，所有柱均有露明部位，通风较好，柱根部未产生明显的糟烂现象。所有构件均按明代官式营造做法加工制作，用料较大，受力较好，未遭到特大外力影响，大木连接稳定。

（三）墙体

构件名称：下碱、上身

现状基本做法：墙体下碱墙澄浆城砖三顺一丁干摆砌筑；上身城砖糙砌，抹靠骨灰，刷红土子浆。

存在残损问题：墙体未发现歪、闪、变形情况。下碱墙基本完好，表面污染红浆色。

破坏原因：由于建筑基座较高，建筑出檐较大，下碱墙未遭到雨水侵蚀及地表水浸泡，下碱墙未发生明显冻胀作用，故保存较好。

（四）台明及地面

构件名称：台阶、柱顶石、阶条、台帮、散水、地面

现状基本做法：青白压面石、埋头石、青白石柱顶石，澄浆城砖干摆台帮，350毫米×350毫米×60毫米方砖细墁地面。后做水泥砖散水。

存在残损问题：槛垫石、过门石、门枕石保存完好，垂带、踏步基本完好，灰缝脱落。

（五）装修

构件名称：大门、其他

现状基本做法：四扇隔扇装修。

枝条：露明天花支条做法。

存在残损问题：四扇隔扇装修，保存基本完好，未现变形，枝条基本完好，未见下垂、缺失。

三、彩画现状勘察

北神库彩画为雄黄玉旋子彩画。外檐彩画基本完好，局部污染。内檐彩画大部分保存较好。博缝油皮粉化失光，大面积脱落。连檐瓦口油饰脱落，前檐部分飞头和后檐大部分飞头糟朽，地仗及彩画脱落。外檐下架大木油饰破损严重。

（一）博缝

地仗做法：一麻五灰。

油饰做法：朱红色油饰。

油饰地仗、彩画残损情况：油皮粉化失光，大面积脱落，地仗龟裂。

现状评估：油饰残损较严重，已不能很好地保护及装饰木构件。

（二）前后外檐连檐瓦口、飞头、椽头、椽望及内檐椽子望板

地仗做法：椽头四道灰，连檐、瓦口、椽子、望板三道灰。

油饰做法：连檐瓦口、椽望，红色油饰；椽肚，红帮绿地。

彩画类别做法：飞头，墨万字；椽头，退晕墨眼宝珠。

油饰地仗、彩画残损情况：连檐瓦口油饰褪色，椽头地仗及彩画脱落。

现状评估：部分构件地仗、油饰缺失，已丧失了对木构的保护及装饰作用。

（三）露明天花枝条

地仗做法：无地仗。

彩画类别做法：烟啄墨岔角云四合云鼓子心天花。

油饰地仗、彩画残损情况：基本完好。

（四）外檐上架大木

地仗做法：一麻五灰。

彩画类别做法：雄黄玉旋子彩画。

油饰地仗、彩画残损情况：外檐基本完好，有褪色现象。

现状评估：彩画还能很好地保护文物本体。

（五）内檐上架大木

地仗做法：四道灰地仗。

彩画类别做法：雄黄玉旋子彩画。

油饰地仗、彩画残损情况：基本完好。

现状评估：目前彩画还能较好保护木构件。

（六）内外檐下架大木

地仗做法：一麻五灰。

油饰做法：朱红色油饰。

油饰地仗、彩画残损情况：外檐柱子油皮局部起皮脱落。

现状评估：不能很好保护木构件。

（七）装修

地仗做法：大门一麻五灰。

油饰做法：朱红色油饰。

油饰地仗、彩画残损情况：槛框局部油皮脱落。

现状评估：失去装饰作用，影响观瞻效果。

四、现状勘察照片

北神库南立面

北神库东立面

北神库东、北立面

北神库瓦面脱釉

北神库后檐、橡望糟朽

北神库椽望糟朽

北神库前檐装修

北神库室内大木及装修

北神库室内地面

五、勘察结论

屋面基本完好，木构架基本处于稳定状态，未发现安全隐患。墙体结构安全，处于稳定状态。建筑地面保存基本完好，装修保存基本完好。下架油饰起皮开裂严重。

第十章 南神库现状勘察

一、建筑基本情况

南神库面阔三间，进深一间，黄琉璃瓦悬山顶屋面，檐柱装修，明间隔扇，次间为槛窗。南神库于 1991 年到 1992 年曾进行过修复。

二、建筑现状勘察

（一）屋面

构件名称：瓦件、脊件、木基层

现状基本做法：悬山黄琉璃瓦顶。筒瓦规格：140 毫米（直径），板瓦 230 毫米（宽）——六样。

望板为横铺，板厚约 25 毫米。檐椽直径 100 毫米，飞椽 90 毫米×90 毫米。博风板厚 80 毫米。前后坡各 48 垄瓦，椽各 68 根。

存在残损问题：屋面琉璃瓦件均有脱釉，约 30%。两坡屋面檐头滴水有松动。琉璃筒瓦残损 10%，底瓦残损 10%。

破坏原因：琉璃构件受湿气、雨水、风、雪侵蚀等自然因素影响，造成屋面琉璃构件普遍脱釉现象，失釉的琉璃构件本体防水性能降低，少数构件在冻胀作用力或受力不均情况下，产生断裂。受外力和自然环境的影响，瓦件连接处的捉节灰及夹腮灰开裂，影响了屋面瓦件整体性。屋面常年渗水，木基层（望板、檐椽、飞椽）处于潮湿状态，易造成糟朽。在冻胀的作用力下，屋面易产生变形。

（二）大木构架

构件名称：柱子、梁、枋

现状基本做法：前檐柱、后檐柱、角柱各两根。三架梁、五架梁、单步梁、双步及随梁，每间施檩 5 根。

存在残损问题：探查露明檐柱柱根基本完好。梁枋基本完好，未现拔榫、脱榫情况。

破坏原因：由于建筑基座较高，室外地坪没有提升，所有柱均有露明部位，通风较好，柱根部未产生明显的糟烂现象。所有构件均按明代官式营造做法加工制作，用料较大，受力较好，未遭到特大外力影响，大木连接稳定。

（三）墙体

构件名称：下碱、上身

现状基本做法：墙体下碱墙澄浆城砖三顺一丁干摆砌筑；上身城砖糙砌，抹靠骨灰，刷红土子浆（内檐刷黄灰）。

存在残损问题：墙体未发现歪、闪、变形情况。下碱墙基本完好，表面污染红浆色。

破坏原因：由于建筑基座较高，建筑出檐较大，下碱墙未遭到雨水侵蚀及地表水浸泡，下碱墙未发生明显冻胀作用，故保存较好。

（四）台明及地面

构件名称：台阶、柱顶石、阶条、台帮、散水、地面

现状基本做法：青白压面石、埋头石、青白石柱顶石，澄浆城砖干摆台帮，350 毫米×350 毫米×60 毫米细墁地面。后做水泥砖散水。

存在残损问题：槛垫石、过门石、门枕石保存完好，垂带、踏步基本完好，灰缝脱落。

（五）装修

构件名称：大门、其他

现状基本做法：四扇隔扇装修。

枝条：露明天花支条做法。

存在残损问题：四扇隔扇装修，保存基本完好，未现变形，枝条基本完好，未见下垂、缺失。

三、彩画现状勘察

南神库彩画为雄黄玉旋子彩画。外檐彩画基本完好，局部污染。内檐彩画大部分保存较好。博缝油皮粉化失光，大面积脱落。连檐瓦口油饰脱落，前檐部分飞头和后檐大部分飞头糟朽，地仗及彩画脱落。外檐下架大木油饰破损严重。

（一）博缝

地仗做法：一麻五灰。

油饰做法：朱红色油饰。

油饰地仗、彩画残损情况：油皮粉化失光，大面积脱落，地仗龟裂。

现状评估：油饰残损较严重，已不能很好地保护及装饰木构件。

（二）前后外檐连檐瓦口、飞头、椽头、椽望及内檐椽子望板

地仗做法：椽头四道灰，连檐、瓦口、椽子、望板三道灰。

油饰做法：连檐瓦口、椽望，红色油；椽肚，红帮绿地。

彩画类别做法：飞头，墨万字；椽头，退晕墨眼宝珠。

油饰地仗、彩画残损情况：连檐瓦口油饰褪色，椽头地仗及彩画脱落。

现状评估：部分构件地仗、油饰缺失，已丧失了对木构的保护及装饰作用。

（三）露明天花枝条

地仗做法：无地仗。

彩画类别做法：烟啄墨岔角云四合云鼓子心天花。

油饰地仗、彩画残损情况：基本完好。

（四）外檐上架大木

地仗做法：一麻五灰。

彩画类别做法：雄黄玉旋子彩画。

油饰地仗、彩画残损情况：外檐基本完好，有褪色现象。

现状评估：彩画还能很好地保护文物本体。

（五）内檐上架大木

地仗做法：四道灰地仗。

彩画类别做法：雄黄玉旋子彩画。

油饰地仗、彩画残损情况：基本完好。

现状评估：目前彩画还能较好保护木构件。

（六）内外檐下架大木

地仗做法：一麻五灰。

油饰做法：朱红色油饰。

油饰地仗、彩画残损情况：外檐柱子油皮局部起皮脱落。

现状评估：不能很好保护木构件。

（七）装修

地仗做法：大门一麻五灰。

油饰做法：朱红色油饰。

油饰地仗、彩画残损情况：槛框局部油皮脱落。

现状评估：失去装饰作用，影响观瞻效果。

四、现状勘察照片

南神库北立面

南神库西立面

南神库东立面

南神库南立面

南神库瓦面瓦件残损

南神库椽望糟朽

南神库外檐装修地仗开裂剥落

南神库室内保存基本完好

南神库博风板地仗开裂剥落

五、勘察结论

屋面基本完好，木构架基本处于稳定状态，未发现安全隐患。墙体结构安全，处于稳定状态。建筑地面保存基本完好，装修保存基本完好。下架油饰开裂剥落。

第十一章　宰牲亭现状勘察

一、建筑基本情况

宰牲亭面阔一间，进深一间，黄琉璃瓦两层歇山顶屋面，檐下施一斗三升斗拱，檐柱装修，明间隔扇，次间为槛窗。前檐施垂带台阶三步，后檐（东）带灶间。宰牲亭于1991年到1992年曾进行过修复。

二、建筑现状勘察

（一）屋面

构件名称：瓦件、脊件、木基层

现状基本做法：歇山黄琉璃瓦顶。筒瓦规格：140毫米（直径），板瓦230毫米（宽）——六样。

望板为横铺，板厚约25毫米。檐椽直径90毫米，飞椽80毫米×80毫米。山花板厚约50毫米，博风板厚80毫米，板件用扒锔固定。板件用扒锔固定。两层四坡各154垄瓦，椽各186根。

存在残损问题：屋面琉璃瓦件均有脱釉，约30%。四坡屋面檐头滴水有松动。琉璃筒瓦残损10%，底瓦残损10%。

破坏原因：琉璃构件受湿气、雨水、风、雪侵蚀等自然因素影响，造成屋面琉璃构件普遍脱釉现象，失釉的琉璃构件本体防水性能降低，少数构件在冻胀作用力或受力不均情况下，产生断裂。受外力和自然环境的影响，瓦件连接处的捉节灰及夹腮灰开裂，影响了屋面瓦件整体性。屋面常年渗水，木基层（望板、檐椽、飞椽）处于潮湿状态，易造成糟朽。在冻胀的作用力下，屋面易产生变形。

（二）大木构架

构件名称：柱子、梁、枋、斗拱

现状基本做法：前檐柱、后檐柱各两根，中柱四根，角柱四根。三架梁、五架梁、三步挑尖梁，檐柱及中柱间与三步挑尖梁下施大、小枋，枋上施隔架斗拱承托各三根，四角各施抹角梁，前后檐及山面柱间施额枋，每间施檩十一根。两层斗拱斗口2.5寸，一斗三升斗拱，平身科斗拱，共计六十六攒，柱头科八攒、角科斗拱八攒。灶间柱：前檐柱、后檐柱各两根，角柱四根。梁架：三架梁、五架梁，每间施檩十一根。

存在残损问题：探查露明檐柱柱根基本完好。梁枋基本完好，未现拔榫、脱榫情况。

破坏原因：由于建筑基座较高，室外地坪没有提升，所有柱均有露明部位，通风较好，柱根部未产生明显的糟烂现象。所有构件均按明代官式营造做法加工制作，用料较大，受力较好，未遭到特大外力影响，大木连接稳定。因斗拱木构件受压后，发生压缩变形。

（三）墙体

构件名称：下碱、上身

现状基本做法：墙体下碱墙澄浆城砖三顺一丁干摆砌筑；上身城砖糙砌，抹靠骨灰，刷红土了浆（内檐刷黄灰）。

存在残损问题：墙体未发现歪、闪、变形情况。下碱墙基本完好，表面污染红浆色。

破坏原因：由于建筑基座较高，建筑出檐较大，下碱墙未遭到雨水侵蚀及地表水浸泡，下碱墙未发生明显冻胀作用，故保存较好。

（四）台明及地面

构件名称：台阶、柱顶石、阶条、台帮、散水、地面

现状基本做法：青白压面石、埋头石、青白石柱顶石，澄浆城砖干摆台帮，410毫米×410毫米×80毫米金砖细墁地面。后做水泥砖散水。

存在残损问题：槛垫石、过门石、门枕石保存完好，垂带、踏步基本完好，灰缝脱落。

（五）装修

构件名称：大门、其他

现状基本做法：四扇隔扇装修。

枝条：露明天花支条做法。

存在残损问题：四扇隔扇装修，保存基本完好，未现变形，枝条基本完好，未见下垂、缺失。

三、彩画现状勘察

宰牲亭彩画为雄黄玉旋子彩画。外檐彩画基本完好，局部污染。内檐彩画大部分保存较好。博缝油皮粉化失光，大面积脱落。连檐瓦口油饰脱落，前檐部分飞头和后檐大部分飞头糟朽，地仗及彩画脱落。外檐下架大木油饰破损严重。

（一）博缝、山花结带

地仗做法：一麻五灰。

油饰做法：朱红色油饰。

油饰地仗、彩画残损情况：油皮粉化失光，大面积脱落，地仗龟裂。

现状评估：目前油饰残损较严重，已不能很好地保护及装饰木构件。

（二）前后外檐连檐瓦口、飞头、椽头、椽望及内檐椽子望板

地仗做法：椽头四道灰，连檐、瓦口、椽子、望板三道灰。

油饰做法：连檐瓦口、椽望，红色油饰，椽肚，红帮绿地。

彩画类别做法：飞头，墨万字；椽头，退晕墨眼宝珠。

油饰地仗、彩画残损情况：连檐瓦口油饰褪色，椽头地仗及彩画脱落。

现状评估：部分构件地仗、油饰缺失，已丧失了对木构的保护及装饰作用。

（三）露明天花枝条

地仗做法：无地仗。

彩画类别做法：烟啄墨岔角云四合云鼓子心天花。

油饰地仗、彩画残损情况：基本完好。

（四）斗拱、垫拱板

地仗做法：三道灰地仗。

彩画类别做法：斗拱，墨线斗拱；垫拱板，三宝珠火焰。

油饰地仗、彩画残损情况：外檐外檐彩画褪色，局部脱落，污染严重。

现状评估：基本还能保护木构。

（五）平板枋

地仗做法：一麻五灰。

彩画类别做法：降魔云纹。

油饰地仗、彩画残损情况：保存较好。

现状评估：能很好保护木构件。

（六）外檐上架大木

地仗做法：一麻五灰。

彩画类别做法：雄黄玉旋子彩画。

油饰地仗、彩画残损情况：外檐基本完好，有褪色现象。

现状评估：彩画还能很好地保护文物本体。

（七）内檐上架大木

地仗做法：四道灰地仗。

彩画类别做法：雄黄玉旋子彩画。

油饰地仗、彩画残损情况：基本完好。

现状评估：目前彩画还能较好保护木构件。

（八）内外檐下架大木

地仗做法：一麻五灰。

油饰做法：朱红色油饰。

油饰地仗、彩画残损情况：外檐柱子油皮局部起皮脱落。

现状评估：不能很好保护木构件。

（九）装修

地仗做法：大门一麻五灰。

油饰做法：朱红色油饰。

油饰地仗、彩画残损情况：槛框局部油皮脱落。

现状评估：失去装饰作用，影响观瞻效果。

四、现状勘察照片

宰牲亭西立面

宰牲亭东立面

宰牲亭灶间北立面

宰牲亭北立面

宰牲亭南立面

宰牲亭椽望槽朽

宰牲亭下架地仗油饰空鼓开裂

宰牲亭装修槛框地仗开裂剥落

宰牲亭上身抹灰褪色，局部残损

宰牲亭灶间博风板开裂

宰牲亭灶间博风板开裂

五、勘察结论

屋面基本完好，木构架基本处于稳定状态，未发现安全隐患。墙体结构安全，处于稳定状态。建筑地面保存基本完好，装修保存基本完好。下架油饰开裂严重。

第十二章 昭陵院院墙及随墙门现状勘察

一、建筑基本情况

院墙长 480 米，黄琉璃瓦屋面，墙体下碱墙澄浆城砖三顺一丁干摆砌筑；上身城砖糙砌，抹靠骨灰，刷红土子浆。于 1991 年到 1992 年曾进行过修复。

二、建筑现状勘察

（一）屋面

构件名称：瓦件、脊件、木基层

现状基本做法：歇山黄琉璃瓦顶。筒瓦规格：120 毫米（直径），板瓦 220 毫米（宽）——七样。

存在残损问题：屋面琉璃瓦件基本完好。

（二）墙体

构件名称：下碱、上身

现状基本做法：墙体下碱墙澄浆城砖三顺一丁干摆砌筑；上身城砖糙砌，抹靠骨灰，刷红土子浆。

存在残损问题：墙体未发现歪、闪、变形情况。下碱墙基本完好，表面污染红浆色。

破坏原因：墙体由于树木的扰动出现通裂。

（三）台明及地面

构件名称：散水、地面

现状基本做法：院落后做水泥砖地面，后做水泥砖散水。

存在残损问题：水泥砖地面局部开裂，坑洼不平。院内水泥砖地面，局部坑洼不平。

破坏原因：雨水侵蚀及地表水浸泡，明显冻胀作用，故坑洼不平。

（四）装修

构件名称：大门

现状基本做法：院门为铁皮板门。

存在残损问题：铁皮大门破损。

三、彩画现状勘察

随墙门油饰剥落严重。

（一）抱框装修大门

地仗做法：大门一麻五灰。

油饰做法：朱红色油饰。

油饰地仗、彩画残损情况：槛框局部油皮脱落；大门油饰剥落。

现状评估：失去装饰作用，影响观瞻效果。

四、现状勘察照片

昭陵院祾恩门西侧院墙南立面

昭陵院祾恩门东侧院墙南立面

昭陵院三棱恩门东侧院墙北立面

昭陵院三座门西侧院墙东立面

昭陵院三座门西侧院墙东立面

昭陵院随墙门东立面

昭陵院随墙门东立面

昭陵院随墙门西侧

昭陵院随墙门槛框装修

昭陵院随墙门西侧

昭陵院排水沟

五、勘察结论

屋面基本完好，墙体结构安全，处于稳定状态。院落地面坑洼不平。

第十三章　神厨院大门现状勘察

一、建筑基本情况

下碱青白石陡砌，上身城砖糙砌抹红灰，琉璃挂檐板、拔檐。歇山式屋顶，七样黄琉璃瓦件。大门于 1991 年到 1992 年曾进行过修复。

二、建筑现状勘察

（一）屋面

构件名称：瓦件、脊件、木基层

现状基本做法：歇山黄琉璃瓦顶。筒瓦规格：130 毫米（直径），板瓦 230 毫米（宽）——七样。前后坡各 64 垄瓦，黄琉璃椽、飞。

存在残损问题：屋面琉璃瓦件均有脱釉，约 10%，捉节灰及夹腮灰开裂。

破坏原因：琉璃构件受湿气、雨水、风、雪侵蚀等自然因素影响，造成屋面琉璃构件普遍脱釉现象，失釉的琉璃构件本体防水性能降低。

（二）墙体

构件名称：下碱、上身

现状基本做法：正门墙体下部须弥座；旁门墙体下碱墙澄浆城砖三顺一丁干摆砌筑，风化酥碱约 20%；上身城砖糙砌，抹靠骨灰，刷红土子浆。

存在残损问题：墙体未发现歪、闪、变形情况。下碱保存基本完好，灰缝脱落。

上身抹灰褪色。

（三）台明及地面

构件名称：台阶、柱顶石、阶条、台帮、散水、地面

现状基本做法：青白压面石、埋头石、青白石柱顶石，澄浆城砖干摆台帮，后做水泥砖散水。

存在残损问题：槛垫石、过门石、门枕石保存完好，垂带、踏步基本完好，灰缝脱落。

（四）装修

构件名称：大门

现状基本做法：槛框及木板门。

存在残损问题：保存基本完好，未见变形。

三、彩画现状勘察

大门装修油饰破损严重。

（一）装修

地仗做法：大门一麻五灰。

油饰做法：朱红色油饰。

油饰地仗、彩画残损情况：槛框及木板门局部油皮脱落。

现状评估：失去装饰作用，影响观瞻效果。

四、现状勘察照片

神厨院大门西立面

神厨院大门装修

神厨院大门东立面

神厨院大门垂带残损

神厨院大门垂带开裂

神厨院大门地面

五、勘察结论

屋面基本完好，木构架基本处于稳定状态，未发现安全隐患。墙体结构安全，处于稳定状态。地面保存基本完好，装修保存基本完好。大门装修油饰开裂严重。

第十四章　神厨院院墙现状勘察

一、建筑基本情况

院墙长 195.4 米，黄琉璃瓦屋面，墙体下碱墙澄浆城砖三顺一丁干摆砌筑；上身城砖糙砌，抹靠骨灰，刷红土子浆。于 1991 年到 1992 年曾进行过修复。

二、建筑现状勘察

（一）屋面

构件名称：瓦件、脊件、木基层

现状基本做法：歇山黄琉璃瓦顶。筒瓦规格：120 毫米（直径），板瓦 220 毫米（宽）——七样。

存在残损问题：屋面琉璃瓦件基本完好。西、南面各有一处开裂。

破坏原因：屋面由于树木的扰动出现通裂。

（二）墙体

构件名称：下碱、上身

现状基本做法：墙体下碱墙澄浆城砖三顺一丁干摆砌筑；上身城砖糙砌，抹靠骨灰，刷红土子浆（内檐刷黄灰）。

存在残损问题：墙体未发现歪、闪、变形情况。下碱墙基本完好，表面污染红浆色。西、南面各有一处开裂。

破坏原因：墙体由于树木的扰动出现通裂。

（三）台明及地面

构件名称：散水、地面

现状基本做法：院落后做水泥地幔，后做水泥砖散水。

存在残损问题：门前区水泥地面局部开裂，坑洼不平。院内水泥砖地面，局部坑洼不平。

破坏原因：雨水侵蚀及地表水浸泡，明显冻胀作用，故坑洼不平。

三、现状勘察照片

神厨院西院墙西立面

神厨院南院墙北立面通裂

神厨院北院墙通裂

四、勘察结论

屋面基本完好，墙体结构安全，处于稳定状态，墙体两处开裂。院落地面坑洼不平。

第十五章　成因分析与结论

一、主要问题与成因分析

（一）建筑大木构架

建筑结构性基本处于安全状态。柱与枋、梁与柱交接之间未设有铁件加固拉接，初步判定建筑未曾进行过木结构加固维修。

（二）台基

台基与基础未发现明显沉泽，石质构件主要为青白石，大部分年久失修造成了缺损。石材局部有位移、走闪，造成水汽渗透，冻胀加剧了石材表面的风化。台基部分石构件走闪后，雨水由缝隙侵入后，加剧石材下的砖体墙反复冻胀作用，易使石构件因受力不均而产生损伤。

（三）建筑墙体

经统计，墙体砌筑基本都是用澄浆城砖，规格为 440 毫米×220 毫米×110 毫米。

清水墙为干摆做法，下碱、台帮基本为三顺一丁干摆砌法。混水墙为糙砌抹灰，外檐红灰罩面，内檐包金土罩面并施绿色大边框。墙体表面均存在酥碱情况，靠近地面的墙体、台帮较明显，少部分墙体采用了局部抹灰做法，但多数破损的墙体未进行过维修措施。

（四）建筑屋面

屋面变形、渗漏，脊、瓦构件损伤、缺失是屋面病害的主要现象。受潮气、雨水，风、雪侵蚀等自然因素影响，造成屋面琉璃构件普遍脱釉现象，琉璃构件本体防水性能降低，少数构件在冻胀作用力或受力不均情况下，产生断裂。受外力和自然环境的影响，瓦件连接处的捉节灰及夹腮灰开裂，瓦件间防水性破坏。个别殿座屋面常年渗漏使木基层（望板、椽子）常年处于潮湿状态，易造成糟朽。

（五）建筑装修

建筑构件保存基本完好。

（六）油饰彩画

中路建筑彩画现状形式为金线小点金旋子彩画，神厨院内建筑彩画形式为雄黄玉旋子彩画。通过现场勘察发现的问题，分析如下：

建筑下架大木油饰地仗为一麻五灰，上架为四道灰地仗。

从建筑彩画现存状况和现可查得的修缮记录上分析，昭陵彩画均为后期绘制。

修建昭陵时所用木料含水率较高（大木构件多用铁箍），部分大木构件干缩后大部分地仗空鼓，脱落，油漆彩绘毁坏。从现状保存和残损情况上看，内檐状况优于外檐状况，外檐油饰及彩画的残损直接影响了对建筑木构的保护作用和建筑外立面的美观。

（七）地面铺装

建筑室内地面用砖以金砖为主，保存较好，只局部有酥碱残坏现象，月台地面为水泥砖砌筑，建筑散水为水泥砖铺装做法，局部无存。祾恩殿院建筑无散水，水泥砖墁地。神厨院为水泥砖散水铺装做法，局部残坏。

室外地面面层砖体现均为水泥砖。院落内树木不断生长，树根将树木周边地面砖铺装拱起，也是造成室外局部排水不畅的主要原因。

整体院落排水现状基本顺畅。

二、勘察结论

根据《古建筑木构架结构维护与加固技术规范》（GB50165-92）中有关规定，目前昭陵建筑可靠性鉴定为Ⅱ类[①]；

裬恩门、东配殿、西配殿、裬恩殿、三座门、棂星门、宰牲亭、神厨、神库及院墙、院落地面铺装，针对建筑现存的残损程度，根据《中国文物古迹保护准则》，维修工程性质应确定为——现状修整[②]。具体情况如下：

（一）裬恩门

现状简况：瓦面残损严重，椽望糟朽严重。

---

① Ⅰ类：建筑承重结构中原有的损伤点均已得到正确处理，尚未发现新的残损点或残损征兆；

Ⅱ类：建筑承重结构中原先已修补加固的损伤点，有个别需要重新处理，新近发现的若干损伤迹象需要进一步观察和处理，但不影响建筑物的安全使用；

Ⅲ类：建筑承重结构中关键部位的残损点或其组合已影响结构安全和正常使用，有必要采取加固或修理措施，但尚不致立即发生危险。

② 根据《中国文物古迹保护准则》第二十八条至第三十二条。对文物古迹的维修包括日常保养、防护加固、现状修整、重点修复四类工程。

日常保养——是及时化解外力侵害可能造成损伤的预防性措施，适用于任何保护对象。必须制定相应的保养制度，主要工作是对有隐患的部分实行连续监测，记录存档，并按照有关的规范实施保养工程。

防护加固——是为防止文物古迹损伤而采取的加固措施。所有的措施都不得对原有实物造成损伤，并尽可能保持原有的环境特征。新增加的构筑物应朴素实用，尽量淡化外观。保护性建筑兼作陈列馆、博物馆的，应首先满足保护功能的要求。

重点修复——是保护工程中对原物干预最多的重大工程措施，主要工程有：恢复结构的稳定状态，增加必要的加固结构，修补损坏的构件，添配缺失的部分等。要慎重使用全部解体修复的方法，经过解体后修复的结构，应当全面减除隐患，保证较长时期不再维修。修复工程应当尽量多保存各个时期有价值的痕迹，恢复的部分应以现存实物为依据。附属的文物在有可能遭受损伤的情况下才允许拆卸，并在修复后按原状归安。经核准易地保护的工程也属此类。第三十三条原址重建是保护工程中极特殊的个别措施。核准在原址重建时，首先应保护现存遗址不受损伤。重建应有直接的证据，不允许违背原形式和原格局的主观设计。

现状修整——是在不扰动现有结构，不增添新构件，基本保持现状的前提下进行的一般性工程措施。主要工程有归整歪闪、坍塌、错乱的构件，修补少量残损的部位，清除无价值的近代添加物等。

维修措施：全面挑顶修缮或局部挑顶，修补青灰背修缮。更换糟朽的木构件，添配构件，加固大木、消除隐患。

（二）东、西配殿

现状简况：檐头构件糟烂，灰背酥碱。

维修措施：查补或局部揭瓦维修，维护补强。归整歪闪、坍塌、错乱的构件。

（三）祾恩殿

现状简况：檐头构件糟烂，灰背酥碱。

维修措施：查补或局部揭瓦维修，维护补强。归整歪闪、坍塌、错乱的构件。

（四）棂星门神厨

现状简况：檐头构件糟烂，灰背酥碱。

维修措施：查补或局部揭瓦维修，维护补强。归整歪闪、坍塌、错乱的构件。

（五）神库

现状简况：檐头构件糟烂，灰背酥碱。

维修措施：查补或局部揭瓦维修，维护补强。归整歪闪、坍塌、错乱的构件。

（六）宰牲亭

现状简况：檐头构件糟烂，灰背酥碱。

维修措施：查补或局部揭瓦维修，维护补强。归整歪闪、坍塌、错乱的构件。

（七）昭陵院墙

现状简况：现存基本完好，局部有轻微破损。

维修措施：查补或局部揭瓦维修，维护补强。归整歪闪、坍塌、错乱的构件。

（八）神厨神库院院墙

现状简况：现存基本完好，局部有轻微破损。

维修措施：查补或局部揭瓦维修，维护补强。归整歪闪、坍塌、错乱的构件。

（九）室外铺装

现状简况：水泥砖风化酥碱，城砖礓磋地面风化酥碱。

维修措施：局部修整。

第十六章 现状实测图

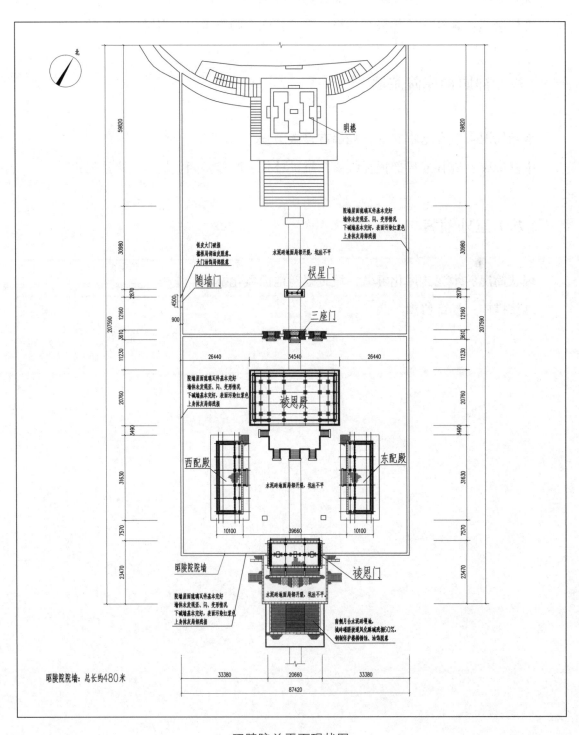

昭陵院总平面现状图

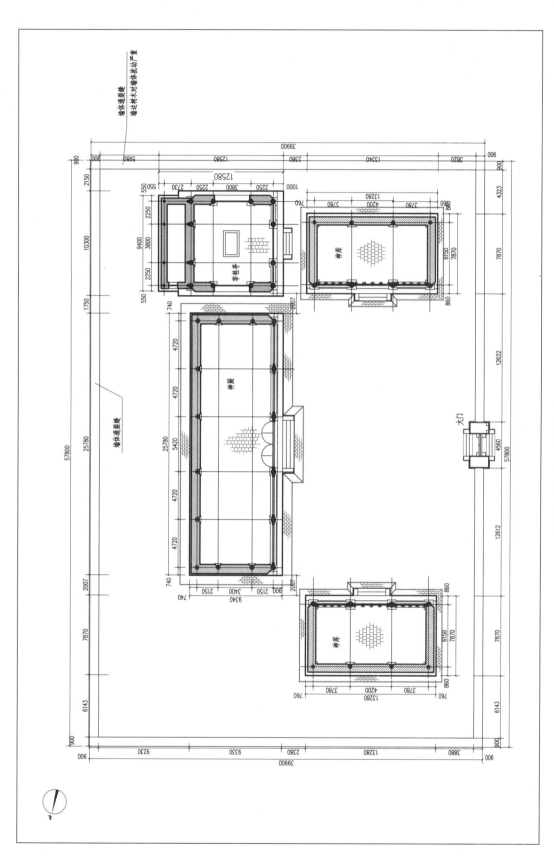

神厨、神库、宰牲亭院总平面图

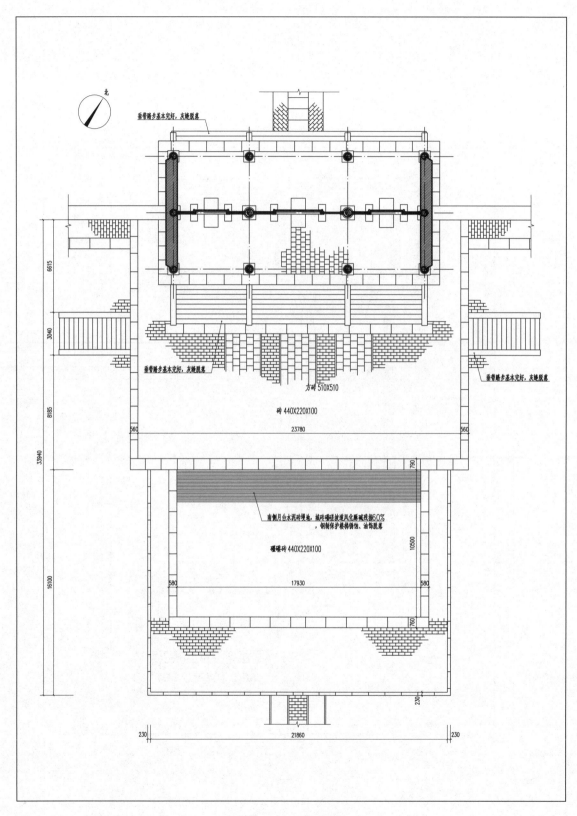

方砖 510X510

砖 440X220X100

南侧月台水泥砖墁地，城砖碎错接道风化酥碱残损60%，钢铁保护楼梯锈蚀、油饰脱落

礓磋砖 440X220X100

棱恩门及月台平面图

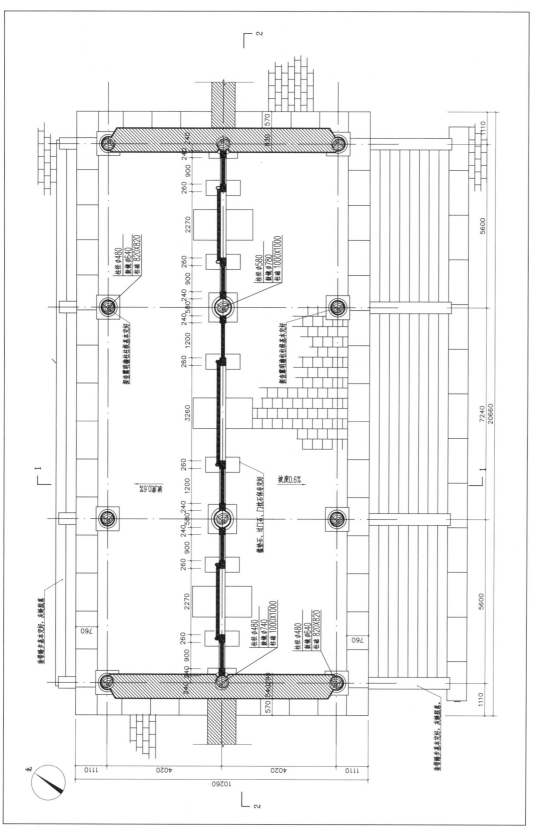

棱恩门平面图

棱恩门 1-1 剖面图

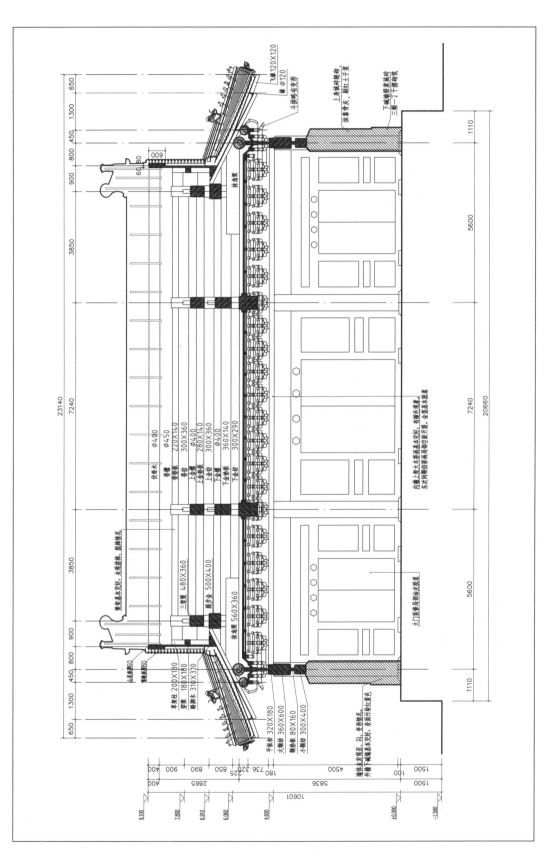

棱恩门 2—2 剖面图

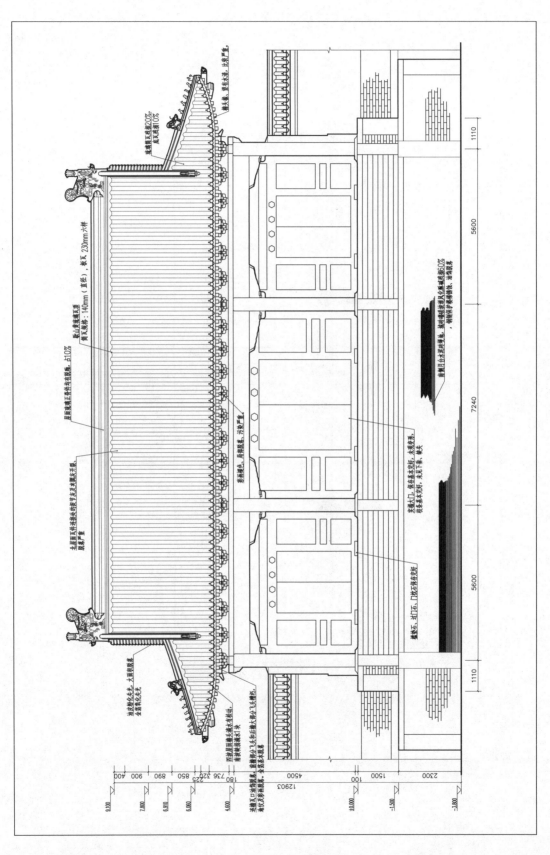

稜恩门南立面图

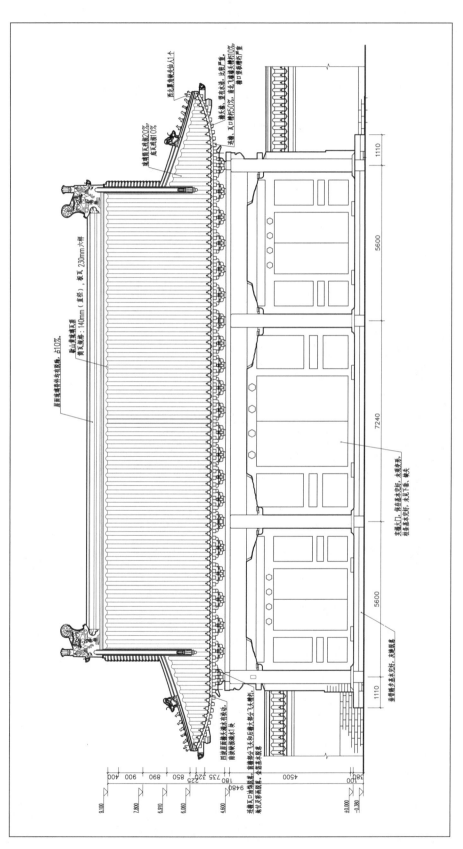

棱恩恩门北立面图

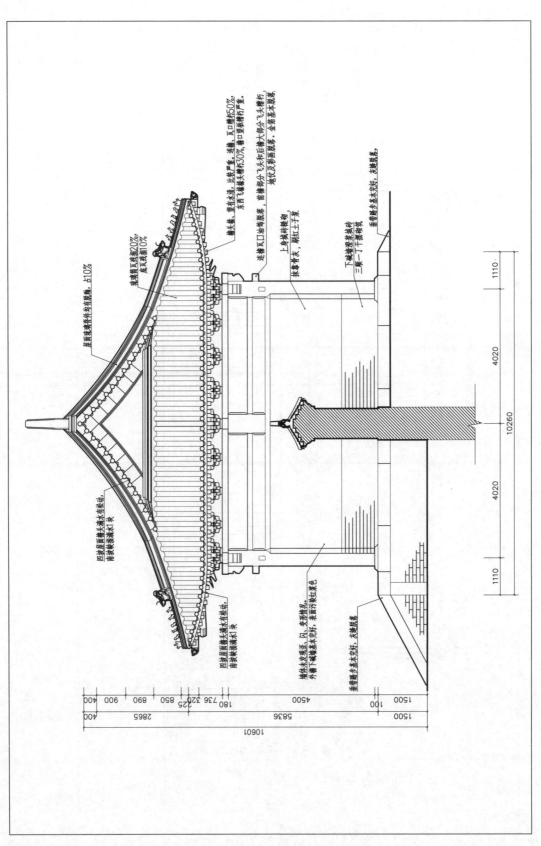

棱恩门侧面图

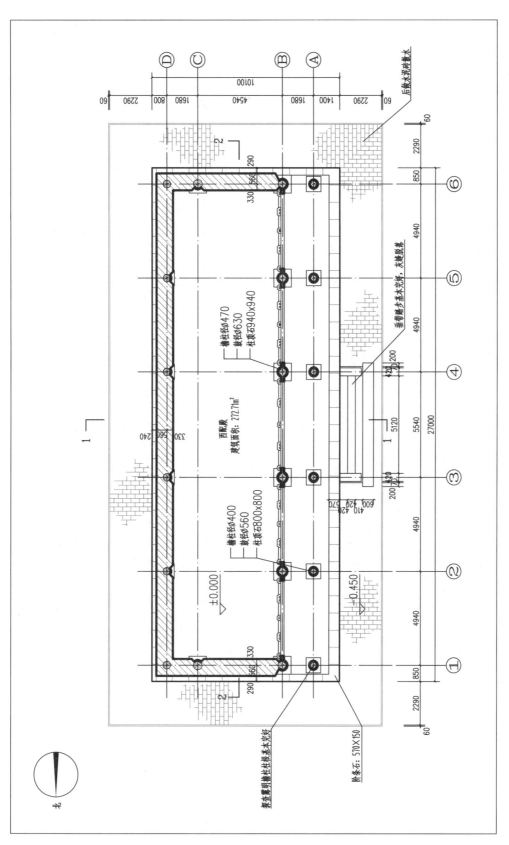

西配殿平面图

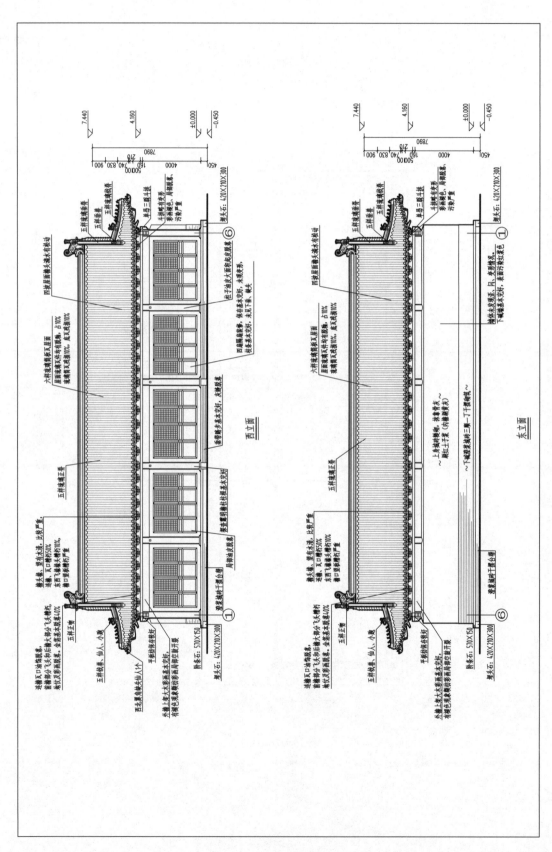

西配殿东、西立面图

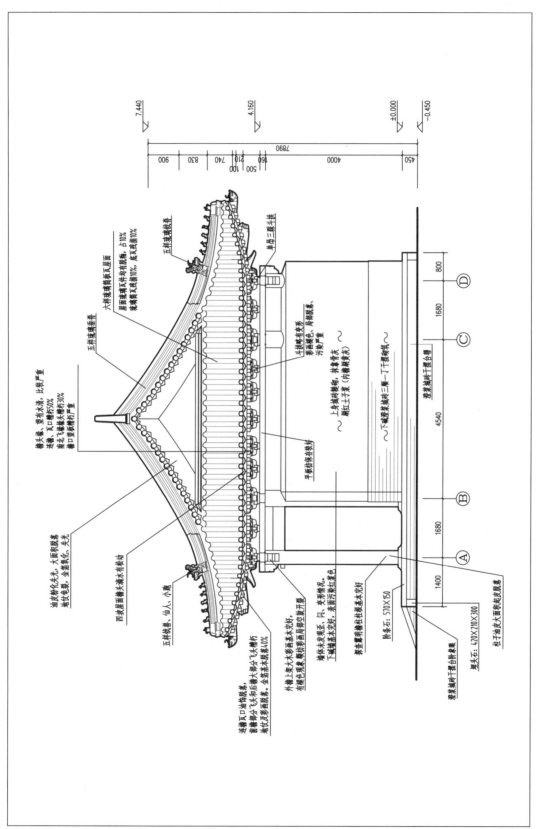

西配殿北立面图

西配殿南立面图

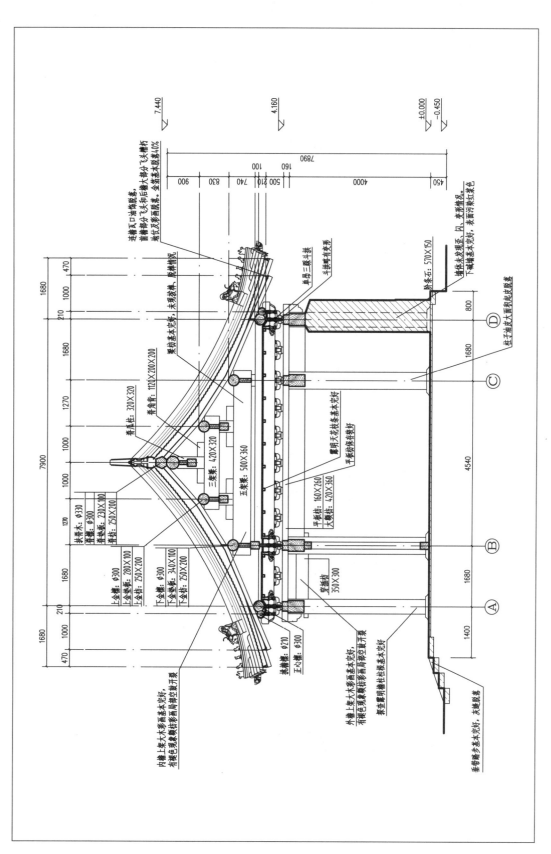

西配殿 1—1 剖面图

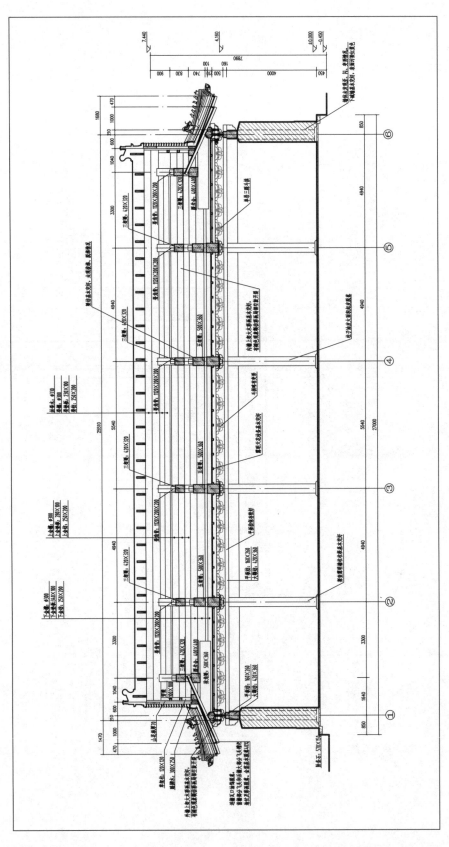

西配殿 2-2 剖面图

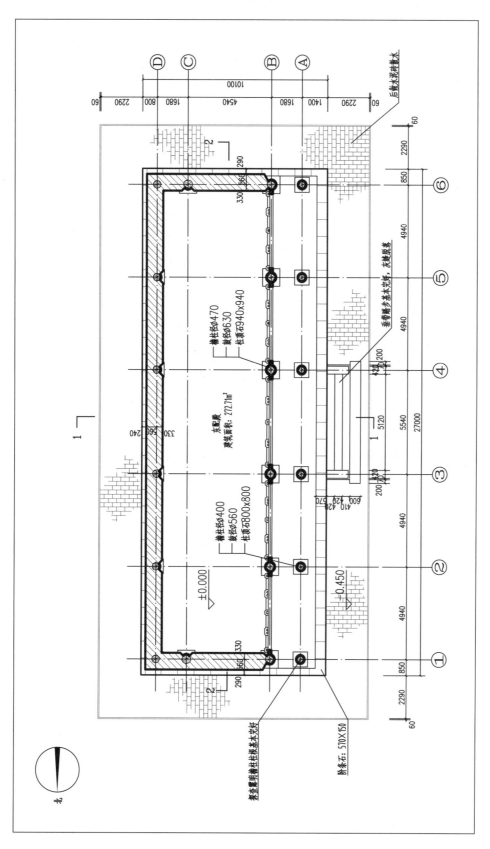

西配殿平面图

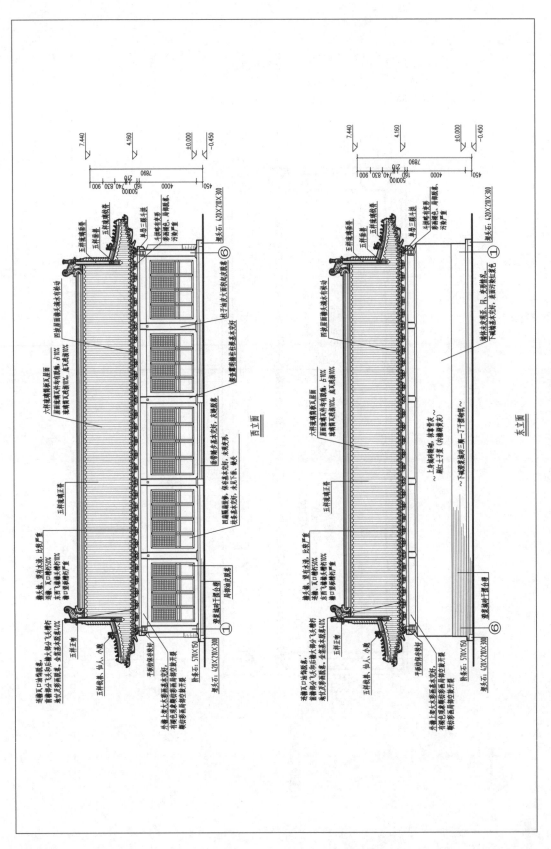

西配殿东、西立面图

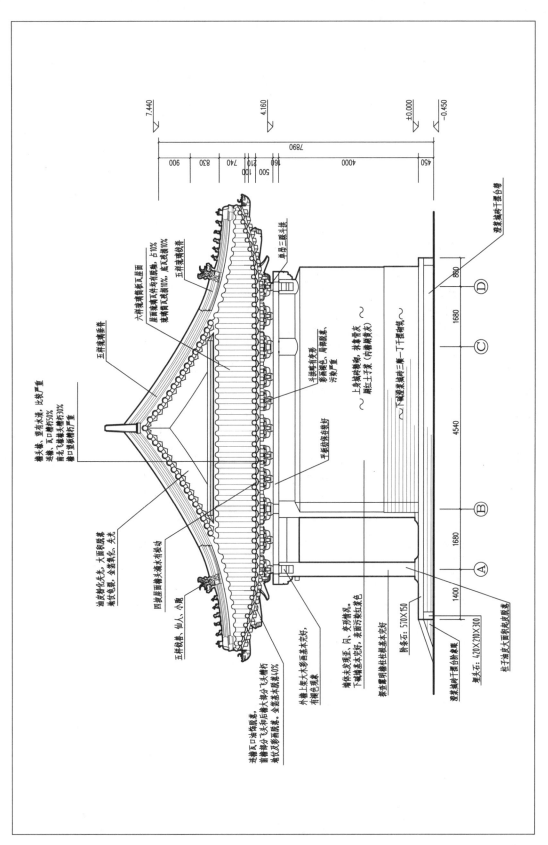

西配殿南立面图

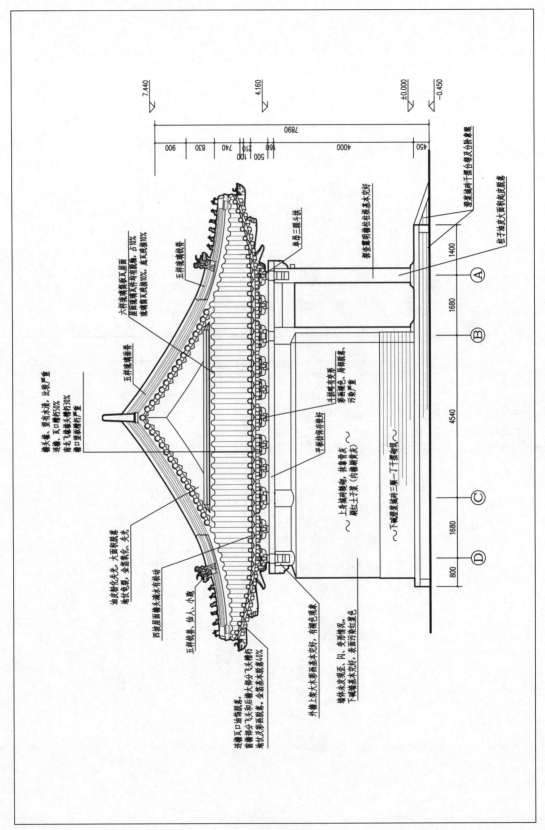

西配殿北立面图

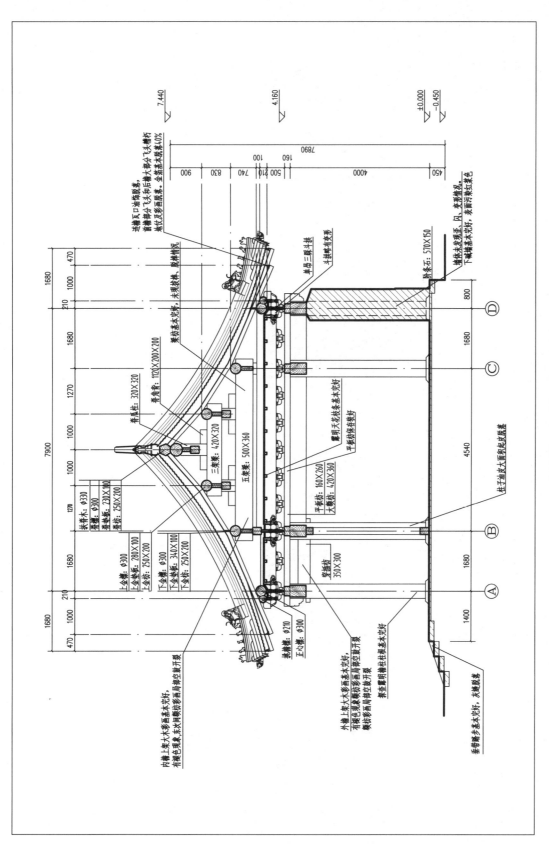

东配殿 1—1 剖面图

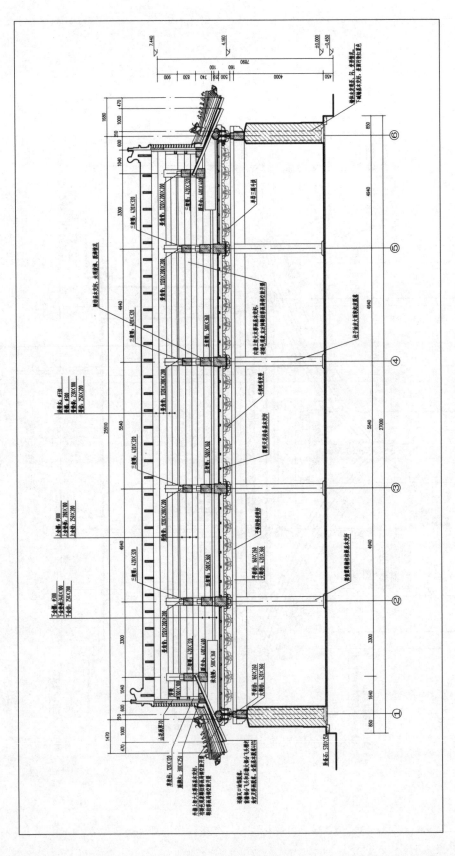

东配殿 2-2 剖面图

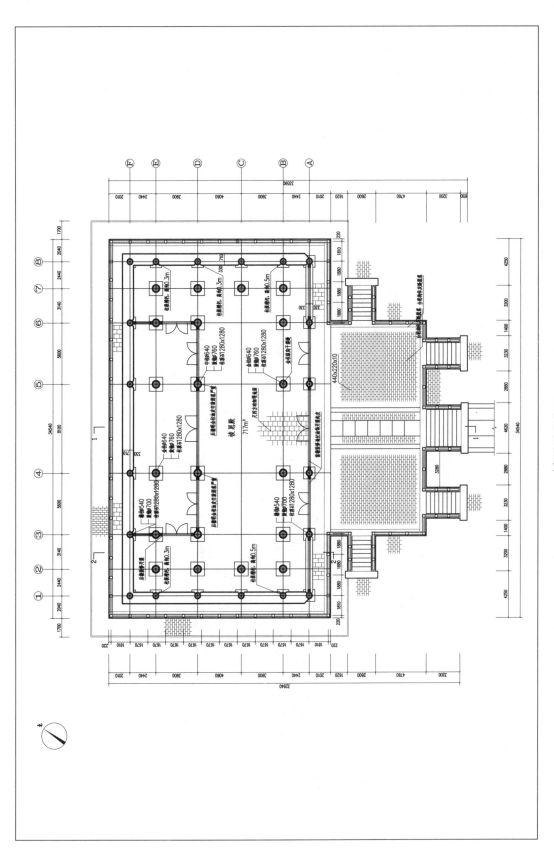

棱恩殿平面图

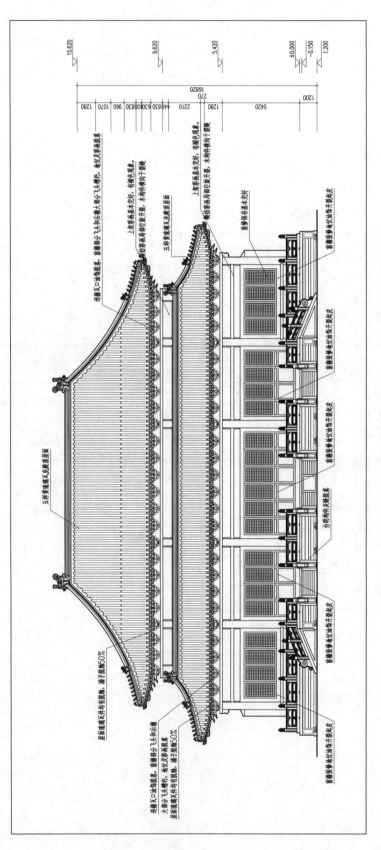

棱恩殿南立面图

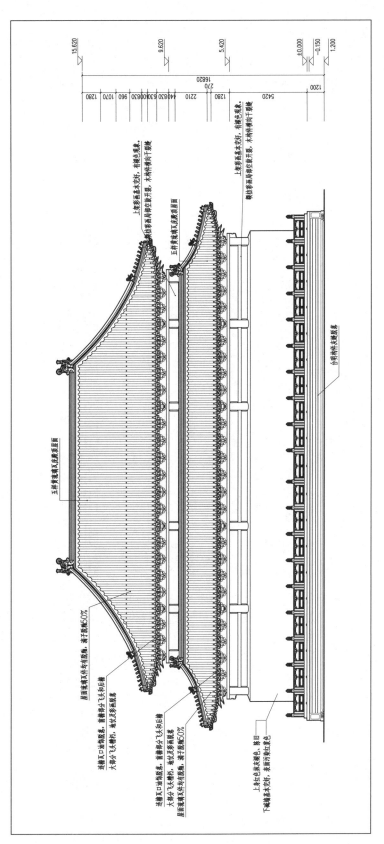

棱恩殿北立面图

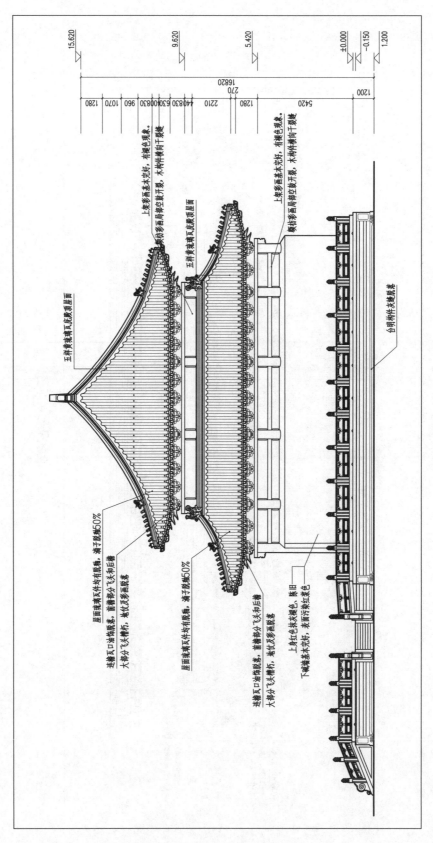

稜恩殿东立面图

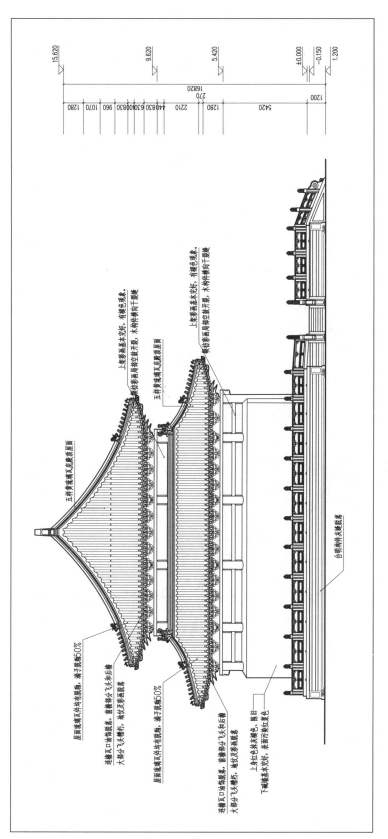

棱恩殿西立面图

祾恩殿 1—1 剖面图

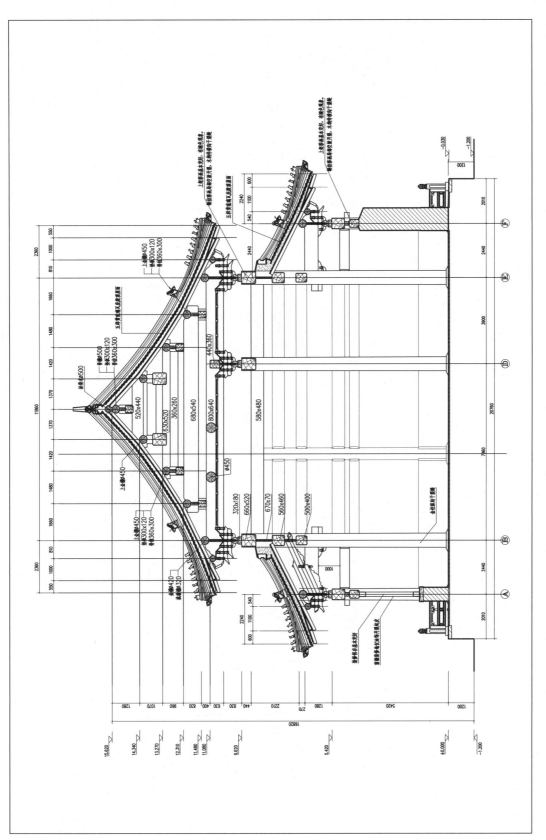

棱恩殿 2-2 剖面图

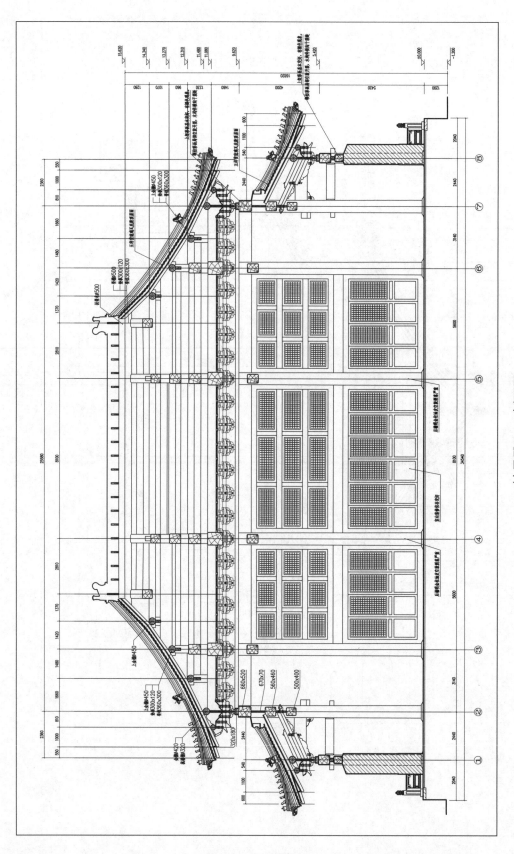

祾恩殿 3—3 剖面图

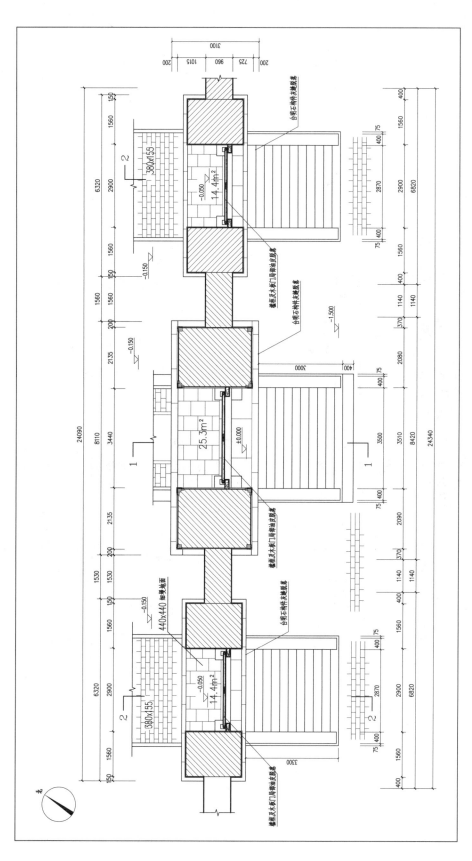

三座门平面图

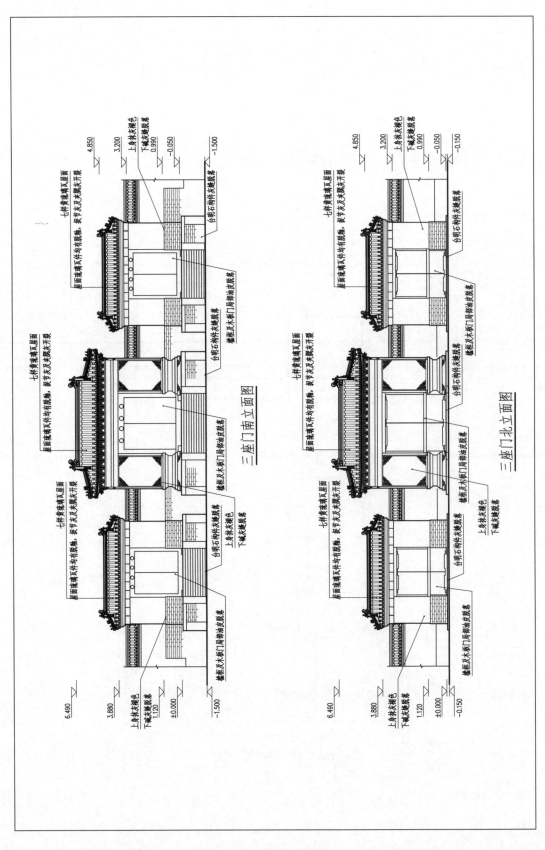

三座门南立面图

三座门北立面图

三座门南、北立面图

北京明昭陵古建筑群修缮与保护研究

174

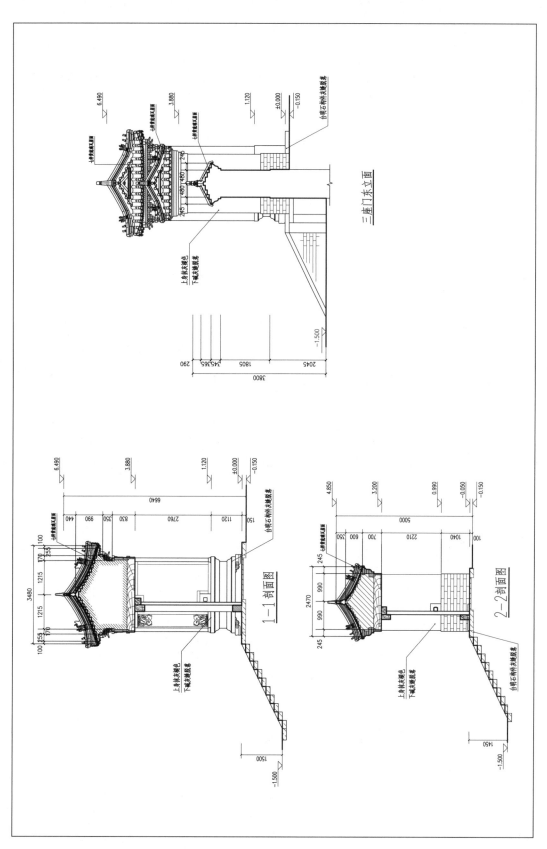

三座门立、剖面图

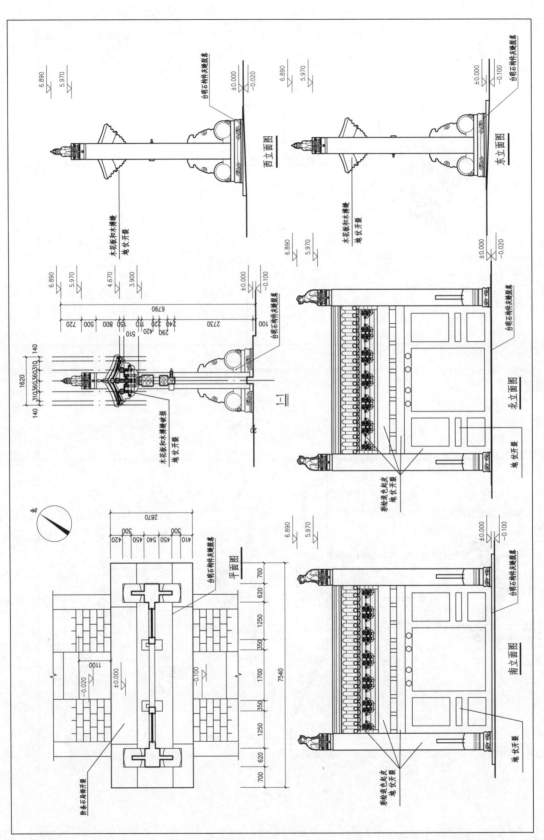

棂星门平、立、剖面图

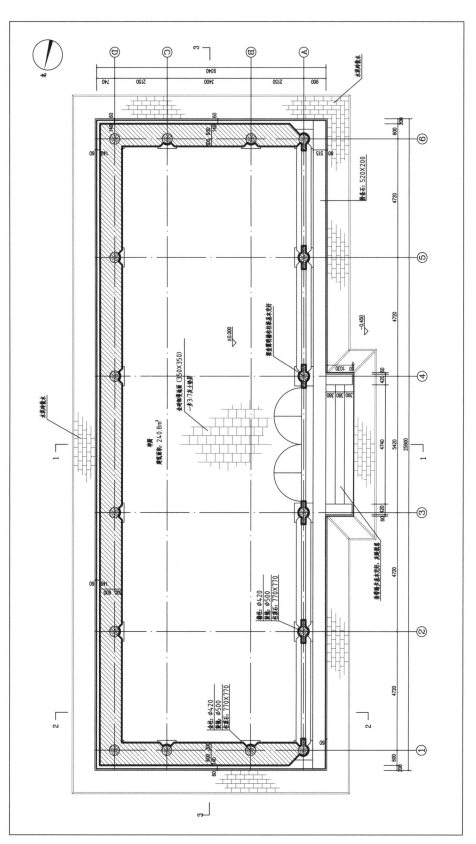

神厨平面图

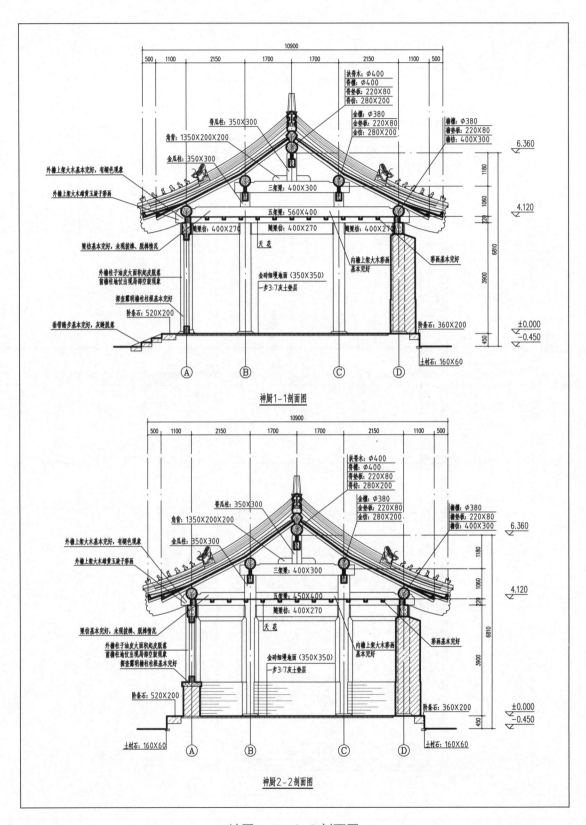

神厨 1-1、2-2 剖面图

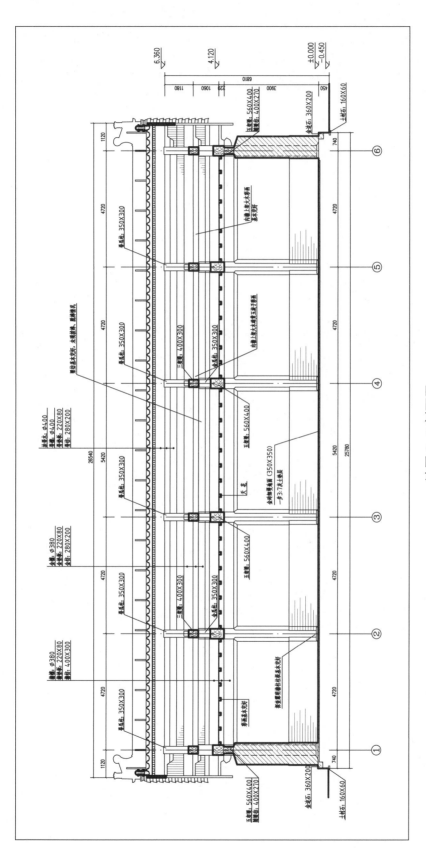

神厨 3-3 剖面图

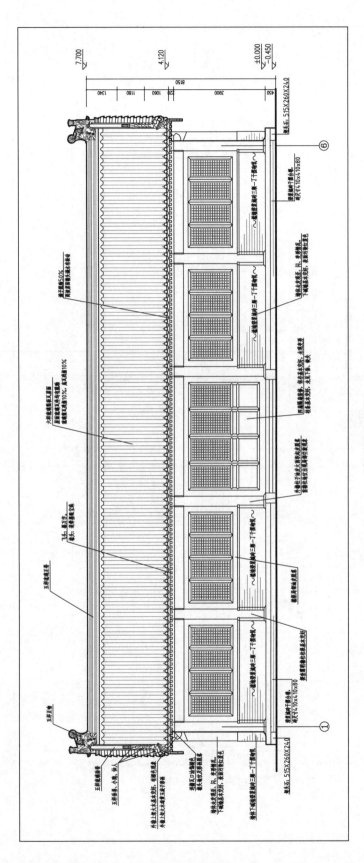

神厨西立面图

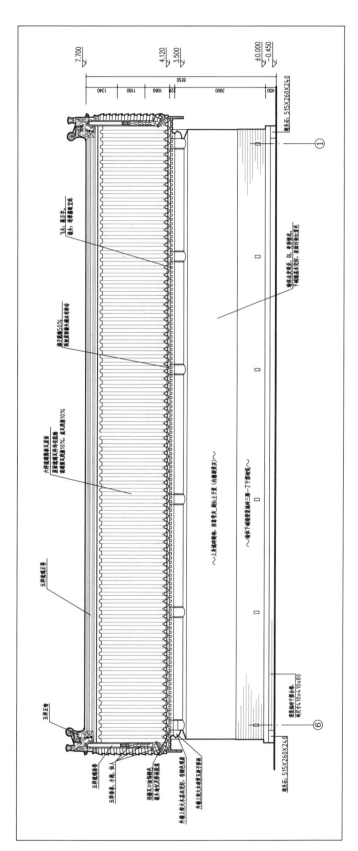

神厨东立面图

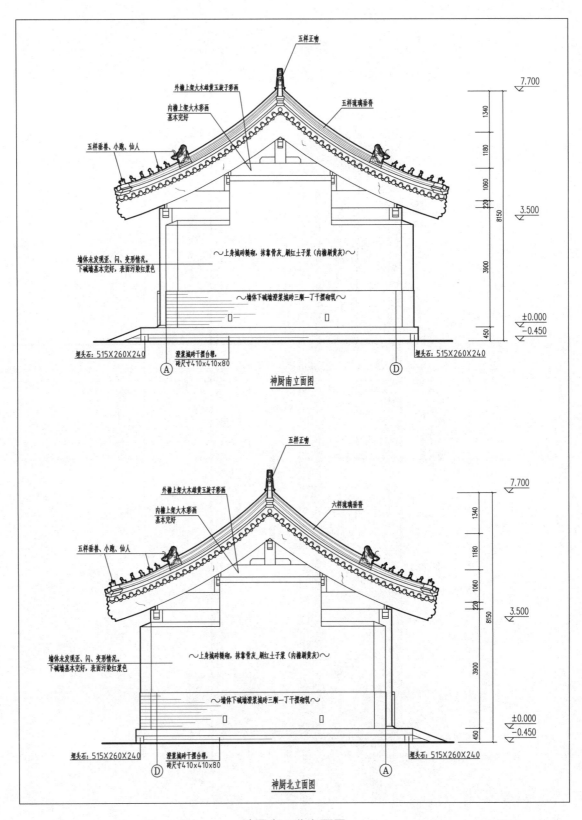

神厨南、北立面图

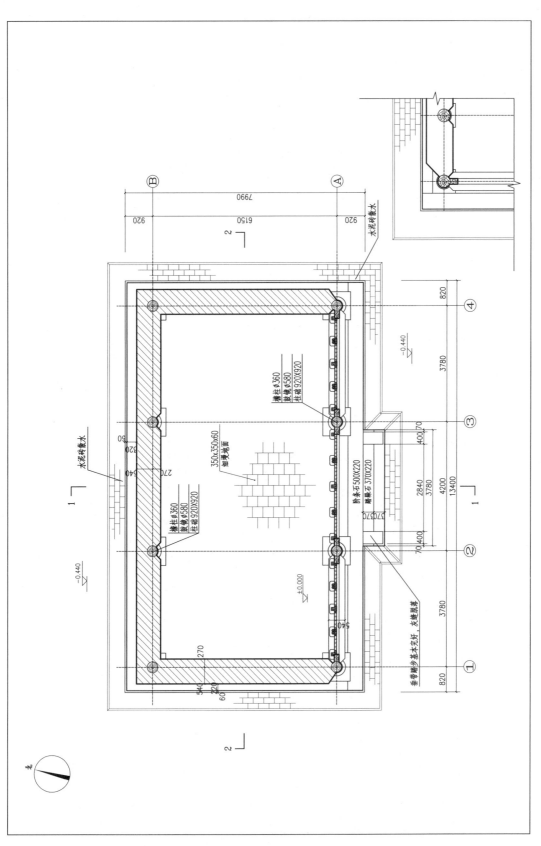

北神库平面图

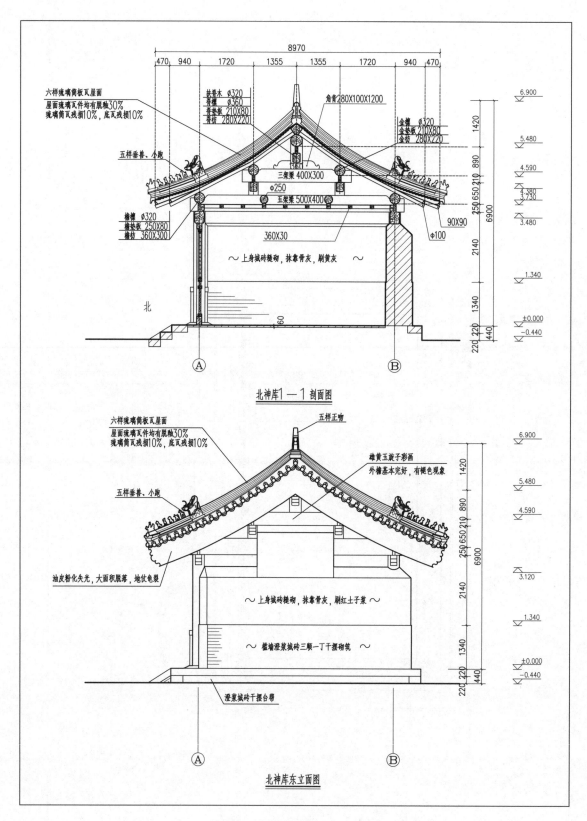

北神库1—1剖面图、东立面图

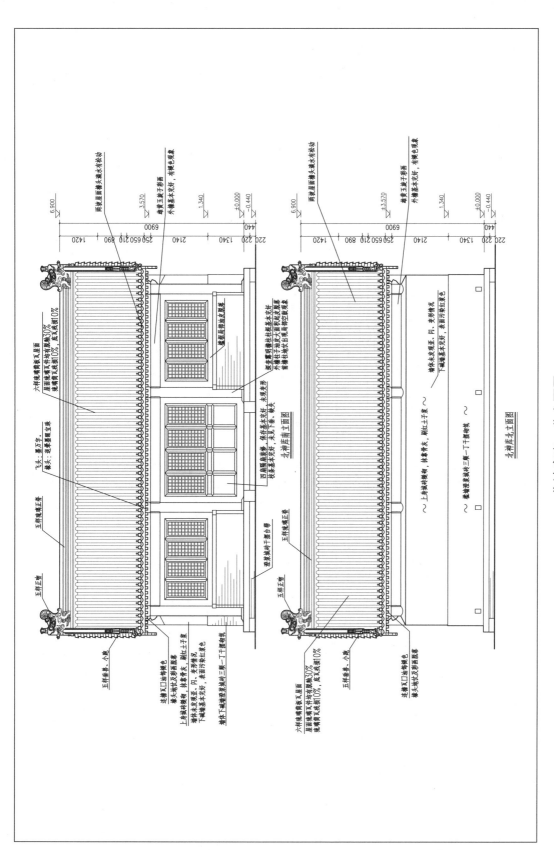

北神库南立面图

北神库北立面图

北神库南、北立面图

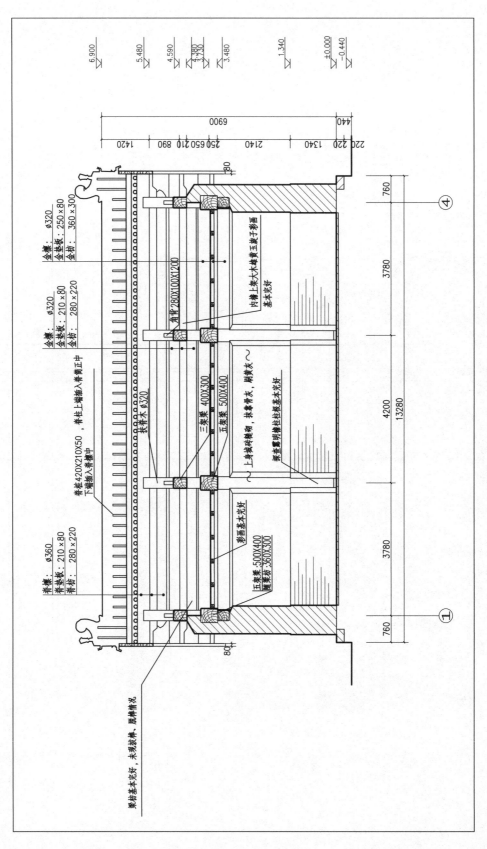

北神库 2-2 剖面图

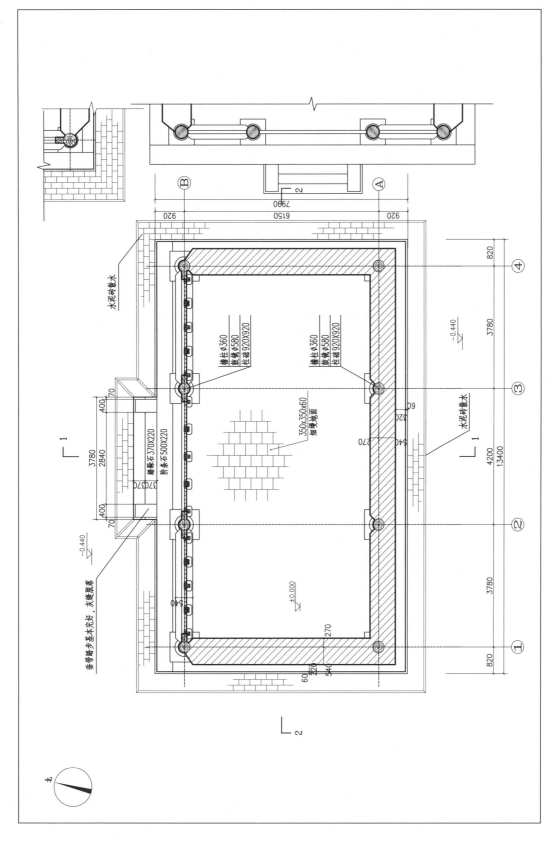

南神库平面图

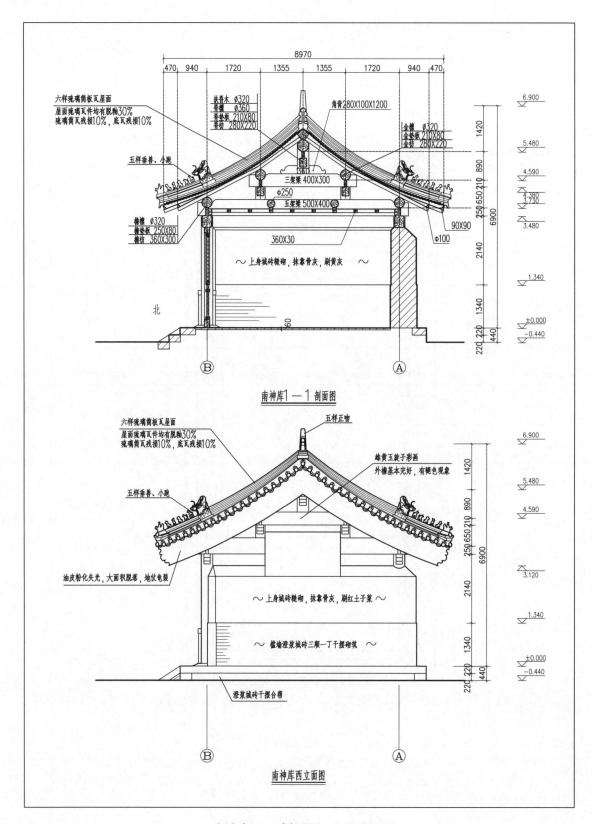

南神库1—1剖面图

南神库西立面图

南神库 1-1 剖面图、西立面图

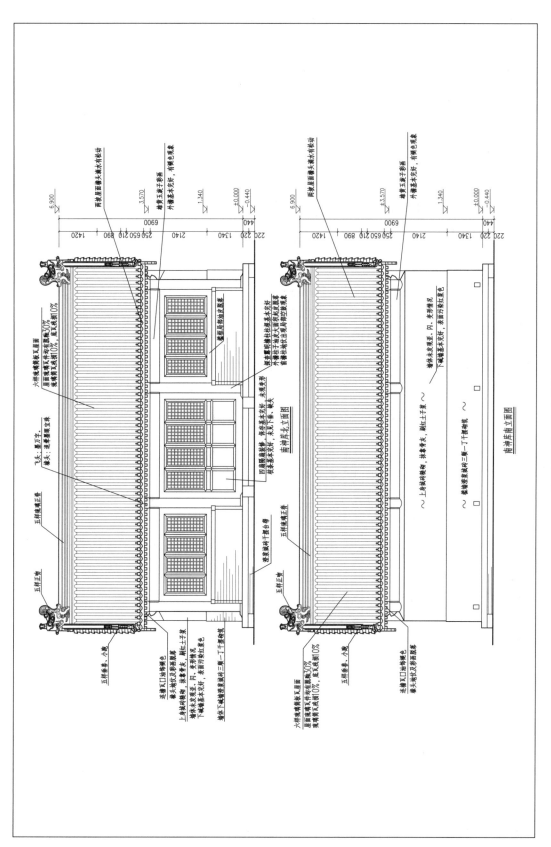

南神库南、北立面图

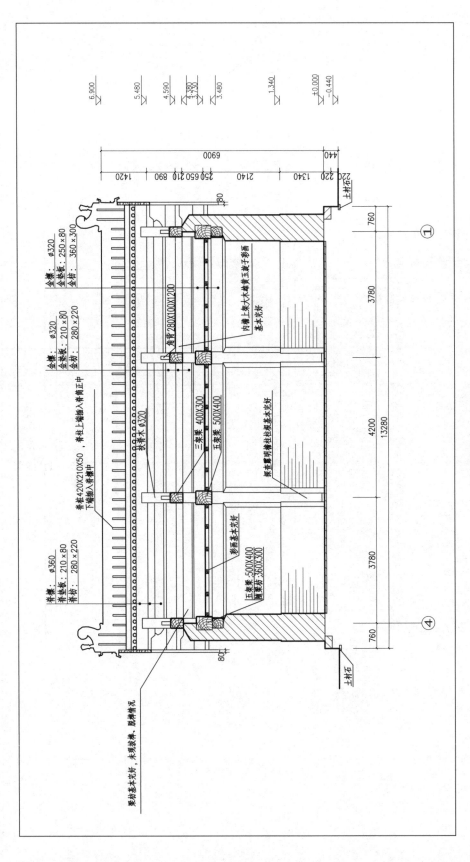

南神库 2-2 剖面图

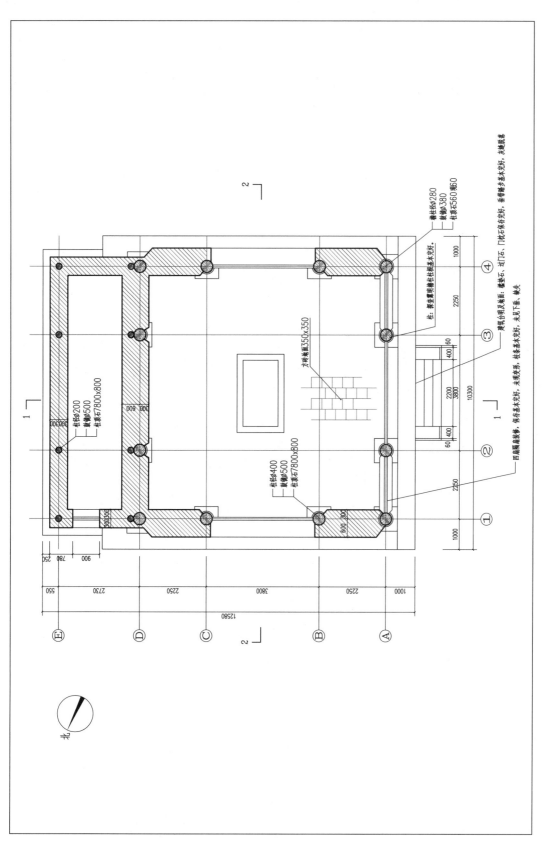

宰牲亭平面图

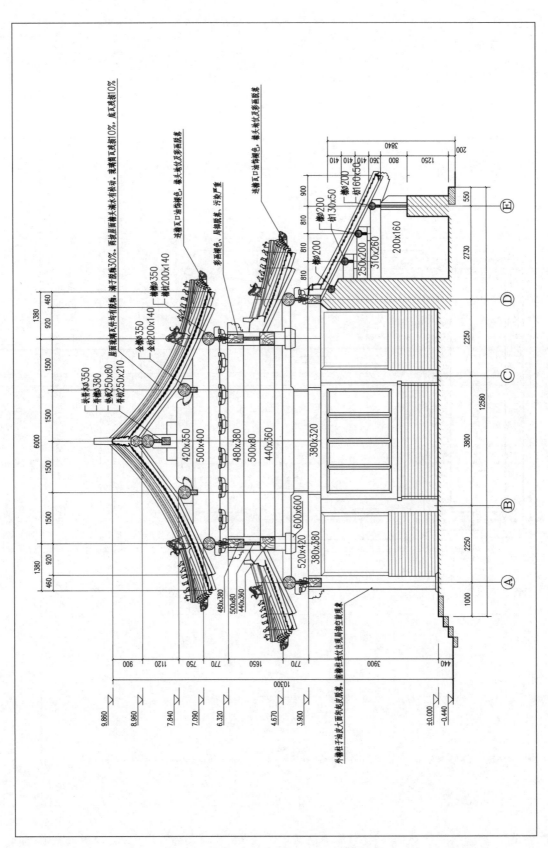

宰牲亭 1-1 剖面图

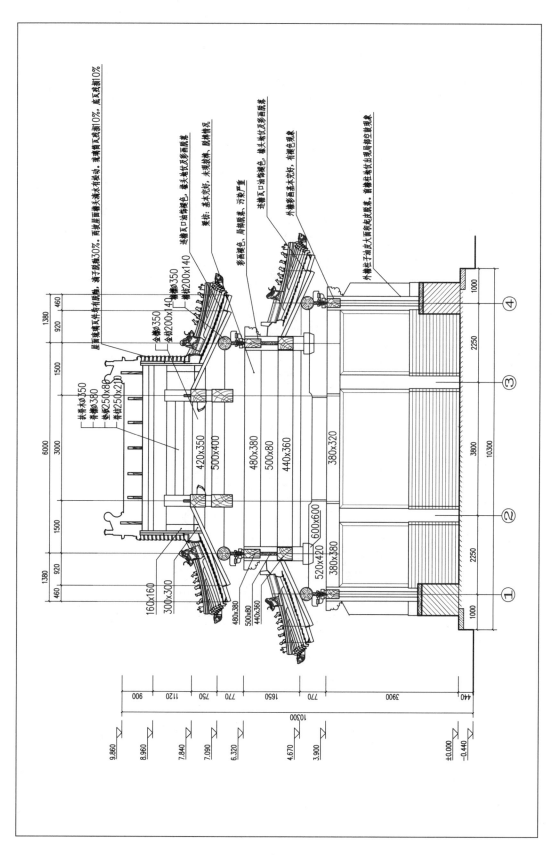

宰牲亭 2-2 剖面图

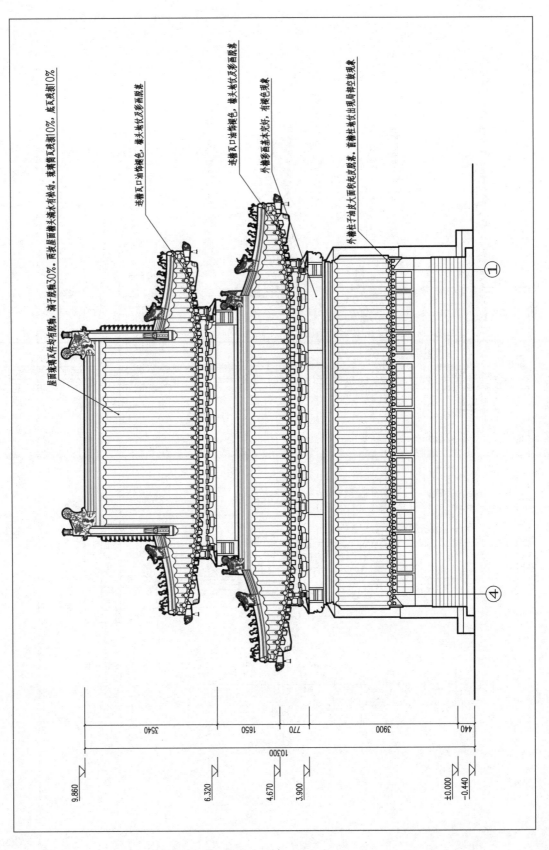

屋面琉璃瓦件均有脱釉，滴子脱釉30%。两坡屋面瓦土满水有松动，玻璃筒瓦残损10%，底瓦残损10%。

连檐瓦口油饰褪色，椽头地仗及彩画脱落。

连檐瓦口油饰褪色，椽头地仗及彩画脱落。

外檐彩画基本无存，有褪色现象。

外檐柱子油皮大面积起皮脱落，首檐柱地仗出现局部空鼓现象。

宰牲亭东立面图

9.860
6.320
4.670
3.900
±0.000
−0.440

3540
1650
770
3900
440
10300

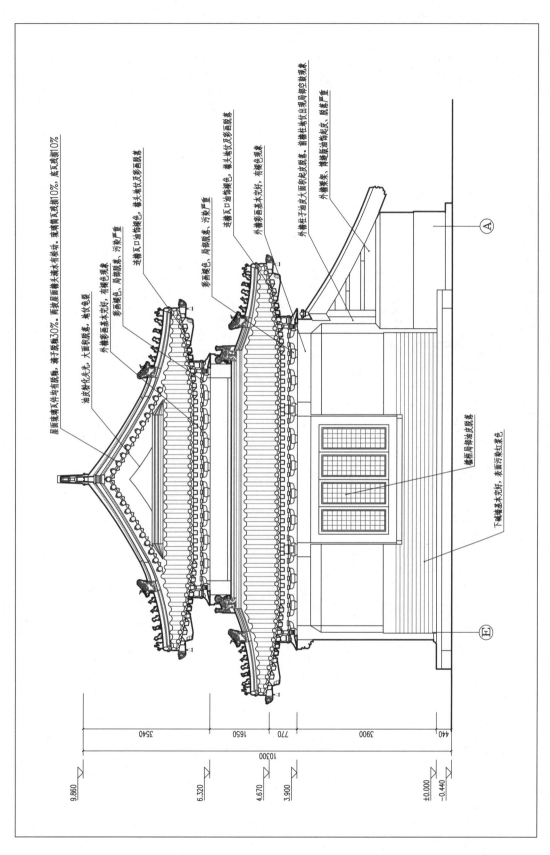

宰牲亭南立面图

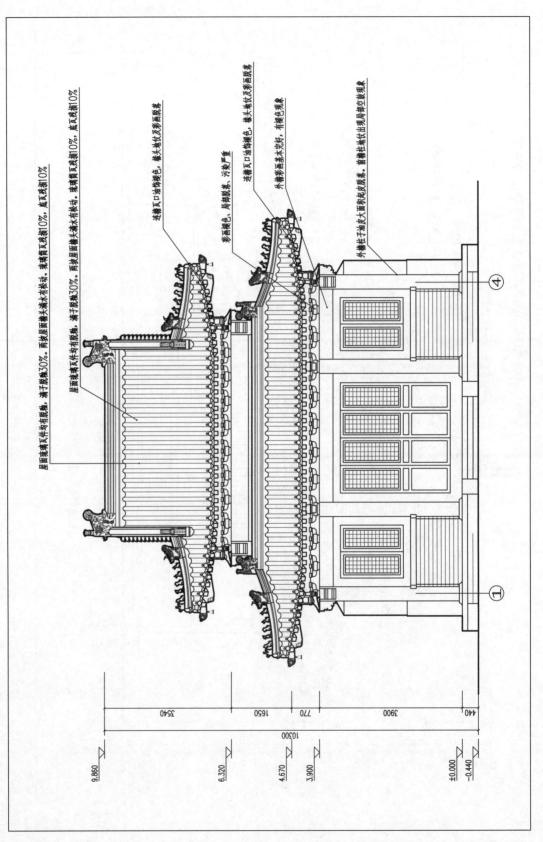

宰牲亭西立面图

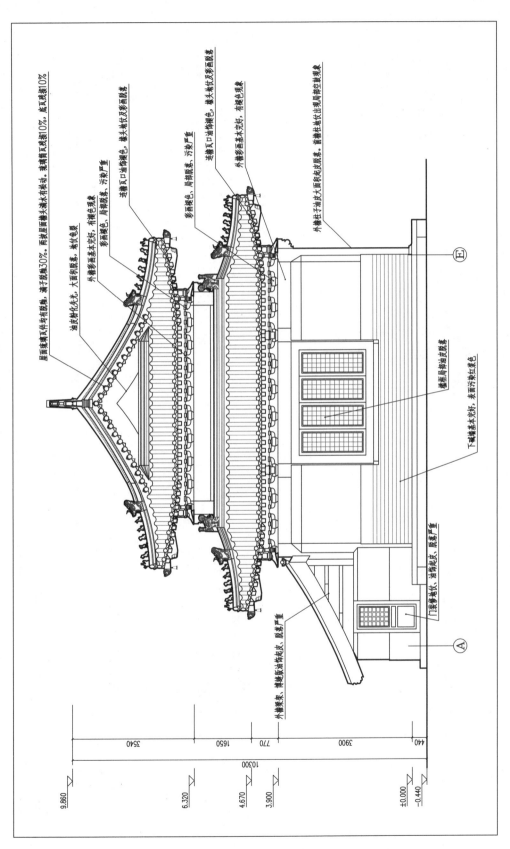

宰牲亭北立面图

9.860

6.320

4.670

3.900

±0.000
-0.440

3540
1650
770
3900
440

10300

屋面瓦件均有脱釉，滴子脱釉30%，两坡屋面瓦垄大部有松动，玻璃筒瓦残损10%，底瓦残损10%

油皮老化失光，大面积脱落，老仗色裂

外檐彩画基本完好，有褪色现象

彩画褪色，局部脱落，污染严重

连檐瓦口油饰退色，椽飞地仗及彩画脱落

外檐彩画基本完好，有褪色现象

连檐瓦口油饰退色，椽飞地仗及彩画脱落

外檐柱子油皮大面积起皮脱落，前檐柱地仗出现局部鼓空现象

槛框局部油饰起皮脱落，表面污染红紫色

下槛墙基本完好，表面污染红紫色

门窗卷仗，油饰起皮，脱落严重

外檐朱表，博缝板油饰起皮，脱落严重

E

A

197

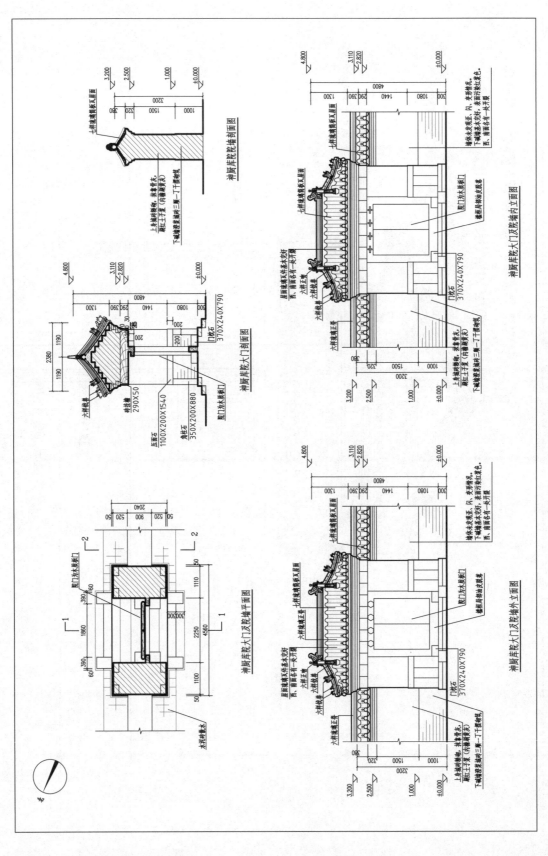

神厨库院大门及院墙平、立、剖面图

设计篇

第一章 修缮原则与思路

一、工程范围及类型

（一）工程范围

此次工程范围包括：祾恩门、东配殿、西配殿、祾恩殿、三座门、棂星门、宰牲亭、神厨、神库及院墙、院落地面铺装。工程修缮建筑面积约 2514 平方米。

（二）工程类型

根据《中国文物古迹保护准则》，工程性质应确定为——现状修整。

二、设计依据

《中华人民共和国文物保护法》（2017）

《中华人民共和国文物保护法实施条例》（2003）

《中国文物古迹保护准则》（2000）

《文物保护工程管理办法》（2003）

国家现行相关设计与维修规范

三、设计原则

"在进行修缮、保养、迁建的时候，必须遵守不改变文物原状的原则。"——《中

华人民共和国文物保护法》

此外，由国际古迹遗址理事会（ICOMOS）中国国家委员会编制，经国家文物局于2000年批准公布推荐的《中国文物古迹保护准则》，对古建筑的保护修缮更有专业性的规定：

"尽可能减少干预。……采用的保护措施，应以延续现状、缓解损伤为主要目标。"——第19条

"文物古迹的审美价值主要表现为它的历史真实性，不允许为了追求完整、华丽而改变文物原状。"——第23条

"必须要清除影响安全和破坏景观的环境因素。"——第24条

"现状修整是在不扰动现有的结构，不增添新构件，基本保持现状的前提下进行的一般性工程措施。主要工程有：归整歪闪、坍塌、错乱的构件，修补少量残损的部分，清除无价值的近代添加物。"——第31条

根据以上国家强制性法规，确定昭陵的修缮原则为：

1. 现状修整尽可能显示历史风貌。

2. 保存残状，精心修补，不做完全修复，使残状造型富有历史的美感。

3. 大部分结构只作防护加固处理。

4. 在不改变文物原状的前提下，坚持"保护为主，抢救第一，合理利用，加强管理"的保护方针。真实、完整地保存历史原貌和建筑特色。

5. 以建筑现有传统做法为主要的修复手法，适当运用新材料、新工艺，最大限度地延长建筑物寿命。

6. 尽可能多地保留现有的建筑材料。加固补强部分要与原结构、原构件连接可靠。新补配的构件，应完全按照现存实物进行加工制作。

7. 露明部分使用原材料原工艺。隐蔽部分也不得使用纯水泥砂浆，以保证再次修缮的可逆性。

四、修缮思路

（一）建筑大木构架

经过初步勘察，建筑木结构基本处于安全状态，本次维修针对建筑不同的损伤情况，只针对个别檐部变形的建筑进行局部整修、归安、补强加固、铁件拉接加固，对其他建筑木结构原则上不过分予以干扰。

施工过程中，对所有墙内隐蔽木柱柱根进行揭露检查（重点检查柱位处墙体有开裂者），如有糟朽，根据实际情况，墩接处理。屋面挑顶后对扶脊木进行检查，凡糟朽严重，达不到结构使用要求者，一律更换。

（二）台基

重点对走闪阶条石、垂带石及踏跺石进行归安。

凡是没有发生空鼓歪闪变形的台帮，采取剔补与打点修补的方法。砖体表面酥碱深度大于 3 厘米时，采用剔补做法，小于 3 厘米时采取打点修补做法。

（三）建筑墙体

凡是没有发生空鼓歪闪变形的干摆墙体，采取剔补与打点修补的方法。砖体表面酥碱深度大于 3 厘米时，采用剔补做法，小于 3 厘米时采取打点修补做法。

发生通裂的墙体，对于有进一步发展趋势的险情，采用局部拆砌的方法予以归安、补强。

针对抹灰墙体靠骨灰空鼓、脱落等情况，视其损伤面积，如面积不超过总面积的50%，采取局部修补的做法予以整修。

（四）建筑屋面

考虑屋面残损情况具有一定的不可预见因素，屋面残损严重，椽望明显糟朽的建筑屋面予以全部挑顶修和局部挑顶维修的做法，整修木基层。

根据现场勘察，建筑屋面瓦件脱釉现象普遍，为使历史建筑保留更多的历史信息，本次维修拟对脱釉脊饰、瓦件，只要胎体较好、无裂隙的，在保证建筑安全的前提下，一律予以保留。为增加脱釉构件的防水性，对于屋面脱釉严重瓦件，采取少量施釉重烧处理。只对胎体较差的瓦件进行更换。

（五）建筑装修

建筑装修现状整修。

（六）油饰彩画

古建筑油饰及彩画维修严格遵守"不改变文物原状的"的原则，真实完整地保存该建筑组群的历史原貌。现存彩画尽量保留，个别缺失的椽头按现存彩画复原。经过修补的彩画既要和原物部分相协调，又可识别。严格遵守使用传统材料、传统工艺、传统做法施工。

此次维修的性质为现状修整，即以现存油饰及彩画做法为修缮依据，对现有彩画保存较完整的部位除尘保护；空鼓部分回贴、粘牢；脱落、糟烂部分补绘、随色；彩画脱落面积80%以上的椽头构件按现有形制重做地仗及彩画。

对于下架柱、装修槛框、装修等部位进行全面整修地仗及油饰，以达到保护木构和美观效果。

（七）地面铺装与排水

院内外海墁地面均为水泥砖墁地，由于年久失修，风雨侵蚀，院内树木根系繁茂，树根周边出现水泥砖开裂、坑洼不平现象。本次维修仅作微量局部揭墁修整，防止游人绊倒危险。凡不影响院落整体排水、不影响游客参观以及对建筑本体不构成危害的海墁地面，维持现状。

院内排水现状较为顺畅，暂不考虑修整地面铺装。

第二章　祾恩门修缮方案

一、方案概述

屋面檐口挑顶修缮，修补屋面木基层，檐口重新宛瓦。整修台明。彩画除尘保护，开裂处回贴，随色。下架、连檐瓦口重做地仗及油饰，糟朽的飞头替换后重做地仗及彩画。

二、建筑修缮做法

（一）屋面

构件及规制：瓦件、木基层

残损现状：屋面琉璃脊件均有脱釉，占 10%，西北翼角缺失仙人 1 个。四坡屋面檐头滴水有松动，南坡缺损滴水 1 块。琉璃筒瓦残损 20%，底瓦残损 10%，檐头椽、望板有水渍，比较严重。连檐、瓦口糟朽 50%，南北飞椽椽头糟朽 10%，东西飞椽椽头糟朽 30%，檐口望板糟朽严重。屋面漏雨严重。

修缮方案：屋面檐口挑顶至木基层，屋面望板添配 80%，并恢复檐头顺望板（厚 25 毫米）做法，添配南北飞椽椽头 10%，东西飞椽椽头 30%，大、小连檐、瓦口、闸挡板 100% 添配。望板涂刷四遍防腐剂。屋面檐口苫背，宛瓦，补配仙人 1 个，补配更换琉璃筒瓦 10%，底瓦 10%。屋面琉璃构件脱釉严重者，施釉重烧 5%。

备注：施工中应避免琉璃构件的二次损伤，胎体完好的琉璃构件应完好保存利用。

（二）大木构架

构件及规制：柱子、梁、枋、斗拱

残损现状：探查露明檐柱柱根基本完好；梁枋基本完好，未现拔榫、脱榫情况。斗拱略有变形。

修缮方案：屋面挑顶后檐口，继续检查梁、枋及檩的拉结可靠性，所有檩头部位用铁件拉结加固。斗拱现状整修归位。

（三）墙体

构件及规制：上身、下碱

残损现状：墙体未发现歪、闪、变形情况。下碱墙基本完好，表面污染红浆色。

修缮方案：室内外墙体上身刷红浆，室外下碱墙清理污染。

（四）台明及地面

构件及规制：台阶、柱顶石、阶条、台帮、散水、地面

残损现状：槛垫石、过门石保存完好，垂带、踏步基本完好，灰缝脱落。南侧月台水泥砖墁地，城砖礓磋坡道风化酥碱残损 60%，钢质保护楼梯锈蚀、油饰脱落。

修缮方案：建筑台明石构件重新勾缝，南侧礓磋坡道地面砖剔补 60%。钢质保护楼梯重做灰色油饰。

（五）装修

构件及规制：大门、其他

残损现状：实榻大门保存基本完好，未现变形，枝条基本完好，未见下垂、缺失。

修缮方案：现状保护。

三、彩画修缮做法

（一）博缝、山花结带

油饰地仗、彩画残损情况：油皮粉化失光，大面积脱落，金箔氧化失光。

地仗做法：一麻五灰。

油饰做法：三道红色颜料光油，一道光油出亮。

油饰地仗、彩画修缮情况：重做地仗及油饰。

（二）前后外檐连檐瓦口、飞头、椽头、椽望及内檐椽子望板

油饰地仗、彩画残损情况：连檐瓦口油饰脱落，前檐部分飞头和后檐大部分飞头糟朽，地仗及彩画脱落，金箔基本脱落。

地仗做法：椽头四道灰，连檐、瓦口、椽子、望板三道灰。

油饰做法：连檐瓦口，红色油饰；椽望，红帮绿肚。

油饰地仗、彩画修缮情况：连檐瓦口重做地仗及油饰。糟朽的飞头替换后重做地仗及彩画，虎眼贴金。

备注：飞头，沥粉贴金万字纹；椽头，退晕金眼宝珠。

（三）斗拱、垫拱板（灶火门）

油饰地仗、彩画残损情况：彩画褪色、局部脱落、污染严重。

地仗做法：三道灰地仗。

油饰地仗、彩画修缮情况：现状保留，污染处彩画清理，其余彩画除尘保护。

备注：斗拱金边黑龙，灶火门三宝珠火焰。

（四）平板枋

油饰地仗、彩画残损情况：保存较好。

地仗做法：一麻五灰。

油饰地仗、彩画修缮情况：现状保留，除尘保护。

备注：降魔云纹。

（五）露明天花枝条

油饰地仗、彩画残损情况：保存较好。

地仗做法：无地仗。

油饰地仗、彩画修缮情况：现状保留，除尘保护。

备注：烟琢墨岔角云四合云鼓子心天花。

（六）外檐上架大木

油饰地仗、彩画残损情况：基本完好，有褪色现象，金箔基本脱落。

地仗做法：一麻五灰。

油饰地仗、彩画修缮情况：污染处彩画清理，其余彩画除尘保护，重新贴金。开裂处木构件局部修补麻灰满细灰地仗，彩画随色。彩画现状保留，除尘保护。东次间额枋空鼓、下垂部分回贴、粘固。开裂处木构件局部修补麻灰满细灰地仗，彩画随色。

备注：墨线小点金旋子彩画。

（七）内檐上架大木

油饰地仗、彩画残损情况：基本完好，有褪色现象。东次间额枋彩画局部空鼓开裂。金箔基本脱落。

地仗做法：四道灰地仗。

油饰地仗、彩画修缮情况：污染处彩画清理，其余彩画除尘保护，重新贴金。开裂处木构件局部修补麻灰满细灰地仗，彩画随色。彩画现状保留，除尘保护。东次间额枋空鼓、下垂部分回贴、粘固。开裂处木构件局部修补麻灰满细灰地仗，彩画随色。

备注：墨线小点金旋子彩画。

（八）内外檐下架大木

油饰地仗、彩画残损情况：柱子油皮大面积起皮脱落。

地仗做法：一麻五灰。

油饰做法：三道土红色颜料光油，一道光油出亮。

油饰地仗、彩画修缮情况：重做地仗及油饰。

（九）大门

油饰地仗、彩画残损情况：大门装修局部油皮脱落。

地仗做法：一麻五灰。

油饰做法：三道土红色颜料光油，一道光油出亮。

油饰地仗、彩画修缮情况：大门装修重做地仗及油饰。

第三章 西配殿修缮方案

一、方案概述

屋面檐口挑顶修缮，修补屋面木基层，檐口重新宪瓦。整修台明。彩画除尘保护，开裂处回贴，随色。下架、连檐瓦口重做地仗及油饰，糟朽的飞头替换后重做地仗及彩画。

二、建筑修缮做法

（一）屋面

构件及规制：瓦件、木基层

残损现状：屋面琉璃瓦件均有脱釉，占10%，西北翼角缺失仙人1个。四坡屋面檐头滴水有松动。琉璃筒瓦残损10%，底瓦残损10%，檐头椽、望板有水渍，比较严重。连檐、瓦口糟朽50%，南北飞椽椽头糟朽30%，东西飞椽椽头糟朽10%，檐口望板糟朽严重。

修缮方案：屋面檐口挑顶至木基层，屋面望板添配80%，并恢复檐头顺望板（厚25毫米）做法，添配南北飞椽椽头30%，东西飞椽椽头10%，大、小连檐、瓦口、闸挡板100%添配。望板涂刷四遍防腐剂。屋面檐口苫背，宪瓦，补配更换琉璃筒瓦10%，底瓦10%。屋面琉璃构件脱釉严重者，施釉重烧5%。

备注：施工中应避免琉璃构件的二次损伤，胎体完好的琉璃构件应完好保存利用。

（二）大木构架

构件及规制：柱子、梁、枋、斗拱

残损现状：探查露明檐柱柱根基本完好。梁枋基本完好，未现拔榫、脱榫情况。额枋局部开裂。斗拱略有变形。

修缮方案：挑顶后檐口，继续检查梁、枋及檩的拉结可靠性，所有檩头部位用铁件拉结加固。额枋局部开裂处木条嵌补处理。现状整修归位。

（三）墙体

构件及规制：下碱、上身

残损现状：墙体未发现歪、闪、变形情况。下碱墙基本完好，表面污染红浆色。

修缮方案：室外墙体上身刷红浆，室外下碱墙清理污染。室内上身刷白浆。

（四）台明及地面

构件及规制：台阶、柱顶石、阶条、台帮、散水、地面

残损现状：垂带、踏步基本完好，灰缝脱落。

修缮方案：建筑台明石构件重新勾缝。

（五）装修

构件及规制：大门、其他

残损现状：四扇隔扇装修，保存基本完好，未现变形，枝条基本完好，未见下垂、缺失。

修缮方案：现状保护。

三、彩画修缮做法

（一）博缝、山花结带

油饰地仗、彩画残损情况：油皮粉化失光，大面积脱落，金箔氧化失光。

地仗做法：一麻五灰。

油饰做法：三道红色颜料光油，一道光油出亮。

油饰地仗、彩画修缮情况：重做地仗及油饰。

（二）前后外檐连檐瓦口、飞头、椽头、椽望及内檐椽子望板

油饰地仗、彩画残损情况：连檐瓦口油饰脱落，前檐部分飞头和后檐大部分飞头糟朽，地仗及彩画脱落，金箔脱落40%。

地仗做法：椽头四道灰，连檐、瓦口、椽子、望板三道灰。

油饰做法：连檐瓦口，红色油饰；椽望，红帮绿肚。

油饰地仗、彩画修缮情况：连檐瓦口重做地仗及油饰，糟朽的飞头替换后重做地仗及彩画。

备注：飞头，沥粉贴金万字纹；椽头，退晕金眼宝珠。

（三）斗拱、垫拱板（灶火门）

油饰地仗、彩画残损情况：彩画褪色，局部脱落，污染严重。

地仗做法：三道灰地仗。

油饰地仗、彩画修缮情况：现状保留，污染处彩画清理，其余彩画除尘保护。

备注：斗拱金边黑龙，灶火门三宝珠火焰。

（四）平板枋

油饰地仗、彩画残损情况：保存较好。

地仗做法：一麻五灰。

油饰地仗、彩画修缮情况：现状保留，除尘保护。

备注：降魔云纹。

（五）露明天花枝条

油饰地仗、彩画残损情况：保存较好。

地仗做法：无地仗。

油饰地仗、彩画修缮情况：现状保留，除尘保护。

备注：烟琢墨岔角云四合云鼓子心天花。

（六）外檐上架大木

油饰地仗、彩画残损情况：基本完好，有褪色现象。额枋彩画局部空鼓开裂。

地仗做法：一麻五灰。

油饰地仗、彩画修缮情况：彩画现状保留，除尘保护。开裂处木构件局部修补麻灰满细灰地仗，彩画随色。

备注：墨线小点金旋子彩画。

（七）内檐上架大木

油饰地仗、彩画残损情况：基本完好，有褪色现象。额枋彩画局部空鼓开裂。

地仗做法：四道灰地仗。

油饰地仗、彩画修缮情况：彩画现状保留，除尘保护。开裂处木构件局部修补麻灰满细灰地仗，彩画随色。

备注：墨线小点金旋子彩画。

（八）内外檐下架大木

油饰地仗、彩画残损情况：柱子油皮大面积起皮脱落。

地仗做法：一麻五灰。

油饰做法：三道土红色颜料光油，一道光油出亮。

油饰地仗、彩画修缮情况：重做地仗及油饰。

（九）装修

油饰地仗、彩画残损情况：局部油皮脱落。

地仗做法：大门一麻五灰。

油饰做法：三道土红色颜料光油，一道光油出亮。

油饰地仗、彩画修缮情况：重做地仗及油饰。

第四章　东配殿修缮方案

一、方案概述

屋面檐口挑顶修缮，修补屋面木基层，檐口重新宽瓦。整修台明。彩画除尘保护，开裂处回贴，随色。下架、连檐瓦口重做地仗及油饰，糟朽的飞头替换后重做地仗及彩画。

二、建筑修缮做法

（一）屋面

构件及规制：瓦件、木基层

残损现状：屋面琉璃瓦件均有脱釉，占10%，西北翼角缺失仙人1个。四坡屋面檐头滴水有松动。琉璃筒瓦残损10%，底瓦残损10%，檐头椽、望板有水渍，比较严重。连檐、瓦口糟朽50%，南北飞椽椽头糟朽30%，东西飞椽椽头糟朽10%，檐口望板糟朽严重。

修缮方案：屋面檐口挑顶至木基层，屋面望板添配80%，并恢复檐头顺望板（厚25毫米）做法，添配南北飞椽椽头30%，东西飞椽椽头10%，大、小连檐、瓦口、闸挡板（100%）添配。望板涂刷四遍防腐剂。屋面檐口苫背，宽瓦，补配更换琉璃筒瓦10%，底瓦10%。屋面琉璃构件脱釉严重者，施釉重烧5%。

备注：施工中应避免琉璃构件的二次损伤，胎体完好的琉璃构件应完好保存利用。

（二）大木构架

构件及规制：柱子、梁、枋、斗拱

残损现状：柱：探查露明檐柱柱根基本完好。梁枋基本完好，未现拔榫、脱榫情况。斗拱略有变形。

修缮方案：挑顶后檐口，继续检查梁、枋及檩的拉结可靠性，所有檩头部位用铁件拉结加固。拱现状整修归位。

（三）墙体

构件及规制：下碱、上身

残损现状：墙体未发现歪、闪、变形情况。下碱墙基本完好，表面污染红浆色。

修缮方案：室外墙体上身刷红浆，室外下碱墙清理污染。室内上身刷白浆。

（四）台明及地面

构件及规制：台阶、柱顶石、阶条、台帮、散水、地面

残损现状：垂带、踏步基本完好，灰缝脱落。

修缮方案：建筑台明石构件重新勾缝。

（五）装修

构件及规制：大门、其他

残损现状：四扇隔扇装修，保存基本完好，未现变形，枝条基本完好，未见下垂、缺失。

修缮方案：现状保护。

三、彩画修缮做法

（一）博缝、山花结带

油饰地仗、彩画残损情况：油皮粉化失光，大面积脱落，金箔氧化失光。

地仗做法：一麻五灰。

油饰做法：三道红色颜料光油，一道光油出亮。

油饰地仗、彩画修缮情况：重做地仗及油饰。

（二）前后外檐连檐瓦口、飞头、椽头、椽望及内檐椽子望板

油饰地仗、彩画残损情况：连檐瓦口油饰脱落，前檐部分飞头和后檐大部分飞头糟朽，地仗及彩画脱落，金箔基本脱落。

地仗做法：椽头四道灰，连檐、瓦口、椽子、望板三道灰。

油饰做法：连檐瓦口，红色油饰；椽望，红帮绿肚。

油饰地仗、彩画修缮情况：连檐瓦口重做地仗及油饰。糟朽的飞头替换后重做地仗及彩画。

备注：飞头，沥粉贴金万字纹；椽头，退晕金眼宝珠。

（三）斗拱、垫拱板（灶火门）

油饰地仗、彩画残损情况：彩画褪色、局部脱落、污染严重。

地仗做法：三道灰地仗。

油饰地仗、彩画修缮情况：现状保留，污染处彩画清理，其余彩画除尘保护。

备注：斗拱金边黑龙，灶火门三宝珠火焰。

（四）平板枋

油饰地仗、彩画残损情况：保存较好。

地仗做法：一麻五灰。

油饰地仗、彩画修缮情况：现状保留，除尘保护。

备注：降魔云纹。

（五）露明天花枝条

油饰地仗、彩画残损情况：保存较好。

地仗做法：无地仗。

油饰地仗、彩画修缮情况：现状保留，除尘保护。

备注：烟琢墨岔角云四合云鼓子心天花。

（六）外檐上架大木

油饰地仗、彩画残损情况：基本完好，有褪色现象。额枋彩画局部空鼓开裂。

地仗做法：一麻五灰。

油饰地仗、彩画修缮情况：彩画现状保留，除尘保护。开裂处木构件局部修补麻灰满细灰地仗，彩画随色。

备注：墨线小点金旋子彩画。

（七）内檐上架大木

油饰地仗、彩画残损情况：基本完好，有褪色现象。额枋彩画局部空鼓开裂。

地仗做法：四道灰地仗。

油饰地仗、彩画修缮情况：彩画现状保留，除尘保护。开裂处木构件局部修补麻灰满细灰地仗，彩画随色。

备注：墨线小点金旋子彩画。

（八）内外檐下架大木

油饰地仗、彩画残损情况：柱子油皮大面积起皮脱落。

地仗做法：一麻五灰。

油饰做法：三道土红色颜料光油，一道光油出亮。

油饰地仗、彩画修缮情况：重做地仗及油饰。

（九）装修

油饰地仗、彩画残损情况：局部油皮脱落。

地仗做法：大门一麻五灰。

油饰做法：三道土红色颜料光油，一道光油出亮。

油饰地仗、彩画修缮情况：做地仗及油饰。

第五章　祾恩殿修缮方案

一、方案概述

整修台明，彩画除尘保护。下架、连檐瓦口重做地仗及油饰，糟朽的飞头替换后重做地仗及彩画。

二、建筑修缮做法

（一）屋面

构件及规制：瓦件、木基层

残损现状：屋面琉璃瓦件均有脱釉，滴子脱釉50%。

修缮方案：瓦面为2014年新做修缮，屋面琉璃构件维持现状。

（二）大木构架

构件及规制：柱子、梁、枋、斗拱

残损现状：埋墙柱柱根糟朽共5根，高约0.3米~0.5米；油皮脱落。前檐明间东稍间金柱通裂。后檐装修现存纵向干裂缝。梁枋基本完好，未现拔榫、脱榫情况。外檐梁枋大木构架横向干裂现象较多。斗拱略有变形。

修缮方案：前檐明间东侧金柱通裂处嵌补修补，柱根糟朽埋墙柱柱根挖补处理，拆柱门，重新砌筑二城样干摆下碱及背里。外檐梁枋大木构架开裂处木条嵌补处理。斗拱现状整修。

（三）墙体

构件及规制：下碱、上身

残损现状：墙体未发现歪、闪、变形情况。下碱墙基本完好，表面污染红浆色。上身红色抹灰褪色、陈旧。

修缮方案：室外上身墙体刷红土子浆，下碱墙基清理。室内墙面除尘、打点。

（四）台明及地面

构件及规制：台阶、柱顶石、阶条、台帮、散水、地面

残损现状：槛垫石、过门石、门枕石保存完好，垂带、踏步基本完好，灰缝脱落。

修缮方案：建筑台明石构件重新勾缝。

（五）装修

构件及规制：大门、其他

残损现状：四扇隔扇装修，保存基本完好，未现变形，枝条基本完好，未见下垂、缺失。

修缮方案：现状保护。

三、彩画修缮做法

（一）前后外檐连檐瓦口、飞头、椽头、椽望及内檐椽子望板

油饰地仗、彩画残损情况：连檐瓦口油饰脱落，前檐部分飞头和后檐大部分飞头糟朽，地仗及彩画脱落，金箔基本脱落。

地仗做法：椽头四道灰，连檐、瓦口、椽子、望板三道灰。

油饰做法：连檐瓦口，红色油饰；椽望，红帮绿肚。

油饰地仗、彩画修缮情况：飞头油饰重做地仗及彩画80%，万字贴金100%。

备注：飞头，沥粉贴金万字纹；椽头，退晕金眼宝珠。

（二）斗拱、垫拱板（灶火门）

油饰地仗、彩画残损情况：彩画褪色、局部脱落、污染严重。

地仗做法：三道灰地仗。

油饰地仗、彩画修缮情况：现状保留，彩画清理，其余彩画除尘保护。

备注：斗拱金边黑龙，灶火门三宝珠火焰。

（三）平板枋

油饰地仗、彩画残损情况：保存较好。

地仗做法：一麻五灰。

油饰地仗、彩画修缮情况：现状保留，除尘保护。

备注：降魔云纹。

（四）露明天花枝条

油饰地仗、彩画残损情况：保存较好。

地仗做法：无地仗。

油饰地仗、彩画修缮情况：现状保留，除尘保护。

备注：烟琢墨岔角云四合云鼓子心天花。

（五）外檐上架大木

油饰地仗、彩画残损情况：基本完好，有褪色现象。额枋彩画局部空鼓开裂。

地仗做法：一麻五灰。

油饰地仗、彩画修缮情况：彩画现状保留，除尘保护。开裂处木构件局部修补麻灰满细灰地仗，彩画随色。

备注：墨线小点金旋子彩画。

（六）内檐上架大木

油饰地仗、彩画残损情况：基本完好，有褪色现象。额枋彩画局部空鼓开裂。

地仗做法：四道灰地仗。

油饰地仗、彩画修缮情况：彩画现状保留，除尘保护。开裂处木构件局部修补麻灰满细灰地仗，彩画随色。

备注：墨线小点金旋子彩画。

（七）内外檐下架大木

油饰地仗、彩画残损情况：柱子油皮大面积起皮脱落。

地仗做法：一麻五灰。

油饰做法：三道土红色颜料光油，一道光油出亮。

油饰地仗、彩画修缮情况：外檐下架檐柱重做地仗油饰。内檐柱 50% 重做地仗、油饰。

（八）装修

油饰地仗、彩画残损情况：局部油皮脱落。

地仗做法：大门一麻五灰。

油饰做法：三道土红色颜料光油，一道光油出亮。

油饰地仗、彩画修缮情况：外檐重做地仗及油饰，内檐装修清理除尘。

第六章　三座门修缮方案

一、方案概述

整修台明，装修重做地仗、油饰。

二、建筑修缮做法

（一）屋面

构件及规制：瓦件、木基层

残损现状：屋面琉璃瓦件均有脱釉，捉节灰及夹腮灰开裂。

修缮方案：屋面查补。屋面琉璃构件脱釉严重者，施釉重烧 10%。

备注：施工中应避免琉璃构件的二次损伤，胎体完好的琉璃构件应完好保存利用。

（二）墙体

构件及规制：下碱、上身

残损现状：墙体未发现歪、闪、变形情况。下碱保存基本完好，灰缝脱落。上身抹灰褪色。

修缮方案：墙体刷红土子浆，下碱砖剔补 20%；须弥座重做勾缝。

（三）台明及地面

构件及规制：阶条、台帮、散水、地面

残损现状：槛垫石、过门石、门枕石保存完好，垂带、踏步基本完好，灰缝脱落。

修缮方案：建筑台明石构件重新勾缝。

（四）装修

构件及规制：大门

残损现状：板门装修，保存基本完好，未现变形。

修缮方案：现状保护。

三、彩画修缮做法

油饰地仗、彩画残损情况：槛框及木板门局部油皮脱落。

地仗做法：大门一麻五灰。

油饰做法：三道土红色颜料光油，一道光油出亮。

油饰地仗、彩画修缮情况：重做地仗及油饰。

第七章　棂星门修缮方案

一、方案概述

整修台明，彩画除尘保护。下架、连檐瓦口重做地仗及油饰，糟朽的飞头替换后重做地仗及彩画。

二、建筑修缮做法

（一）屋面

构件及规制：瓦件、木基层

残损现状：屋面琉璃瓦件均有脱釉，约10%，捉节灰及夹腮灰开裂。

修缮方案：屋面查补。屋面琉璃构件脱釉严重者，施釉重烧10%。

备注：施工中应避免琉璃构件的二次损伤，胎体完好的琉璃构件应完好保存利用。

（二）大木构架

构件及规制：枋、斗拱

残损现状：探查露明檐柱柱根基本完好。梁枋基本完好，未现拔榫、脱榫情况。

修缮方案：修补木花板及博缝，添配50%。

（三）台明及地面

构件及规制：阶条、地面

残损现状：槛垫石、过门石、门枕石保存完好。

修缮方案：建筑台明阶条石归安，粘接修补 10%，重新勾缝。

（四）装修

构件及规制：大门

残损现状：大门无存。槛框保存基本完好。

修缮方案：现状保护。

三、彩画修缮做法

（一）博缝

油饰地仗、彩画残损情况：大面积脱落，地仗龟裂。

地仗做法：一麻五灰。

油饰做法：三道红色颜料光油，一道光油出亮。

油饰地仗、彩画修缮情况：博风板重做地仗及油饰。

（二）前后外檐连檐瓦口、飞头、椽头、椽望

油饰地仗、彩画残损情况：连檐瓦口油饰褪色，椽头地仗及彩画保存基本完好。

地仗做法：椽头四道灰，连檐、瓦口、椽子、望板三道灰。

油饰做法：连檐瓦口，红色油饰；椽望，红帮绿肚。

油饰地仗、彩画修缮情况：除尘保护。

备注：飞头，沥粉贴金万字纹；椽头，退晕金眼宝珠。

（三）外檐上架大木

油饰地仗、彩画残损情况：外檐基本完好，有褪色现象。

地仗做法：一麻五灰。

油饰地仗、彩画修缮情况：彩画现状保留，除尘保护。

备注：墨线小点金旋子彩画。

（四）装修

油饰地仗、彩画残损情况：槛框局部油皮脱落。

地仗做法：槛框一麻五灰。

油饰做法：三道土红色颜料光油，一道光油出亮。

油饰地仗、彩画修缮情况：槛框重做地仗油饰。

第八章 神厨修缮方案

一、方案概述

整修台明，彩画除尘保护。下架、连檐瓦口重做地仗及油饰，糟朽的飞头替换后重做地仗及彩画。

二、建筑修缮做法

（一）屋面

构件及规制：瓦件、木基层

残损现状：屋面琉璃瓦件均有脱釉，滴子脱釉 50%。两坡屋面檐头滴水有松动。琉璃筒瓦残损 10%，底瓦残损 10%。

修缮方案：查补屋面。屋面琉璃构件脱釉严重者，施釉重烧 10%。

备注：施工中应避免琉璃构件的二次损伤，胎体完好的琉璃构件应完好保存利用。

（二）大木构架

构件及规制：柱子、梁、枋、斗拱

残损现状：探查露明檐柱柱根基本完好。梁枋基本完好，未现拔榫、脱榫情况。

修缮方案：大木构件现状保护。

备注：待施工中揭露检查发现大木顺上现场制订修缮方案。

（三）墙体

构件及规制：下碱、上身

残损现状：墙体未发现歪、闪、变形情况。下碱墙基本完好，表面污染红浆色。

修缮方案：室外墙体上身刷色浆（外檐：红土子浆），下碱墙基清理。

（四）台明及地面

构件及规制：台阶、柱顶石、阶条、台帮、散水、地面

残损现状：槛垫石、过门石、门枕石保存完好，垂带、踏步基本完好，灰缝脱落。

修缮方案：建筑台明石构件重新勾缝。

（五）装修

构件及规制：大门、其他

残损现状：四扇隔扇装修，保存基本完好，未现变形，枝条基本完好，未见下垂、缺失。

修缮方案：现状保护。

三、彩画修缮做法

（一）博缝、山花结带

油饰地仗、彩画残损情况：油皮粉化失光，大面积脱落，地仗龟裂。

地仗做法：一麻五灰。

油饰做法：三道红色颜料光油，一道光油出亮。

油饰地仗、彩画修缮情况：重做地仗及油饰。

（二）前后外檐连檐瓦口、飞头、椽头、椽望及内檐椽子望板

油饰地仗、彩画残损情况：连檐瓦口油饰褪色，椽头地仗及彩画脱落。

地仗做法：椽头四道灰，连檐、瓦口、椽子、望板三道灰。

油饰做法：连檐瓦口，红色油饰；椽望，红帮绿肚。

油饰地仗、彩画修缮情况：连檐瓦口重做地仗及油饰。糟朽的飞头替换后重做地仗及彩画。

备注：飞头，沥粉贴金万字纹；椽头，退晕金眼宝珠。

（三）露明天花枝条

油饰地仗、彩画残损情况：保存较好。

地仗做法：无地仗。

油饰地仗、彩画修缮情况：现状保留，除尘保护。

备注：烟琢墨岔角云四合云鼓子心天花。

（四）外檐上架大木

油饰地仗、彩画残损情况：外檐基本完好，有褪色现象。

地仗做法：一麻五灰。

油饰地仗、彩画修缮情况：彩画现状保留，除尘保护。

备注：墨线小点金旋子彩画。

（五）内檐上架大木

油饰地仗、彩画残损情况：基本完好。

地仗做法：四道灰地仗。

油饰地仗、彩画修缮情况：彩画现状保留，除尘保护。

备注：墨线小点金旋子彩画。

（六）内外檐下架大木

油饰地仗、彩画残损情况：外檐柱子油皮局部起皮脱落。

地仗做法：一麻五灰。

油饰做法：三道土红色颜料光油，一道光油出亮。

油饰地仗、彩画修缮情况：外檐柱重做地仗及油饰。

（七）装修

油饰地仗、彩画残损情况：槛框及隔扇门窗局部油皮脱落。

地仗做法：大门一麻五灰。

油饰做法：三道土红色颜料光油，一道光油出亮。

油饰地仗、彩画修缮情况：重做地仗及油饰。

第九章　北神库修缮方案

一、方案概述

整修台明，彩画除尘保护。下架、连檐瓦口重做地仗及油饰，糟朽的飞头替换后重做地仗及彩画。

二、建筑修缮做法

（一）屋面

构件及规制：瓦件、木基层

残损现状：屋面琉璃瓦件均有脱釉，滴子脱釉30%。两坡屋面檐头滴水有松动。琉璃筒瓦残损10%，底瓦残损10%。

修缮方案：查补屋面。屋面琉璃构件脱釉严重者，施釉重烧10%。

备注：施工中应避免琉璃构件的二次损伤，胎体完好的琉璃构件应完好保存利用。

（二）大木构架

构件及规制：柱子、梁、枋

残损现状：探查露明檐柱柱根基本完好。梁枋基本完好，未现拔榫、脱榫情况。

修缮方案：大木构件现状保护。

备注：待施工中揭露检查发现大木顺上现场制订修缮方案。

（三）墙体

构件及规制：下碱、上身

残损现状：墙体未发现歪、闪、变形情况。下碱墙基本完好，表面污染红浆色。

修缮方案：室外墙体上身刷色浆（外檐：红土子浆），下碱墙基清理。

（四）台明及地面

构件及规制：台阶、柱顶石、阶条、台帮、散水、地面

残损现状：槛垫石、过门石、门枕石保存完好，垂带、踏步基本完好，灰缝脱落。

修缮方案：建筑台明石构件重新勾缝。

（五）装修

构件及规制：大门、其他

残损现状：四扇隔扇装修，保存基本完好，未现变形，枝条基本完好，未见下垂、缺失。

修缮方案：现状保护。

三、彩画修缮做法

（一）博缝

油饰地仗、彩画残损情况：油皮粉化失光，大面积脱落，地仗龟裂。

地仗做法：一麻五灰。

油饰做法：三道红色颜料光油，一道光油出亮。

油饰地仗、彩画修缮情况：重做地仗及油饰。

（二）前后外檐连檐瓦口、飞头、椽头、椽望及内檐椽子望板

油饰地仗、彩画残损情况：连檐瓦口油饰褪色，椽头地仗及彩画脱落。

地仗做法：椽头四道灰，连檐、瓦口、椽子、望板三道灰。

油饰做法：连檐瓦口，红色油饰；椽望，红帮绿肚。

油饰地仗、彩画修缮情况：连檐瓦口重做地仗及油饰，糟朽的飞头替换后重做地仗及彩画。

备注：飞头，沥粉贴金万字纹；椽头，退晕金眼宝珠。

（三）露明天花枝条

油饰地仗、彩画残损情况：保存较好。

地仗做法：无地仗。

油饰地仗、彩画修缮情况：现状保留，除尘保护。

备注：烟琢墨岔角云四合云鼓子心天花。

（四）外檐上架大木

油饰地仗、彩画残损情况：外檐基本完好，有褪色现象。

地仗做法：一麻五灰。

油饰地仗、彩画修缮情况：彩画现状保留，除尘保护。

（五）内檐上架大木

油饰地仗、彩画残损情况：基本完好。

地仗做法：四道灰地仗。

油饰地仗、彩画修缮情况：彩画现状保留，除尘保护。

（六）内外檐下架大木

油饰地仗、彩画残损情况：外檐柱子油皮局部起皮脱落。

地仗做法：一麻五灰。

油饰做法：三道土红色颜料光油，一道光油出亮。

油饰地仗、彩画修缮情况：外檐柱重做地仗及油饰。

（七）装修

油饰地仗、彩画残损情况：槛框及隔扇门窗局部油皮脱落。

地仗做法：大门一麻五灰。

油饰做法：三道土红色颜料光油，一道光油出亮。

油饰地仗、彩画修缮情况：

备注：重做地仗及油饰。

第十章 南神库修缮方案

一、方案概述

整修台明，彩画除尘保护。下架、连檐瓦口重做地仗及油饰，糟朽的飞头替换后重做地仗及彩画。

二、建筑修缮做法

（一）屋面

构件及规制：瓦件、木基层

残损现状：屋面琉璃瓦件均有脱釉，滴子脱釉30%。两坡屋面檐头滴水有松动。琉璃筒瓦残损10%，底瓦残损10%。

修缮方案：查补屋面。屋面琉璃构件脱釉严重者，施釉重烧10%。

备注：施工中应避免琉璃构件的二次损伤，胎体完好的琉璃构件应完好保存利用。

（二）大木构架

构件及规制：柱子、梁、枋

残损现状：探查露明檐柱柱根基本完好。梁枋基本完好，未现拔榫、脱榫情况。

修缮方案：大木构件现状保护。

备注：待施工中揭露检查发现大木顺上现场制订修缮方案。

（三）墙体

构件及规制：下碱、上身

残损现状：墙体未发现歪、闪、变形情况。下碱墙基本完好，表面污染红浆色。

修缮方案：室外墙体上身刷色浆（外檐：红土子浆），下碱墙基清理。

（四）台明及地面

构件及规制：台阶、柱顶石、阶条、台帮、散水、地面

残损现状：建筑台明及地面：槛垫石、过门石、门枕石保存完好，垂带、踏步基本完好，灰缝脱落。

修缮方案：建筑台明石构件重新勾缝。

（五）装修

构件及规制：大门、其他

残损现状：四扇隔扇装修，保存基本完好，未现变形，枝条基本完好，未见下垂、缺失。

修缮方案：现状保护。

三、彩画修缮做法

（一）博缝

油饰地仗、彩画残损情况：油皮粉化失光，大面积脱落，地仗龟裂。

地仗做法：一麻五灰。

油饰做法：三道红色颜料光油，一道光油出亮。

油饰地仗、彩画修缮情况：重做地仗及油饰。

（二）前后外檐连檐瓦口、飞头、橡头、橡望及内檐橡子望板

油饰地仗、彩画残损情况：连檐瓦口油饰褪色，橡头地仗及彩画脱落。

地仗做法：橡头四道灰，连檐、瓦口、橡子、望板三道灰。

油饰做法：连檐瓦口，红色油饰；橡望，红帮绿肚。

油饰地仗、彩画修缮情况：连檐瓦口重做地仗及油饰，糟朽的飞头替换后重做地仗及彩画。

备注：飞头，沥粉贴金万字纹；橡头，退晕金眼宝珠。

（三）露明天花枝条

油饰地仗、彩画残损情况：保存较好。

地仗做法：无地仗。

油饰地仗、彩画修缮情况：现状保留，除尘保护。

备注：烟琢墨岔角云四合云鼓子心天花。

（四）外檐上架大木

油饰地仗、彩画残损情况：外檐基本完好，有褪色现象。

地仗做法：一麻五灰。

油饰地仗、彩画修缮情况：彩画现状保留，除尘保护。

（五）内檐上架大木

油饰地仗、彩画残损情况：基本完好。

地仗做法：四道灰地仗。

油饰地仗、彩画修缮情况：彩画现状保留，除尘保护。

（六）内外檐下架大木

油饰地仗、彩画残损情况：外檐柱子油皮局部起皮脱落。

地仗做法：一麻五灰。

油饰做法：三道土红色颜料光油，一道光油出亮。

油饰地仗、彩画修缮情况：外檐柱重做地仗及油饰。

（七）装修

油饰地仗、彩画残损情况：槛框及隔扇门窗局部油皮脱落。

地仗做法：大门一麻五灰。

油饰做法：三道土红色颜料光油，一道光油出亮。

油饰地仗、彩画修缮情况：重做地仗及油饰。

第十一章　宰牲亭修缮方案

一、方案概述

整修台明，彩画除尘保护。下架、连檐瓦口重做地仗及油饰，糟朽的飞头替换后重做地仗及彩画。

二、建筑修缮做法

（一）屋面

构件及规制：瓦件、木基层

残损现状：屋面琉璃瓦件均有脱釉，滴子脱釉30%。两坡屋面檐头滴水有松动。琉璃筒瓦残损10%，底瓦残损10%。

修缮方案：查补屋面。屋面琉璃构件脱釉严重者，施釉重烧10%。

备注：施工中应避免琉璃构件的二次损伤，胎体完好的琉璃构件应完好保存利用。

（二）大木构架

构件及规制：柱子、梁、枋、斗拱

残损现状：探查露明檐柱柱根基本完好。梁枋基本完好，未现拔榫、脱榫情况。

修缮方案：大木构件现状保护。

备注：待施工中揭露检查发现大木顺上现场制订修缮方案。

（三）墙体

构件及规制：下碱、上身

残损现状：墙体未发现歪、闪、变形情况。下碱墙基本完好，表面污染红浆色。

修缮方案：室外墙体上身刷色浆（外檐：红土子浆），下碱墙基清理。

（四）台明及地面

构件及规制：台阶、柱顶石、阶条、台帮、散水、地面

残损现状：槛垫石、过门石、门枕石保存完好，垂带、踏步基本完好，灰缝脱落。

修缮方案：建筑台明石构件重新勾缝。

（五）装修

构件及规制：大门、其他

残损现状：四扇隔扇装修，保存基本完好，未现变形，枝条基本完好，未见下垂、缺失。

修缮方案：现状保护。

三、彩画修缮做法

（一）博缝、山花结带

油饰地仗、彩画残损情况：油皮粉化失光，大面积脱落，地仗龟裂。

地仗做法：一麻五灰。

油饰做法：三道红色颜料光油，一道光油出亮。

油饰地仗、彩画修缮情况：重做地仗及油饰。

（二）前后外檐连檐瓦口、飞头、椽头、椽望及内檐椽子望板

油饰地仗、彩画残损情况：连檐瓦口油饰褪色，椽头地仗及彩画脱落。

地仗做法：椽头四道灰，连檐、瓦口、椽子、望板三道灰。

油饰做法：连檐瓦口，红色油饰；椽望，红帮绿肚。

油饰地仗、彩画修缮情况：连檐瓦口重做地仗及油饰。糟朽的飞头替换后重做地仗及彩画。

备注：飞头，沥粉贴金万字纹；椽头，退晕金眼宝珠

（三）斗拱、垫拱板（灶火门）

油饰地仗、彩画残损情况：彩画褪色、局部脱落、污染严重。

地仗做法：三道灰地仗。

油饰地仗、彩画修缮情况：现状保留，污染处彩画清理，其余彩画除尘保护。

备注：斗拱金边黑龙，灶火门三宝珠火焰。

（四）平板枋

油饰地仗、彩画残损情况：保存较好。

地仗做法：一麻五灰。

油饰地仗、彩画修缮情况：现状保留，除尘保护。

备注：降魔云纹。

（五）外檐上架大木

油饰地仗、彩画残损情况：外檐基本完好，有褪色现象。

地仗做法：一麻五灰。

油饰地仗、彩画修缮情况：彩画现状保留，除尘保护。

备注：墨线小点金旋子彩画。

（六）内檐上架大木

油饰地仗、彩画残损情况：基本完好。

地仗做法：四道灰地仗。

油饰地仗、彩画修缮情况：彩画现状保留，除尘保护。

备注：墨线小点金旋子彩画。

（七）内外檐下架大木

油饰地仗、彩画残损情况：外檐柱子油皮局部起皮脱落。

地仗做法：一麻五灰。

油饰做法：三道土红色颜料光油，一道光油出亮。

油饰地仗、彩画修缮情况：外檐柱重做地仗及油饰。

（八）装修

油饰地仗、彩画残损情况：槛框及隔扇门窗局部油皮脱落。

地仗做法：大门一麻五灰。

油饰做法：三道土红色颜料光油，一道光油出亮。

油饰地仗、彩画修缮情况：重做地仗及油饰。

第十二章 昭陵院墙、随墙门修缮方案

一、方案概述

昭陵院墙现状整修，上身重饰红土子浆，抹灰开裂处局部修整抹灰，随墙门大门重做地仗油饰。地面铺装现状修整。

二、建筑修缮做法

（一）屋面

构件及规制：瓦件、木基层

残损现状：屋面琉璃瓦件基本完好。

修缮方案：查补屋面瓦件。屋面琉璃构件脱釉严重者，施釉重烧 10%。

备注：施工中应避免琉璃构件的二次损伤，胎体完好的琉璃构件应完好保存利用。

（二）墙体

构件及规制：下碱、上身

残损现状：墙体未发现歪、闪、变形情况。下碱墙基本完好，表面污染红浆色。上身抹灰局部残损。

修缮方案：内外墙体上身刷色浆（外檐：红土子浆），下碱墙基清理。

（三）台明及地面

构件及规制：散水、地面

残损现状：水泥砖地面局部开裂，坑洼不平。院内水泥砖地面，局部坑洼不平。

修缮方案：地面砖局部揭墁 10%，重做基础。

备注：厚 100 毫米透水路面砖，粗砂扫缝、洒水封缝；厚 30 毫米，1 : 6 干硬性水泥砂浆；厚 200 毫米无级配碎石碾实；素土夯实。

（四）装修

构件及规制：大门、其他

残损现状：铁皮大门破损。

修缮方案：随墙门大门恢复传统木板门。

三、彩画修缮做法

（一）装修

油饰地仗、彩画残损情况：槛框局部油皮脱落，大门油饰局部脱落。

地仗做法：大门一麻五灰。

油饰做法：三道土红色颜料光油，一道光油出亮。

油饰地仗、彩画修缮情况：大门重做地仗油饰。

第十三章　神厨院大门、院墙修缮方案

一、方案概述

神厨院大门整修台明。装修重做地仗、油饰。

神厨院院墙现状修整，上身重饰红土子浆，院墙开裂处原拆原砌。地面铺装现状修整。

二、大门修缮做法

（一）屋面

构件及规制：瓦件、木基层

残损现状：屋面琉璃瓦件均有脱釉约 10%，捉节灰及夹腮灰开裂。

修缮方案：屋面查补。屋面琉璃构件脱釉严重者，施釉重烧 10%。

备注：施工中应避免琉璃构件的二次损伤，胎体完好的琉璃构件应完好保存利用。

（二）墙体

构件及规制：下碱、上身

残损现状：墙体未发现歪、闪、变形情况。下碱保存基本完好，灰缝脱落。上身抹灰褪色。

修缮方案：内外墙体刷色浆（外檐：红土子浆），下碱墙基清理。

（三）台明及地面

构件及规制：散水、地面

残损现状：槛垫石、过门石、门枕石保存完好，垂带、踏步基本完好，灰缝脱落。

修缮方案：门前区水泥方砖地面局部开裂，坑洼不平处揭墁约 10 平方米。院内水泥砖地面，揭墁约 20%。

备注：厚 100 毫米透水路面砖，粗砂扫缝、洒水封缝；厚 30 毫米，1：6 干硬性水泥砂浆；厚 200 毫米无级配碎石碾实；素土夯实。

（四）装修

构件及规制：大门、其他

残损现状：保存基本完好，未见变形。

修缮方案：现状保护。

三、大门彩画修缮做法

油饰地仗、彩画残损情况：槛框局部油皮脱落。

地仗做法：大门一麻五灰。

油饰做法：三道土红色颜料光油，一道光油出亮。

油饰地仗、彩画修缮情况：槛框地仗及油饰。其余装修外罩光油。

四、院墙修缮做法

（一）屋面

构件及规制：瓦件、木基层

残损现状：屋面琉璃瓦件基本完好。西、南面各有一处开裂。

修缮方案：屋面查补。西、南墙面开裂处屋面重新恢复 100%。屋面琉璃构件脱釉严重者，施釉重烧 10%。

备注：施工中应避免琉璃构件的二次损伤，胎体完好的琉璃构件应完好保存利用。

（二）墙体

构件及规制：下碱、上身

残损现状：墙体未发现歪、闪、变形情况。下碱墙基本完好，表面污染红浆色。西、南面各有一处开裂。

修缮方案：内外墙体刷色浆（外檐：红土子浆），下碱墙基清理。西、南面各有一开裂处，原拆原砌宽 0.5 米，老砖（二城样）糙砌背里，外侧补配新砖 20%，二城样干摆下碱。重做靠骨灰。

（三）台明及地面

构件及规制：散水、地面

残损现状：散水水泥仿古砖散水，局部坑洼不平。

修缮方案：散水水泥仿古砖散水，重做勾缝。

第十四章 工程做法

一、石作

1.台基石构件灰缝脱灰,内部滋生杂草,将缝内的积土和植物根系清除干净后,重新用油灰(材料重量配比:白灰:生桐油:麻刀 =100:20:8)勾缝,灰缝须勾抿严实。石构件歪闪(比原有缝隙)大于 10 毫米,打点勾缝前应用撬棍拨正或拆安归位和灌浆(生石灰浆)加固,局部不实处用生铁片垫牢。

2.石构件断裂,影响结构安全和使用者,将断裂石料两面清理干净后用环氧树脂(材料重量比:6101 环氧树脂:二乙烯三胺:二甲苯 =100:10:10)进行黏结,接缝外表面用环氧树脂胶和与原石质相同的石粉补平,以使其无明显黏结痕迹。

石构件缺失修补拟采用复合灰浆(主要成分为火山灰)作为修复缺失石材表面的灰浆。施工步骤:

第一步,剔除后补水泥砂浆、环氧树脂等,并进行表面清理。

第二步,为保证修补后两个界面的黏结强度,再修补之前,要对原石材进行预加固,提高其强度。

第三步,对于表面缺陷深度不超过 2 厘米的缺陷,可以直接将调好的黏结材料用泥工刮刀填入缺陷并与表面找齐,并在干燥 20 分钟~ 30 分钟后进行边缘的修正,再进行表面处理(划道,作色等)。

第四步,对于深度超过 2 厘米的缺陷,必须采用分层(层厚约 1 厘米)修补的方法,且只有在底层干燥后再做上层,最后的表层需要表面处理。

二、木作

（一）柱子

1. 对木柱的干缩裂缝，当其深度不超过柱径 1/3 时，可按下列嵌补方法进行整修：①当裂缝宽度小于 3 毫米时，可在柱的油饰或断白过程中，用泥子勾抹严实；②当裂缝宽度在 3 毫米～10 毫米时，可用木条嵌补，并用环氧树脂粘牢；③当裂缝宽度大于 30 毫米时，在粘牢后应在柱的开裂段内加铁箍 2 道～3 道嵌入柱内。若柱的开裂段较长，则箍距不宜大于 0.5 米。

2. 当柱心完好，仅有表层（不超过柱根直径 1/2）腐朽，在能满足受力要求的情况下，将腐朽部分剔除干净，经防腐处理后，用干燥木材依原样和原尺寸修补整齐，并用环氧树脂黏结。如系周围剔补，需加设铁箍 2 道～3 道。

3. 柱根腐朽严重，但自柱底面向上未超过柱高的 1/4 时，可采用墩接柱根的方法处理。墩接时，可根据糟朽部分的实际情况，以尽量多地保留原有构件为原则，采用"巴掌榫""抄手榫""螳螂头榫"等式样。施工时，除应注意使墩接榫头严密对缝外，还应加设铁箍，铁箍应嵌入柱内。

4. 木柱严重糟朽、虫蛀，而不能采用修补、加固方法时，可用相同材质木材按原制更换。在单独更换木柱时应尽量在不落架的情况下进行抽换。若柱两侧各为大额枋、额垫板、小额枋三件连用时，可将柱上卯口依照较宽的卯口开通槽，归安后再用硬木块粘补严实。

（二）梁、枋、角梁

梁枋维修做法，可分别采用下列方法处理：

1. 梁枋干缩开裂，当构件的裂纹长度不超过构件长度的 1/2，深不超过构件宽度的 1/4 时，加铁箍 2 道～3 道以防止其继续开裂。裂缝宽度超过 50 毫米时，在加铁箍之前应用旧木条嵌补严实，并用胶粘牢。构件开裂属于自然干裂，不影响结构安全，且裂纹现状稳定的，不对其进行干预。当构件裂缝的长度和深度超过上述限值，若其承载能力能够满足受力要求，仍采用上述办法进行修整；若其承载能力不能够满足受力要求，施工补查时根据勘察结果的具体情况做出相应的设计调整。

2. 梁枋脱榫，但榫头完整时，可将柱拨正后再用铁件拉结榫卯，铁件用手工制的铆钉铆固；当榫头糟朽、折断而脱榫时，应先将破损部分剔除干净，重新嵌入新制的榫头，然后用耐水性胶粘剂黏结并用螺栓紧固。角梁（老角梁和仔角梁）梁头糟朽部分大于挑出长度 1/5 时，应更换构件；小于 1/5 时，可根据糟朽情况另配新梁头，并做成斜面搭接或刻榫对接。更换的梁头与原构件搭交粘牢后用铁箍 2 道~3 道或螺栓 2 个~3 个进行加固。

（三）斗拱

斗拱的昂或小斗等构件劈裂未断的，可用环氧树脂系胶结剂进行灌缝黏结。

（四）檩（桁）

檩劈裂时修补方式同梁枋。

（五）椽子、望板、连檐、瓦口等

椽子、望板、连檐、瓦口、闸挡板、椽椀等木基层及檐头构件，对旧料能保留使用的应尽量保留，其常见有腐朽、劈裂、鸟类啄食孔洞等残损现象，可分别采用下列方法处理：

1. 椽子

椽、飞头糟朽、腐朽长度 < 20 毫米时，砍刮干净防腐处理后粘补；椽头糟朽部分影响大、小连檐安装的，局部糟朽超过原有椽径的五分之二及后尾劈裂的裂缝长度超过 600 毫米、深度超过 40 毫米的，椽子腐朽深度 ≥ 1/3，飞子尾部糟朽，应进行更换。不足上述标准的现状整修后继续使用。更换部分应根据原材料按原来的长度、直径、搭接方式制作。

2. 望板

工程中望板分为横铺做法，接缝形式为斜缝，灰背揭除后应做好原样记录。凡糟朽的旧望板均应用干燥的木材按原铺钉形式更换，新配望板尺寸可根据原望板尺寸制作。

3. 连檐、瓦口、闸挡板、椽椀

糟朽、劈裂等影响使用的部分须用干燥木材按原形制更换，小连檐及瓦口木的长度最短应在 2 米以上，翼角大连檐所用木料应无疤节。

（六）装修

隔扇、槛窗、支摘窗、实榻门、攒边门等外檐装修松动、变形者，拆安整修、紧固榫卯。铁质构件拆卸后进行除锈处理，锈蚀严重者按原制更换。

三、瓦作

（一）墙体

1. 墙体干摆下碱、槛墙、砖砌台帮、砖砌象眼

砖体风化酥碱的深度在 30 毫米以内者，原状保留；风化酥碱的深度在 30 毫米以上的，进行剔补。剔凿挖补时将酥碱部分砖体剔除干净，用原规格城砖砍磨加工后重新补配并用灰浆粘贴牢固，待墙面干燥后将打点、补配过的地方磨平，再蘸水把整个墙面揉磨一遍，最后清扫、冲洗干净。

当墙体明显下沉或后砌不整齐部分且臃闪严重者，需进行拆砌归正，新旧墙体应咬合牢固，灰缝平直，灰浆饱满，外观保持原样。

2. 墙体上身

山墙、后檐墙外墙面重刷广红浆。红土兑水搅成浆后兑入江米汁和白矾水。红土：江米：白矾 =100：7.5：5。

内墙刷月白灰，白灰浆加少量青灰浆。白灰：青灰 =100：10。

（二）屋面

1. 瓦件

拆卸瓦件前，应对垄数、瓦件数量和底瓦搭接等情况做好记录，然后分类（根据不同规格、残损程度）码放，将尺寸有差异的瓦件挑出后集中使用，瓦件尺寸差异较大者不宜继续使用。脱釉瓦件强度能够满足要求且无破损者应继续使用，残损或不足

瓦件原制补配，脱釉严重但胎体完好者，施釉重烧。

将新烧制的瓦件与旧瓦件混合使用，所有新瓦件在加工时应在背里面做出时间标记。

2. 脊饰

脊饰拆卸前，分部位做好记录（位置、顺序、向背等）、码放齐整。

残损破碎无法使用及缺失的脊件按现存的脊件形制，将缺失部分重新烧制，新旧脊件的形式、色彩、材质和技术工艺特征应协调一致，主要新脊件在烧制时应在背里面做出时间标记。

扒锔脱落的脊件按原制补钉铁扒锔，开裂的脊件黏结后继续使用，黏结前应对构件断茬清洗干净，然后用环氧树脂黏结材料黏结牢固。

3. 灰泥背

灰泥背处于隐蔽部位，限于条件，勘察时未能对其做法进行剖析，施工揭除前须对原有灰泥背的材料、分层做法、厚度等做法进行测量记录，然后根据现存实物按原制重新制作灰泥背。

苫背宽瓦：望板喷涂"ACQ"防腐剂四遍，苫100:3:5麻刀青灰护板灰一道，厚15毫米。待其基本干燥后，苫4:6掺灰泥（四成泼灰与六成黄土拌匀后加水，闷8小时后即可使用）背，分三次苫齐，总厚为70毫米~80毫米，灰背每层苫好后待其基本干燥后再苫下一层，每层均须拍实抹平。苫背时须在木构件折线处拴线垫囊，垫囊要求分层进行，囊度和缓一致。待灰泥放干后苫100:5:20麻刀青灰背两层，总厚25毫米，分层赶轧坚实后刷浆压光，待其放干后用4:6掺灰泥宽瓦。宽瓦时要求逐一审瓦。宽瓦泥饱满，瓦翅背实，熊头灰充足，随瓦随夹垄，睁眼一致并小于35毫米，捉节灰勾抹严实。瓦面须当均垄直，囊度和缓一致，最后清垄擦亮。瓦面瓦齐后，以100:3:5红麻刀灰捏当沟，分层填馅苫小背调脊。

四、油漆作

（一）地仗

旧地仗处理干净后，斩砍见木，撕缝，下竹钉，刷油浆，油浆（油浆:水=5:1）用油满加水调和使用，油满配比为面粉:石灰水:灰油=1:1.3:2。其他灰浆配比如下，捉缝灰配比为油满∶血料∶砖灰 1∶1∶1.5，压麻灰配比为油满∶血料∶砖灰 =1∶1.5∶2.3，中灰配比为油满∶血料∶砖灰 =1∶1.8∶1.3，细灰配比为油满∶血料∶砖灰 =1∶10∶39（另加光油 1 水 6）。各种灰浆用料须严格按照传统工艺制作，各遍灰之间须黏结牢固，不应有空鼓、翘皮、开裂等现象。

（二）油饰

油皮用料须符合设计要求和现行材料标准的规定，使用前须先制成样板，经设计部门认可后方可施工。外檐大木油饰做法均施一道章丹油、三道银朱色颜料光油、一道光油。油饰要求油皮饱满，色彩均匀，光亮一致。

贴金部分采用古建维修中常用的南京厂家生产的龙凤牌金箔，贴金箔应与金胶油黏结牢固，金箔不应有起甲、空鼓、裂缝等缺陷，金胶油不应有流坠、皱皮等缺陷。框线、云盘线、山花等各种贴金扣油部分表面线条须直顺整齐或弧线流畅、饱满，无脏活。

五、彩画作

为最大限度地证其彩画的真实性和完整性，本方案拟对保留较完整的梁枋彩画整体保留，除尘、回贴处理。对缺失的椽头彩画进行补绘。

（一）除尘

彩画地仗较好，龟裂、起甲不严重的彩画，可用莜麦面团滚擦三遍以上进行除尘；彩画大面积积尘或表面粉化、龟裂、起甲的彩画，可用软毛刷或吸尘器除尘；鸟粪、水渍等污物，可用清水或蒸馏水直接清洗；能揭取或脱骨地仗的背面部分须除尘后进行回贴。除尘后彩画表面的污染物须清除干净。

（二）软化回贴

彩画地仗空鼓、剥离、脱落部分，可先将其揭取后，用水性丙烯酸乳液（环氧树脂类）将彩画重新回贴，最后用铁钉钉牢，回贴处理前须将其用热蒸汽软化表面及地仗层后再进行黏结。局部空鼓、开裂和部分起甲的彩画，可将环氧树脂系胶结剂用注射器注入或渗透的方法加固。彩画黏结加固之后须用支顶架子临时支顶，待黏结牢固后方可去除。

（三）钉固

回贴部分的彩画因变形不能完全复位时，用圆钉加金属垫钉牢。

（四）补配、随色

彩画局部缺失时，应按现存彩画的形制，按传统做法补绘。颜色应兼顾协调与可识别的原则，最终达到远看一致、近看有别的效果。木构件原有彩画须重新绘制时，应按照现有实物起谱子，细部纹饰按照现存彩画的式样和做法绘制。

1. 对于彩画缺损部分补做，应采用传统工艺和材料，按现存彩画的式样和做法补绘，颜色效果方面达到协调和谐、可识别的效果。

2. 彩画残损严重，需要按现状重绘的部分，按设计要求先将所有维修建筑上的彩画纹饰描拓、记录下来，拍照、编号、存档，作为重绘彩画的依据，经设计部门验收后方可施工。

3. 根据拓取的纹饰在牛皮纸上起彩画谱子，谱子的主要框架尺寸以设计图及实物现状为准，细部纹饰按现状彩画绘制。谱子拟出后，经设计部门审核无误后方可定稿。

4. 彩画的各种颜色，需使用传统颜料，主要颜色先制成样板，经设计部门选定后，经有关部门检验，确认合格后方可施涂。贴金用金胶油，必须用传统材料骨胶调制，注意有毒颜料的防护措施。

5. 施工程序要按传统工艺进行。大色以色标为准，严禁出现翘皮、掉色、漏虚、漏刷等现象；金线彩画各种沥粉线条要求光滑、直顺、宽窄一致，大面无刀子粉、疙瘩粉及明显瘪粉，不得出现崩裂、掉条、卷翘等现象；图案工整规则，梁枋主要线条（箍头线、方心线、皮条线、岔口线、盒子线）准确直顺、宽窄一致，无明显搭接错位、离缝现象；大面楞角整齐方正。

6. 为了能更好地保护彩画，需对脚手架、照明灯光等配套设施进行特殊处理，同时专门加工定做支架顶。施工人员在施工过程中应采取必要的安全防护措施。

7. 在施工过程的每一阶段，都要做详细的记录，包括文字、图纸、照片，留取完整的工程技术档案资料。施工中如发现隐蔽工程或与设计不符，需做好记录并及时通知设计，以便调整或变更设计。

六、其他

1. 设计方案中难以对隐蔽部位勘察全面、到位，应在维修保护工程实施过程中，随时注意补查，发现问题，随时与主管部门和设计方联系，以便及时补充、调整或变更设计。

2. 如发现设计方案与实际情况不符，应立即通知设计方，以便修改、完善设计。

七、维修材料

（一）木材

木材主要用于木基层，故此次木材建议选用松木及杉木，凡梁、柱、枋、角梁、檩等大木构件均选用优质落叶松，椽用杉木，斗拱及装修等要求使用一级红松。所有木料均选用干燥材，大木含水率 < 20%，方木和装修用料含水率 < 15%。

所有木料均需进行防虫防腐处理。防腐处理主要采取喷涂方式在椽望补配完成后，喷涂四遍 ACQ 防腐剂，要求防腐处理前木材含水率应在 20% 以下。

新木构件的防腐处理：包括大木构件梁、柱、椽望、雀替及装修木构件等。旧木构件的防腐处理：包括大木构件梁、柱、椽望、雀替及装修木构件等。对不落架、不更换的旧木构件，有彩画的木构件采用涂刷处理，对于面积较大的望板、较隐蔽的以及高处的木构件也可进行喷淋处理，喷淋处理用的药剂浓度与涂刷处理一样，喷淋处理一般为三次，每次间隔 3 个小时。对木构件上的小虫眼，用注射器将药剂注入虫眼内，注射处理选用的是油溶性的杀虫剂五氯酚，浓度为 3%，处理一般采用多次，每间隔两小时注射一次，至虫眼填满药剂。

（二）砖瓦

补配砖和琉璃瓦等构件要求按照拆修部位的砖、瓦规格，新配砖、瓦质密、平整，不低于现有旧砖瓦强度（订瓦时，必须用实物样品）。

（三）铁箍

木结构用铁箍加固时，铁箍的大小按所在部位的尺寸及受力情况而定，一般情况下铁箍宽 50 毫米，厚 3 毫米~ 4 毫米，长按实际需要。铁箍可用螺栓锚固或用手工制的大头方钉钉入梁内，使用时表面刷防锈漆。

（四）石料

根据补配原件的材料选择修配用材，阶条石、垂带石等石构件使用青白石进行补配。

（五）白灰

白灰应选用优质生石灰块熟化，熟化时间不少于 7 天。

第十五章　修缮设计图纸

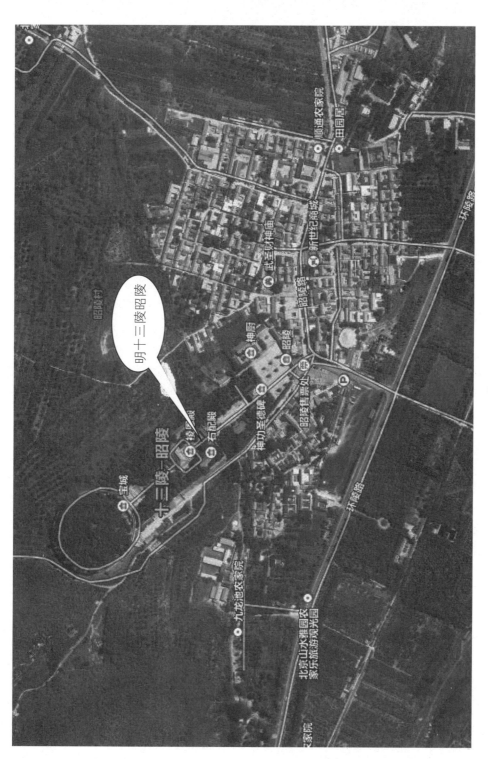

区位图

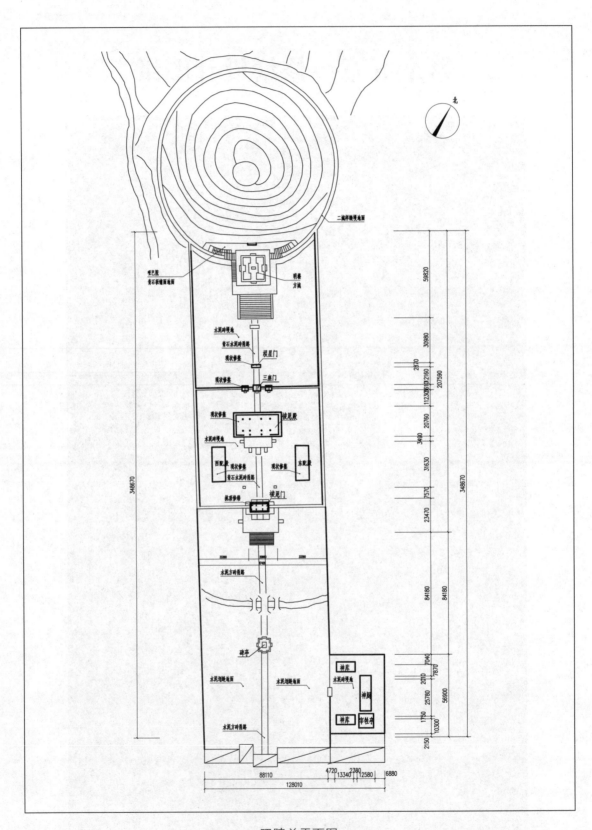

昭陵总平面图

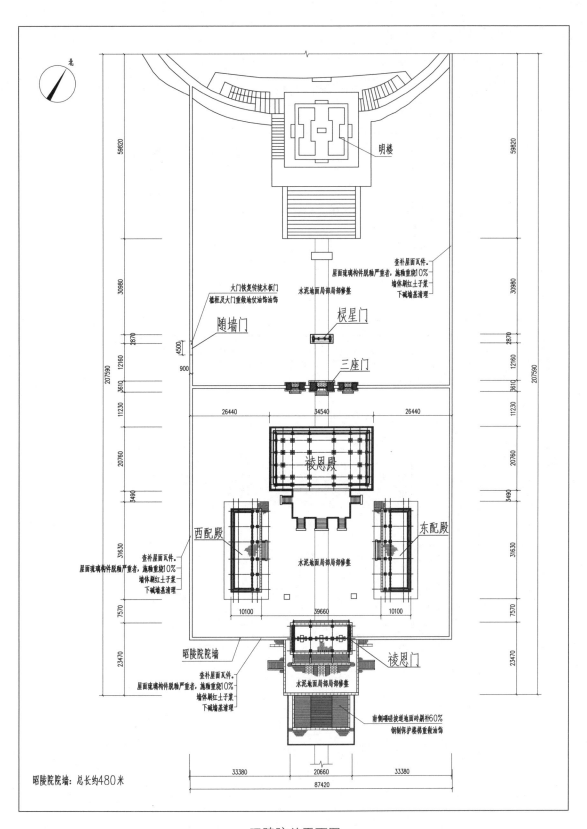

北

59820

30980

2870

4500

900

207590

12160

3610

11230

20760

5490

31630

7570

23470

明楼

查补屋面瓦件。
屋面琉璃构件脱釉严重者，施釉重烧10%
墙体刷红土子浆
下碱墙基清理

大门恢复传统木板门
镶框及大门重敷地伏饰油饰

随墙门

棂星门

三座门

水泥地面局部局部修整

26440

34540

26440

祾恩殿

西配殿

东配殿

水泥地面局部局部修整

查补屋面瓦件。
屋面琉璃构件脱釉严重者，施釉重烧10%
墙体刷红土子浆
下碱墙基清理

10100

39660

10100

昭陵院院墙

祾恩门

查补屋面瓦件。
屋面琉璃构件局部局部，施釉重烧10%
墙体刷红土子浆
下碱墙基清理

水泥地面局部局部修整

南侧礓磜坡道地面砖刷补60%
钢制保护楼梯重敷油饰

昭陵院院墙：总长约480米

33380

20660

33380

87420

59820

30980

2870

207590

12160

3610

11230

20760

5490

31630

7570

23470

昭陵院总平面图

261

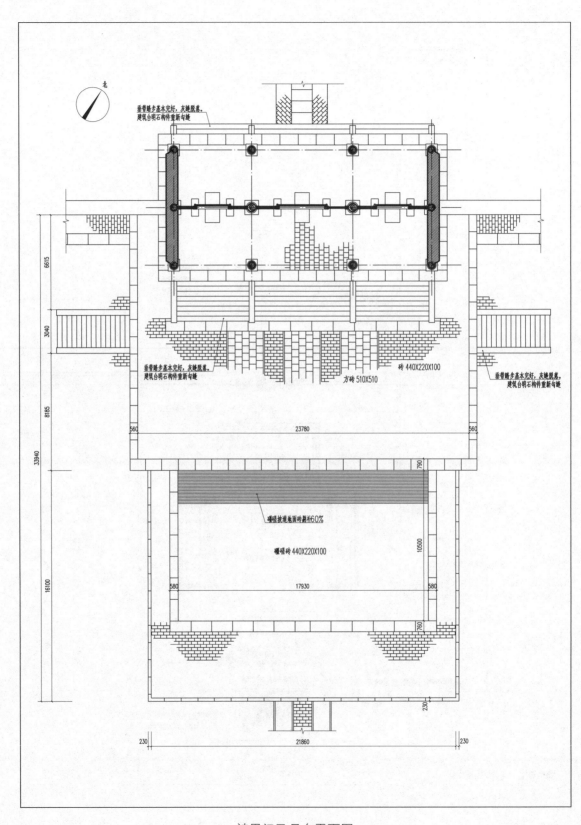

北

垂带踏步基本完好，灰缝脱落。
建筑台明石构件重新勾缝

垂带踏步基本完好，灰缝脱落。
建筑台明石构件重新勾缝

砖 440X220X100

方砖 510X510

垂带踏步基本完好，灰缝脱落。
建筑台明石构件重新勾缝

560   23780   560

磨砖拔道地面砖剔补60%

磨砖 440X220X100

580   17930   580

230   21860   230

6615

3040

8185

33940

16100

790

10500

760

230

祾恩门及月台平面图

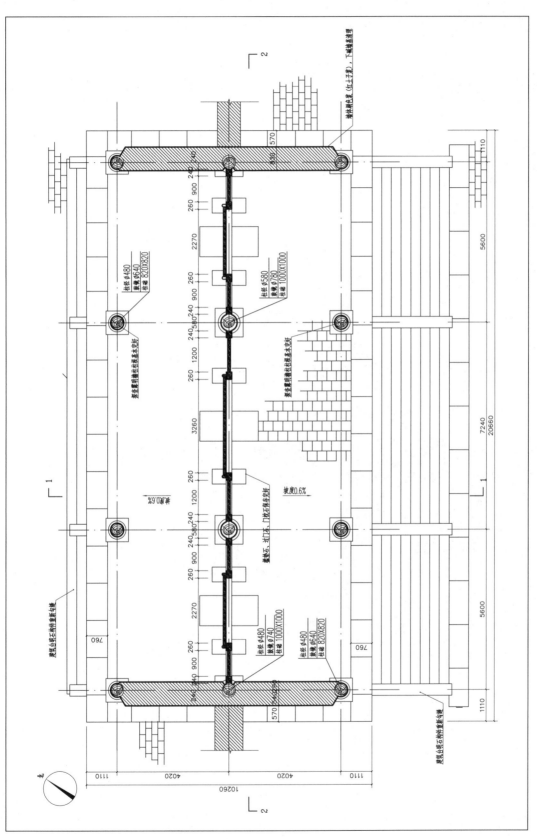

棱恩门平面图

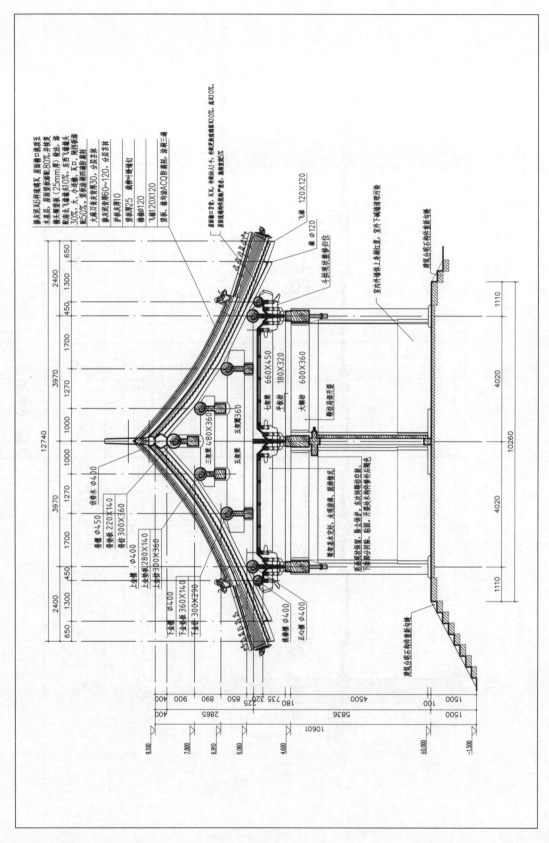

棱恩门 1—1 剖面图

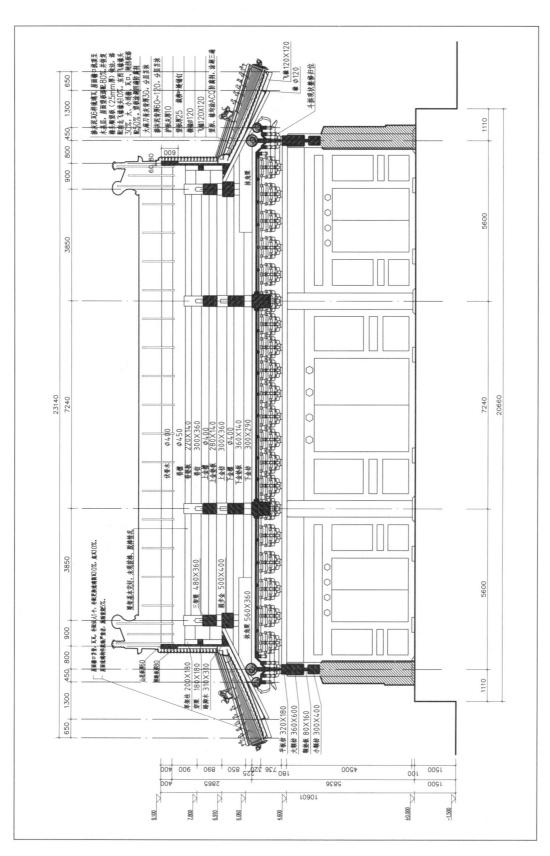

裬恩门 2-2 剖面图

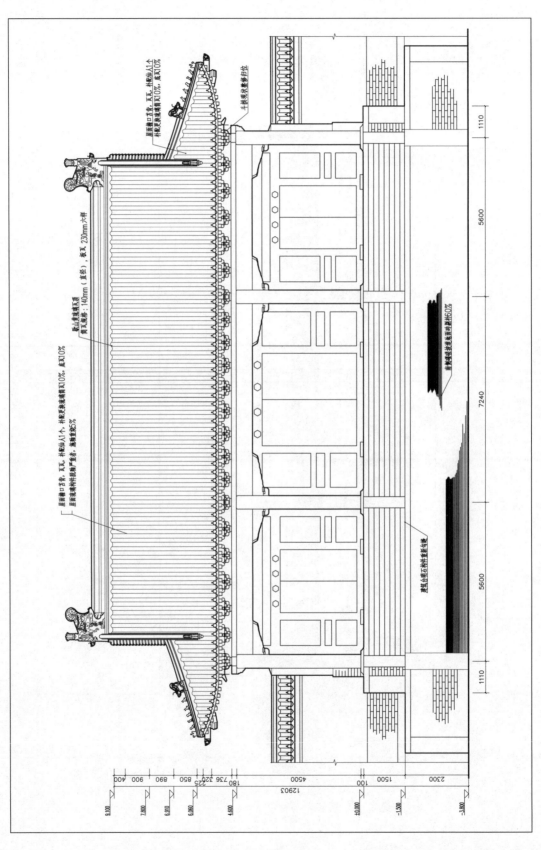

棱恩门南立面图

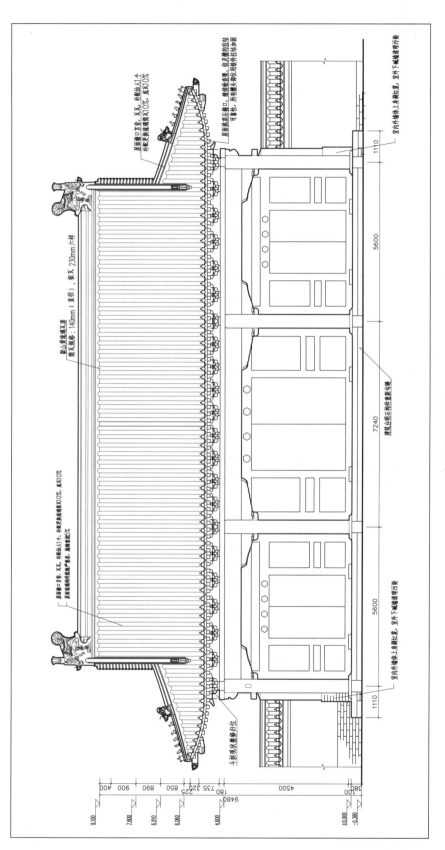

褚恩门北立面图

裬恩门侧面图

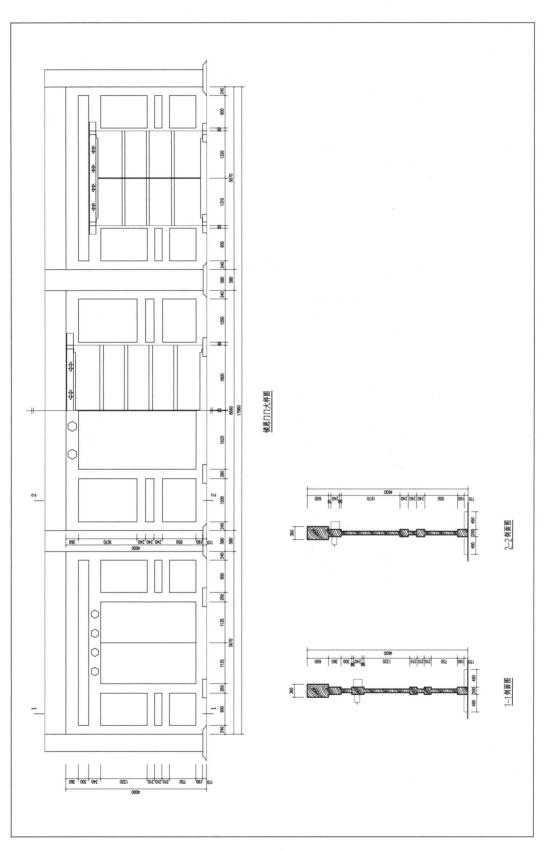

棱恩殿大门装修详图

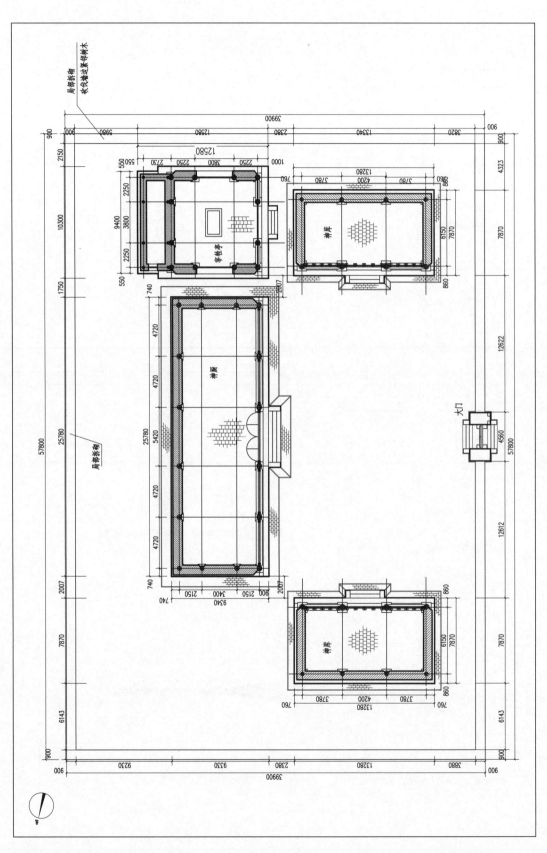

神厨、神库、宰牲亭院总平面图

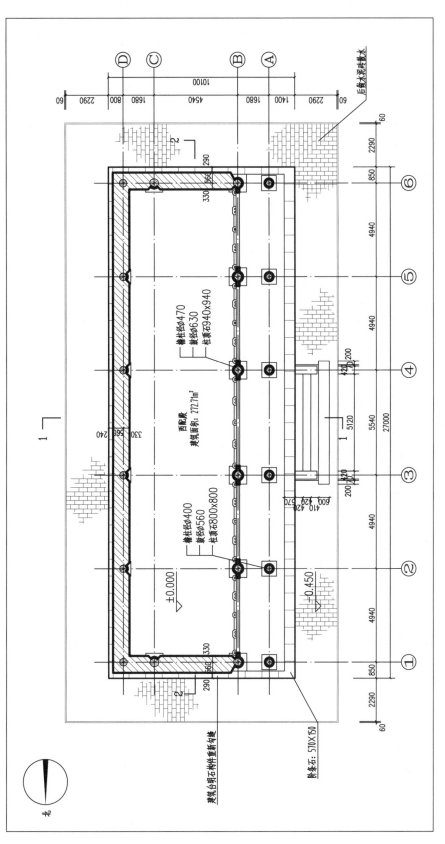

西配殿平面图

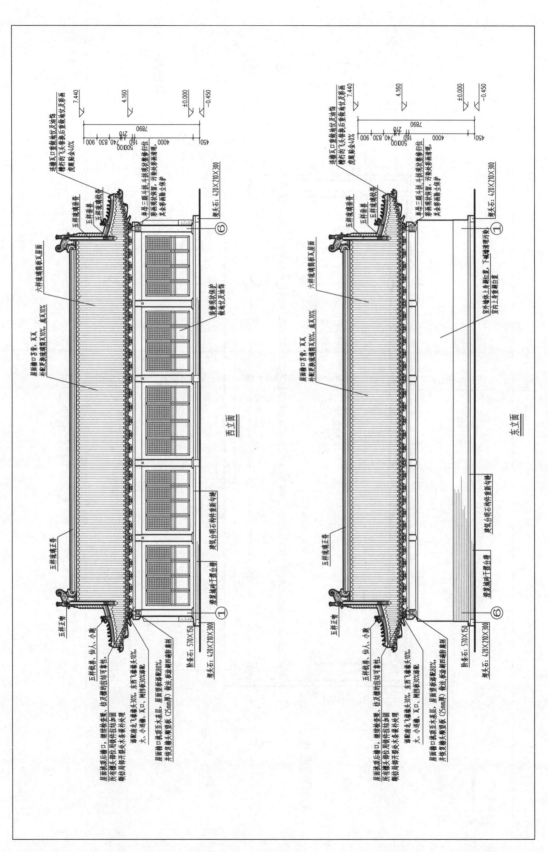

西立面

东立面

西配殿东、西立面图

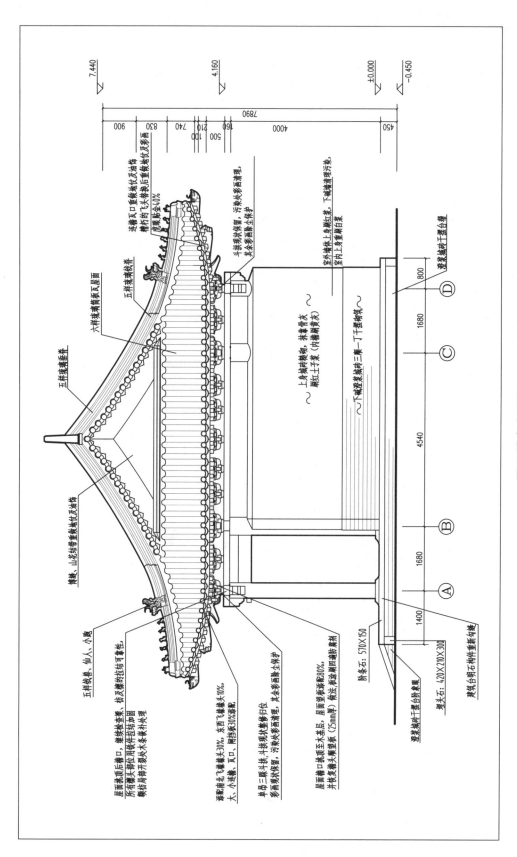

西配殿南立面图

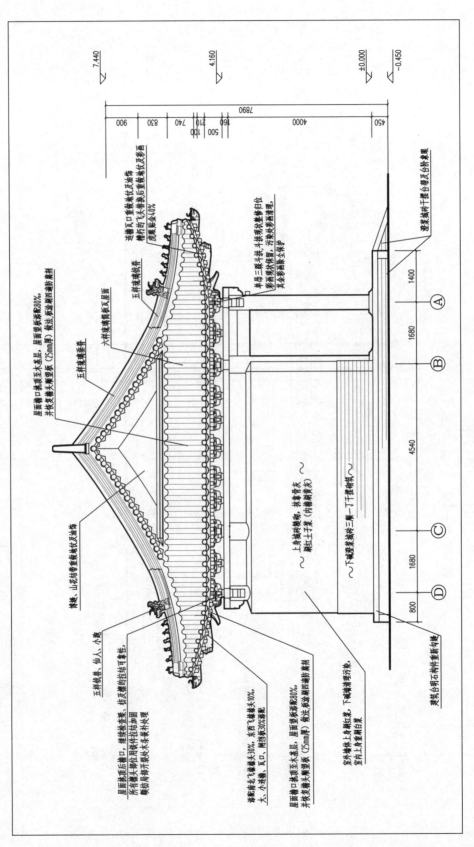

西配殿北立面图

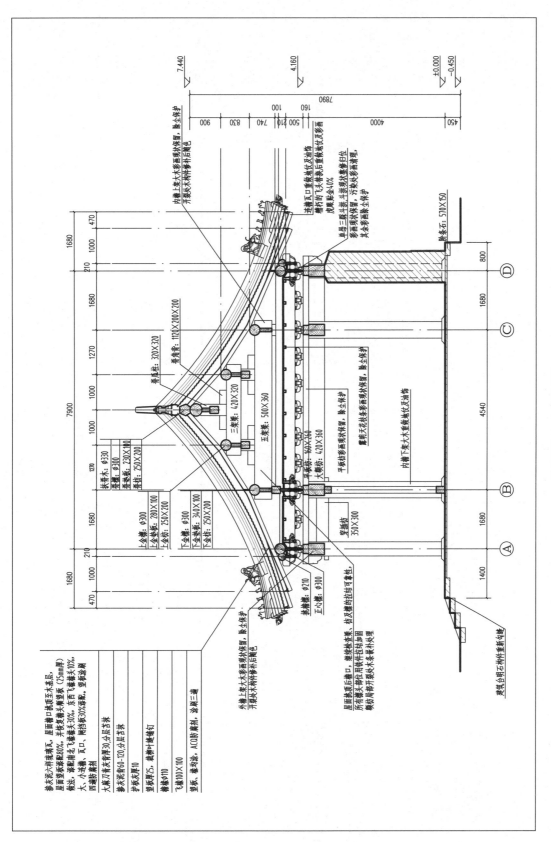

西配殿 1-1 剖面图

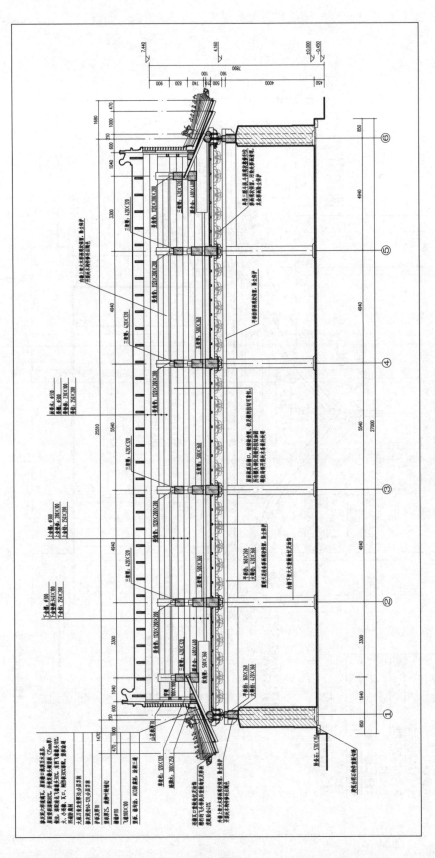

西配殿 2-2 剖面图

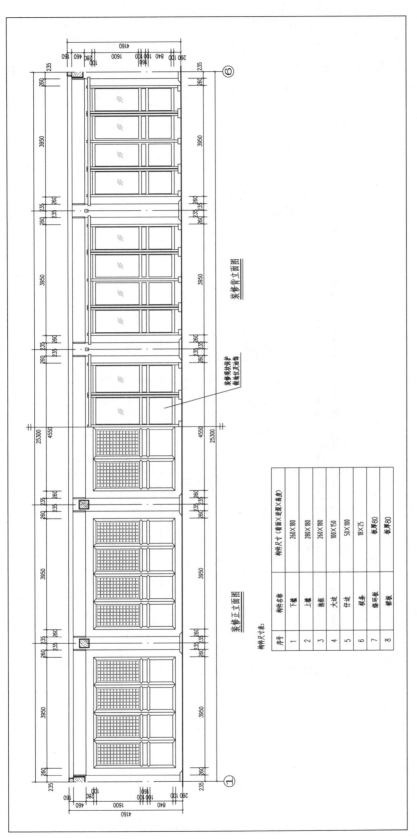

构件尺寸表：

序号	构件名称	构件尺寸（看宽×进深×高度）
1	下槛	260×180
2	上槛	280×180
3	槛框	260×180
4	大边	100×150
5	仔边	50×100
6	棂条	18×25
7	绦环板	板厚80
8	裙板	板厚80

西配殿装修正、背立面图

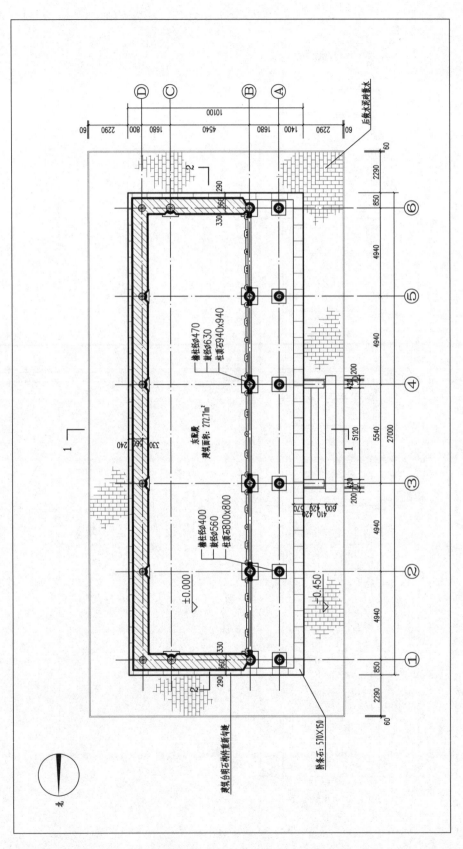

东配殿平面图

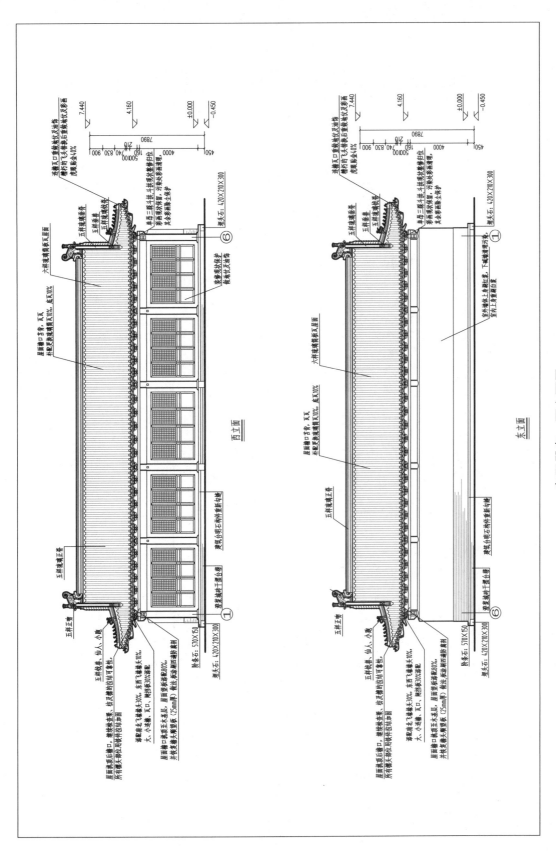

东配殿东、西立面图

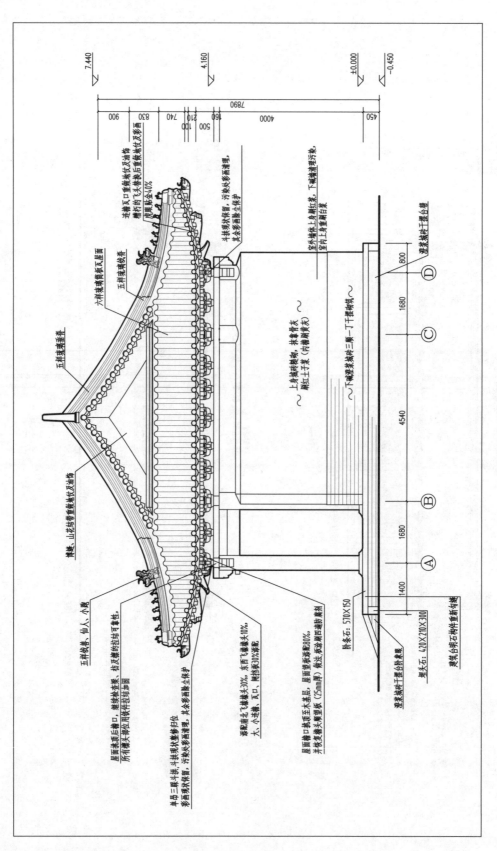

东配殿南立面图

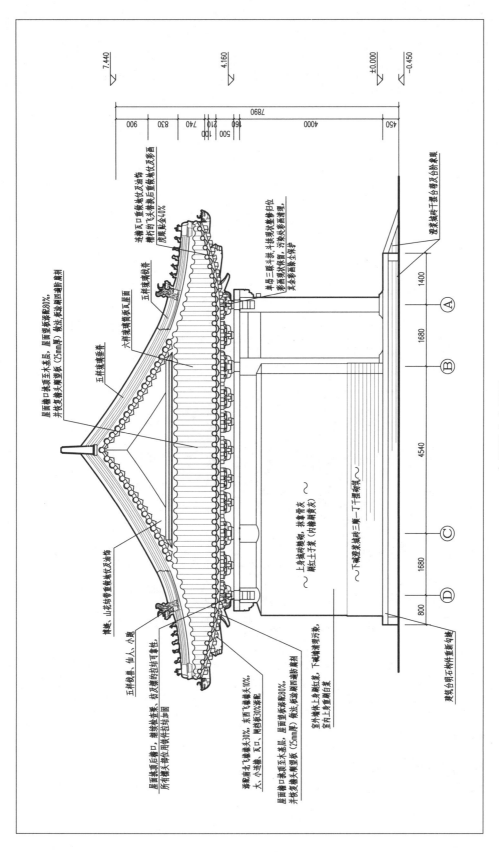

东配殿北立面图

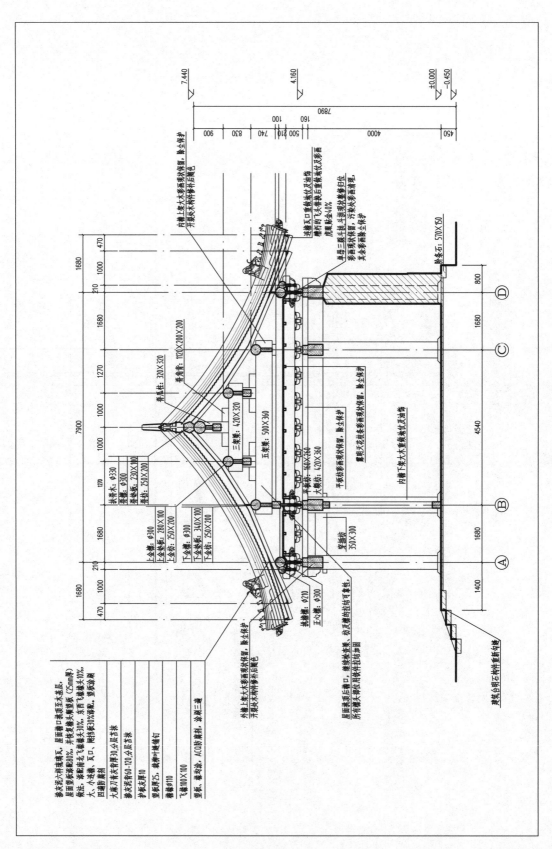

东配殿 1-1 剖面图

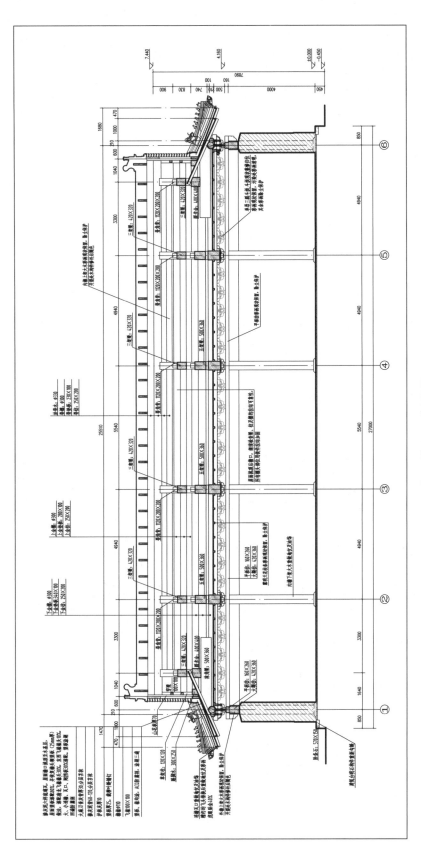

东配殿 2—2 剖面图

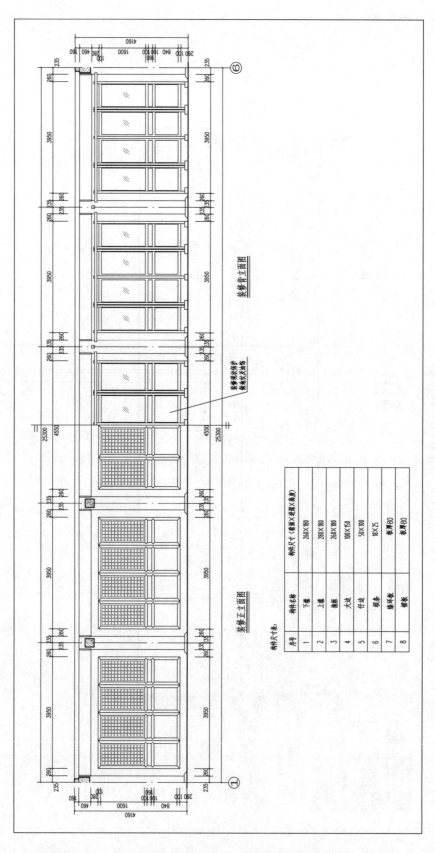

装修背立面图

装修正立面图

构件尺寸表:

序号	构件名称	构件尺寸（面宽×进深×高度）
1	下槛	260×180
2	上槛	280×180
3	抱框	260×180
4	大边	100×150
5	仔边	50×100
6	绦环板	18×25
7	裙板心	宽度80
8	裙板	宽度80

东配殿装修正、背立面图

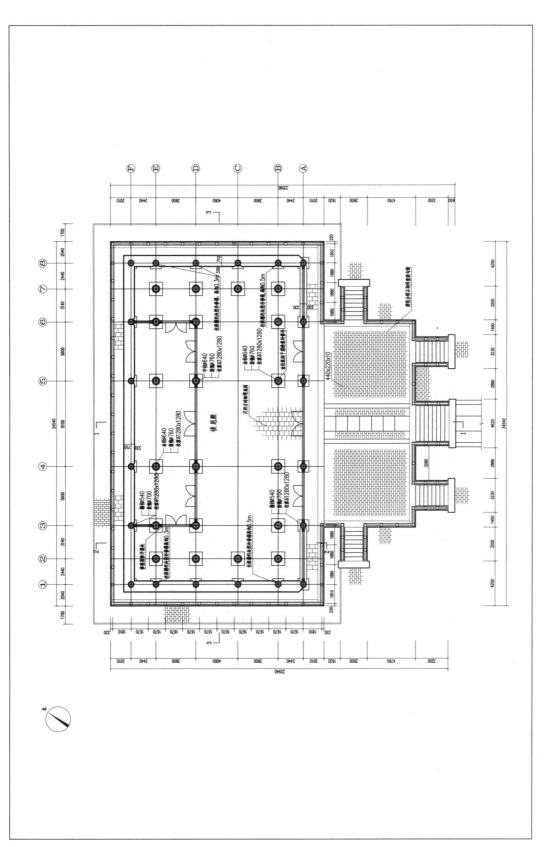

棱恩殿平面图

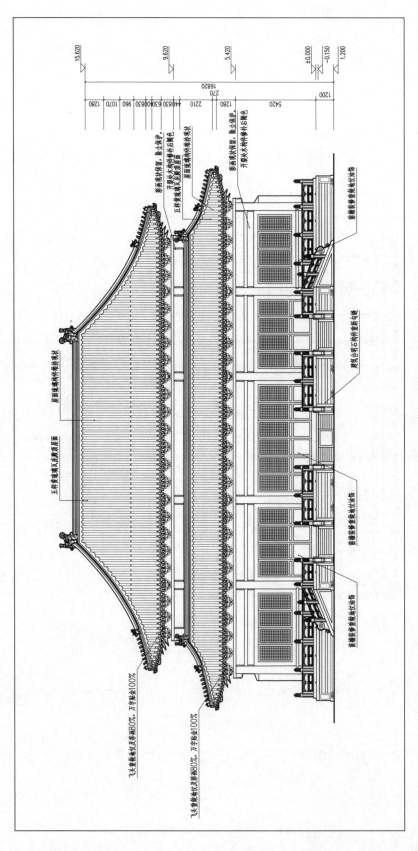

棱恩殿南立面图

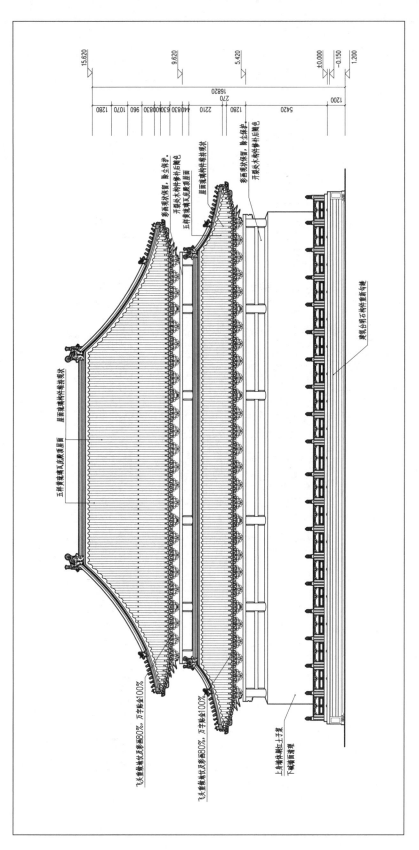

棱恩殿北立面图

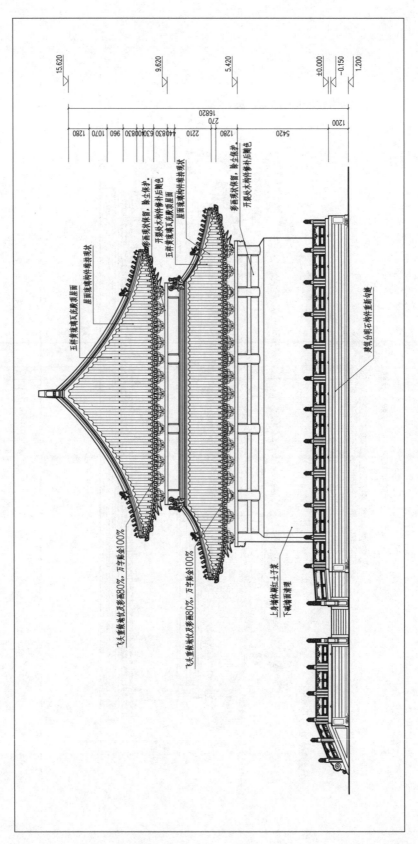

棱恩殿东立面图

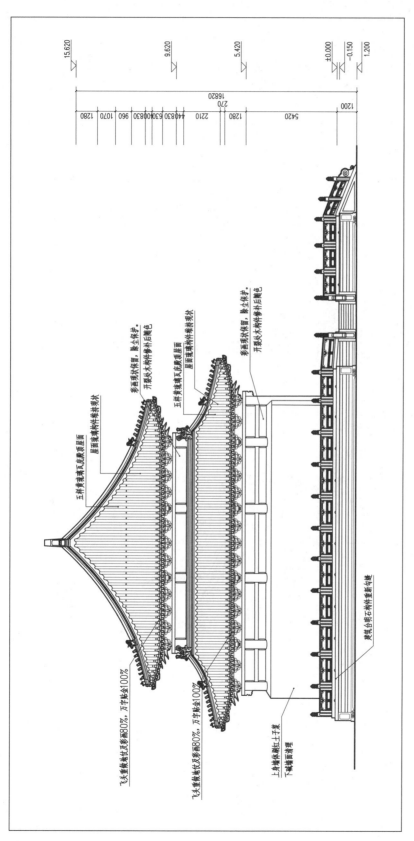

棱恩殿西立面图

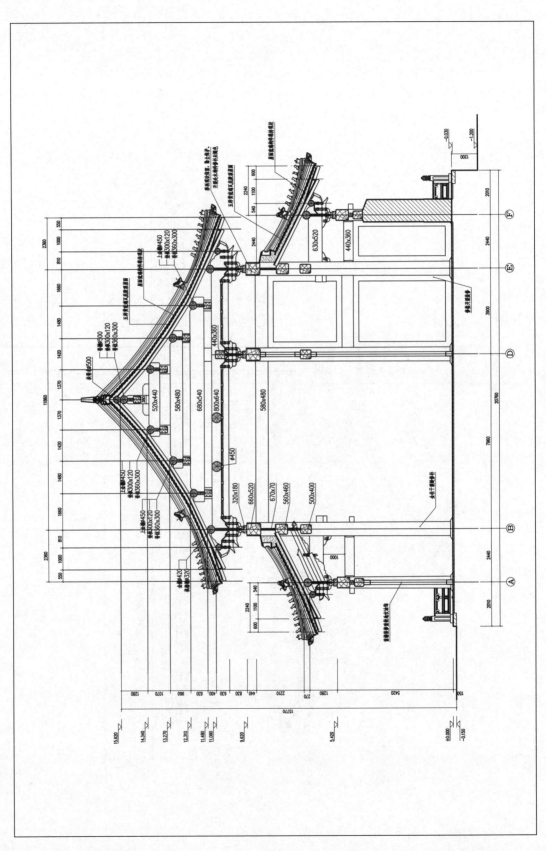

祾恩殿 1—1 剖面图

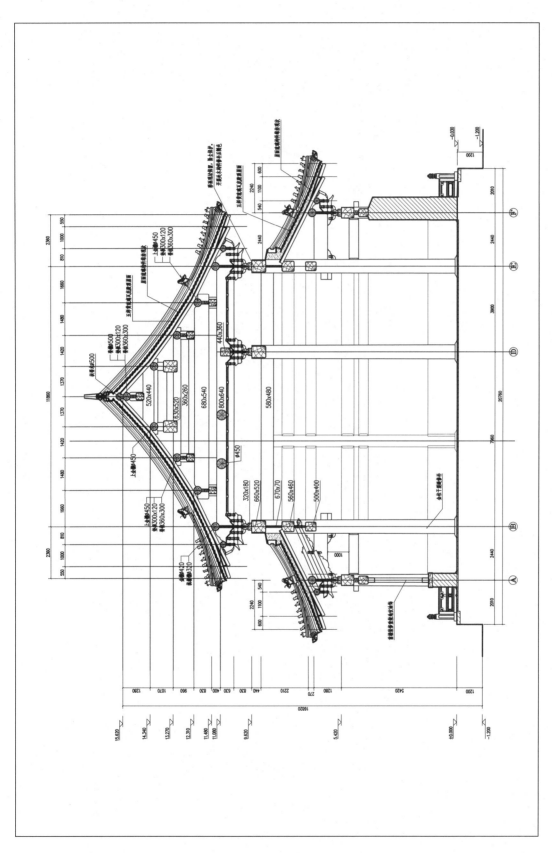

祾恩殿 2-2 剖面图

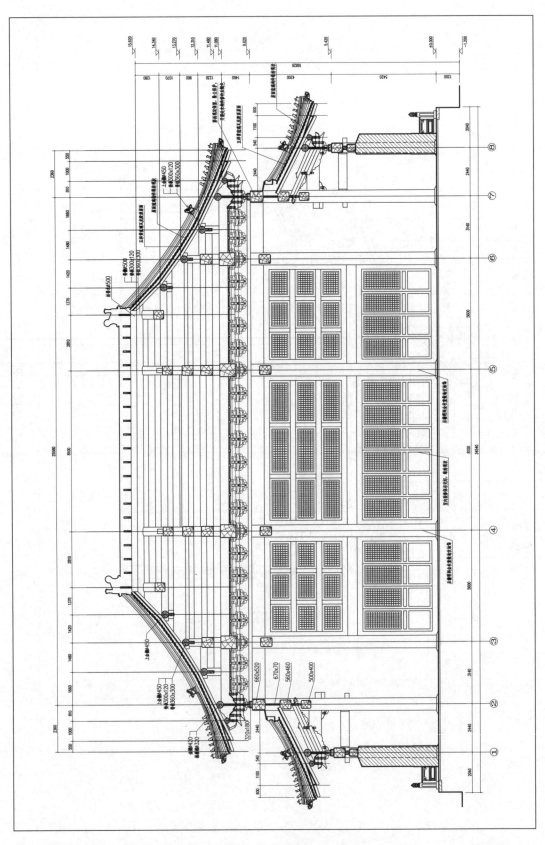

棱恩殿 3-3 剖面图

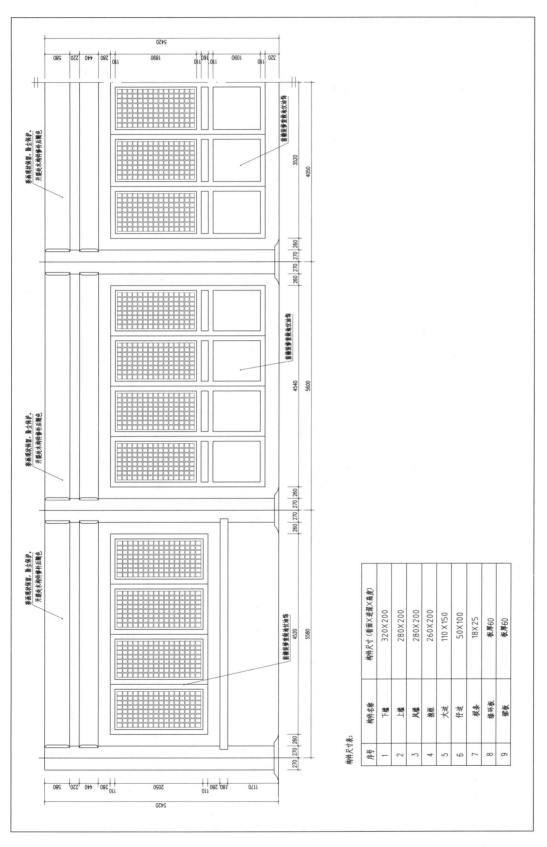

棱恩殿装修立面图

构件尺寸表:

序号	构件名称	构件尺寸(看面×进深×高度)
1	下槛	320×200
2	上槛	280×200
3	风槛	280×200
4	抱框	260×200
5	大边	110×150
6	仔边	50×100
7	棂条	18×25
8	绦环板	板厚60
9	裙板	板厚60

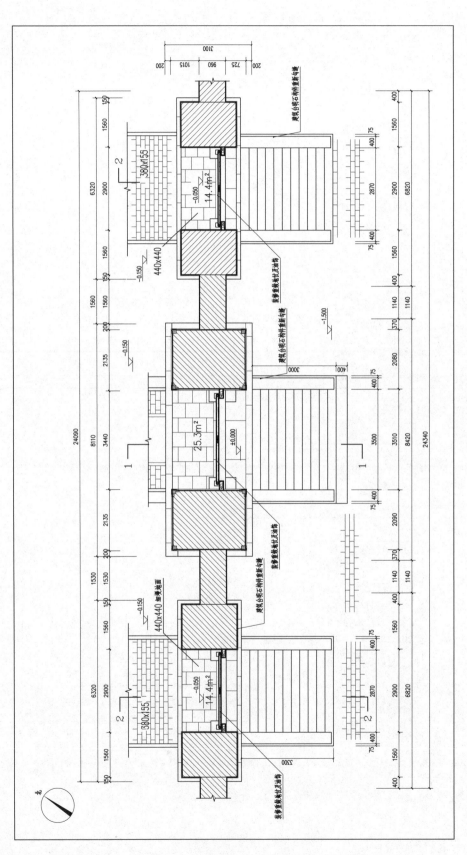

三座门平面图

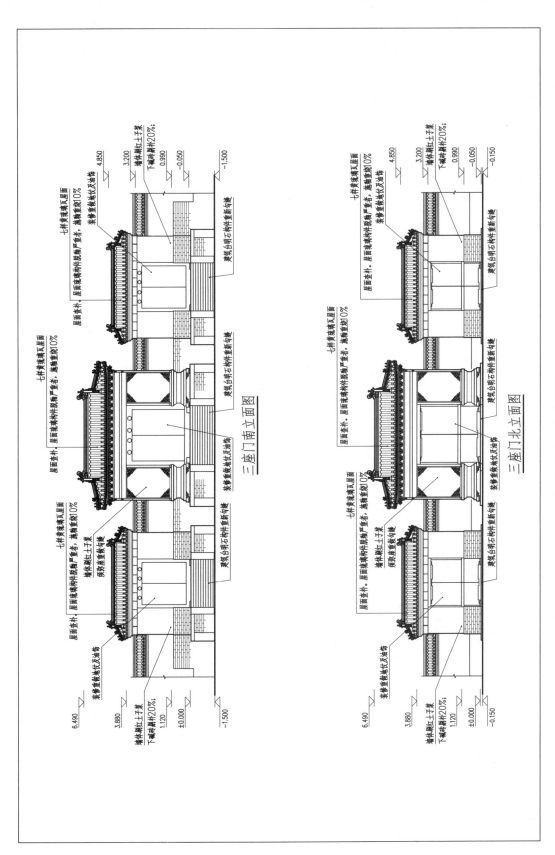

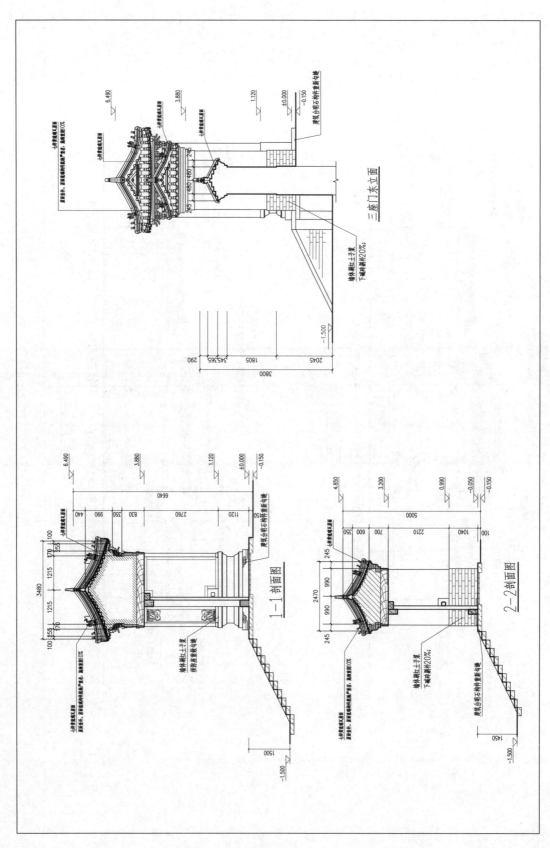

三座门立、剖面图

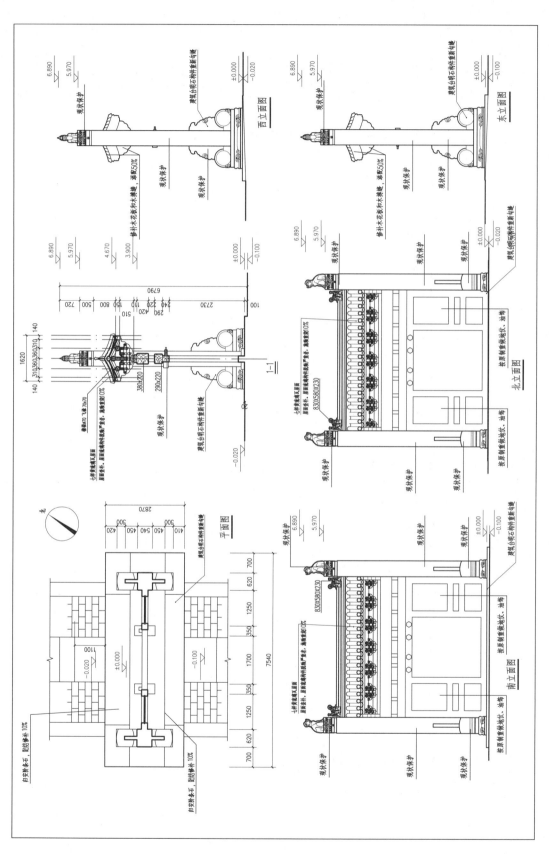

棂星门平、立、剖面图

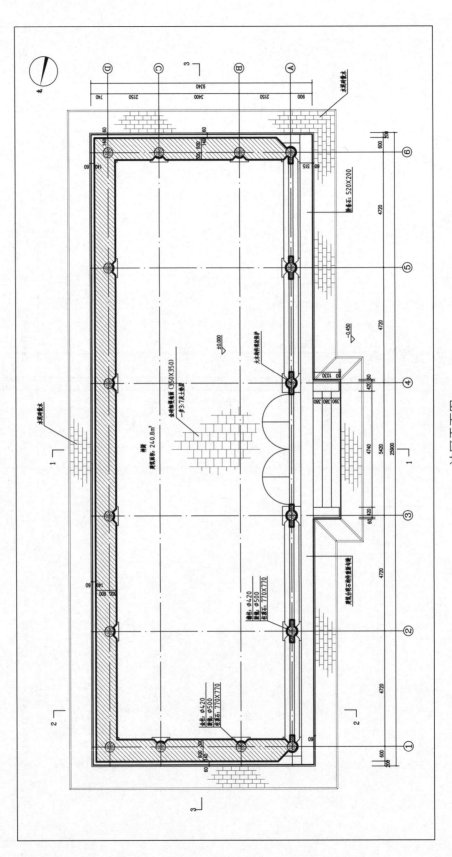

神厨平面图

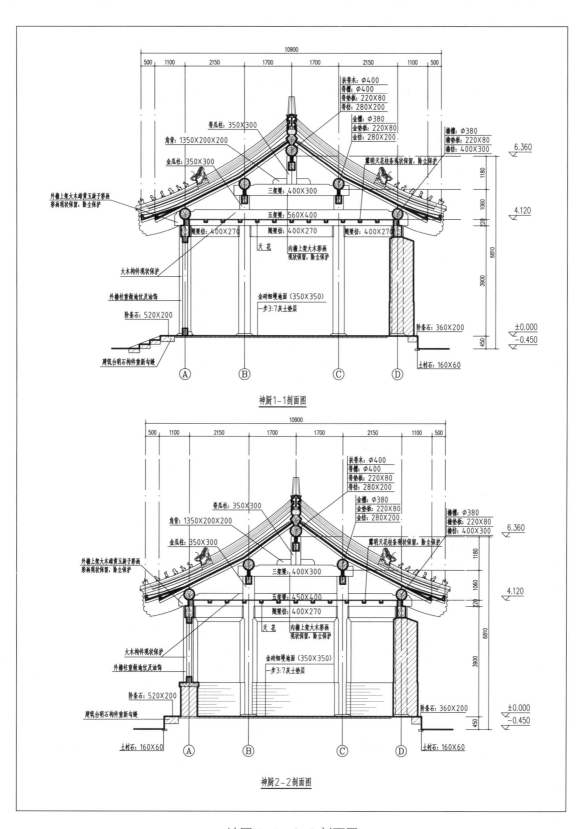

神厨1-1剖面图

神厨2-2剖面图

神厨 1-1、2-2 剖面图

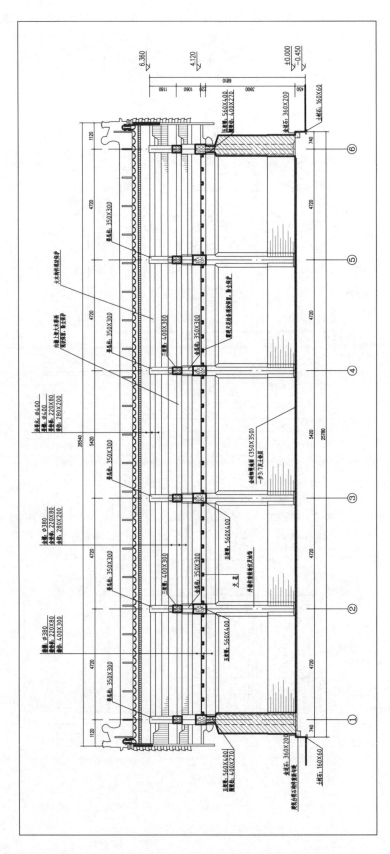

神厨 3-3 剖面图

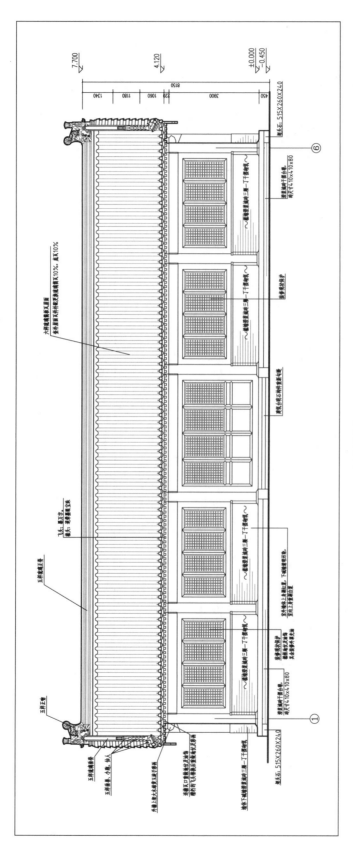

神厨西立面图

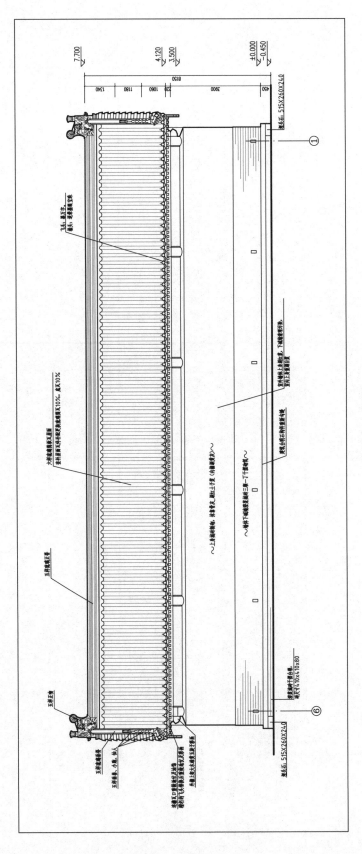

神厨东立面图

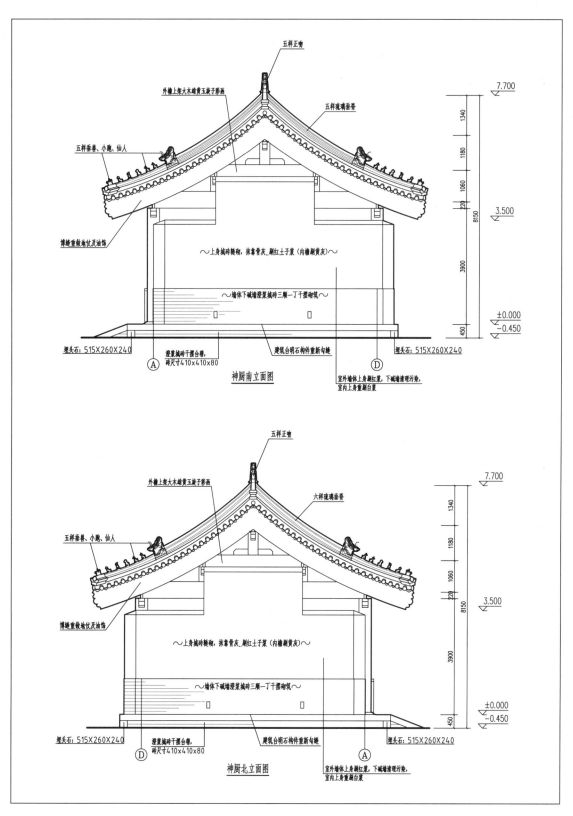

神厨南、北立面图

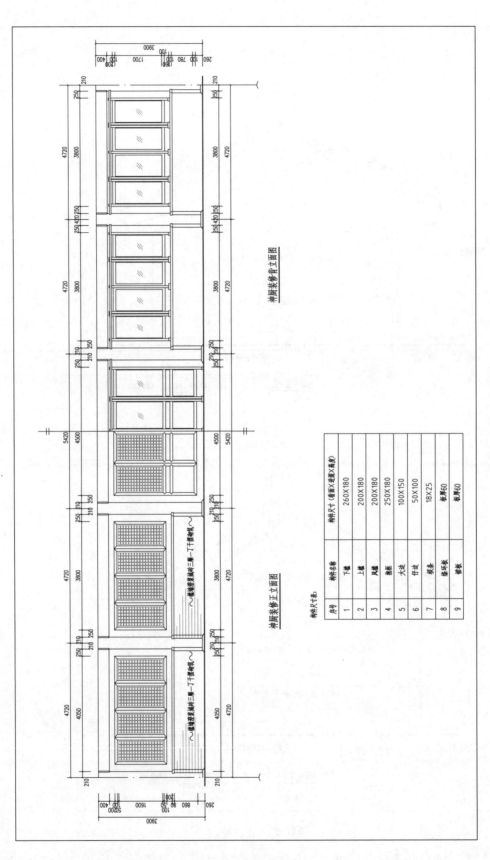

神厨装修正面图

神厨装修背立面图

神厨装修正、背面图

构件尺寸表:

序号	构件名称	构件尺寸（看面X进深X高度）
1	下槛	260X180
2	上槛	200X180
3	风槛	200X180
4	抱框	250X180
5	大边	100X150
6	仔边	50X100
7	棂条	18X25
8	绦环板	板厚60
9	裙板	板厚60

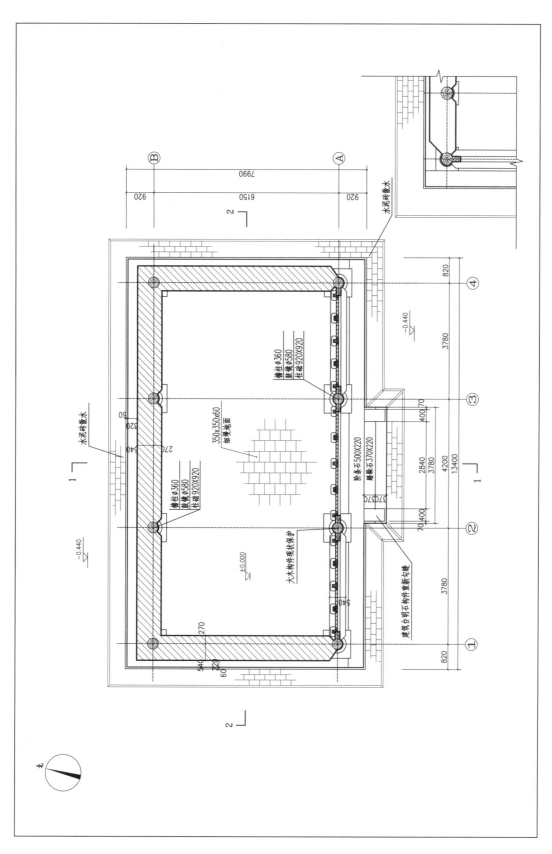

北神库平面图

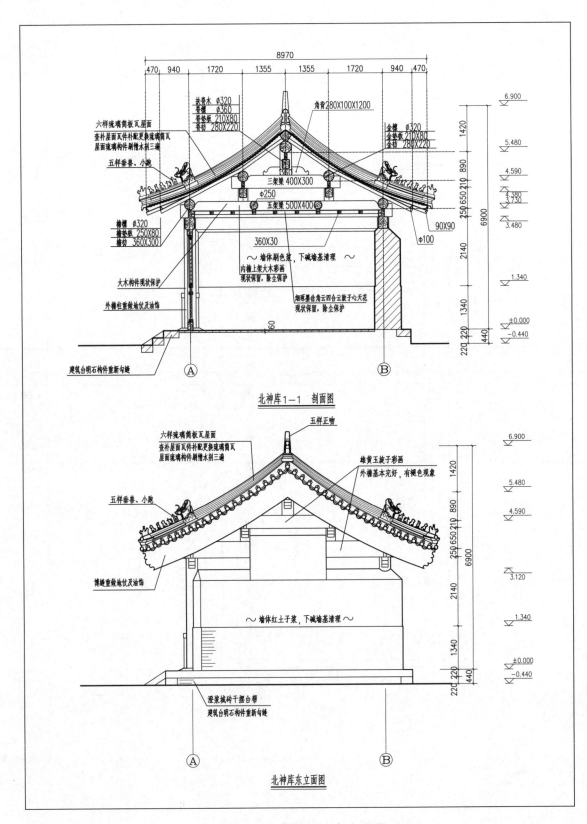

北神库 1-1 剖面图、东立面图

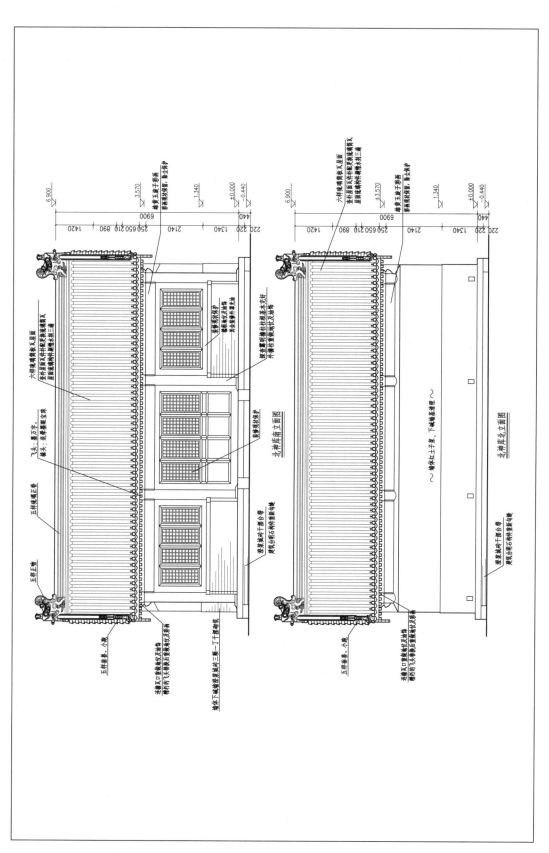

北神库南、北立面图

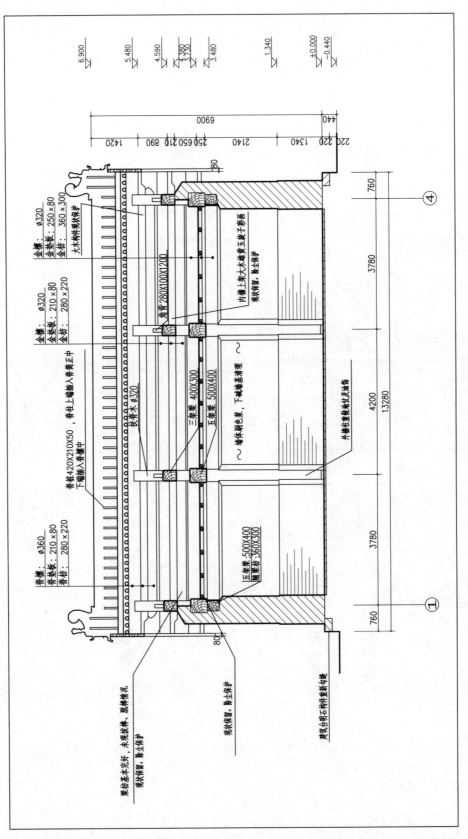

北神库 2-2 剖面图

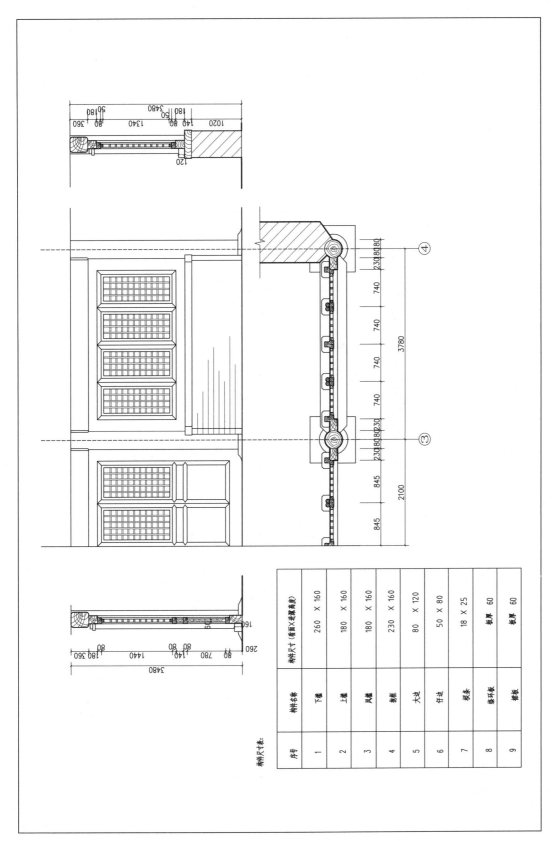

北神库装修大样图

构件尺寸表：

序号	构件名称	构件尺寸（看面×进深或高度）
1	下槛	260 × 160
2	上槛	180 × 160
3	风槛	180 × 160
4	槛框	230 × 160
5	大边	80 × 120
6	仔边	50 × 80
7	棂条	18 × 25
8	绦环板	板厚 60
9	裙板	板厚 60

南神库平面图

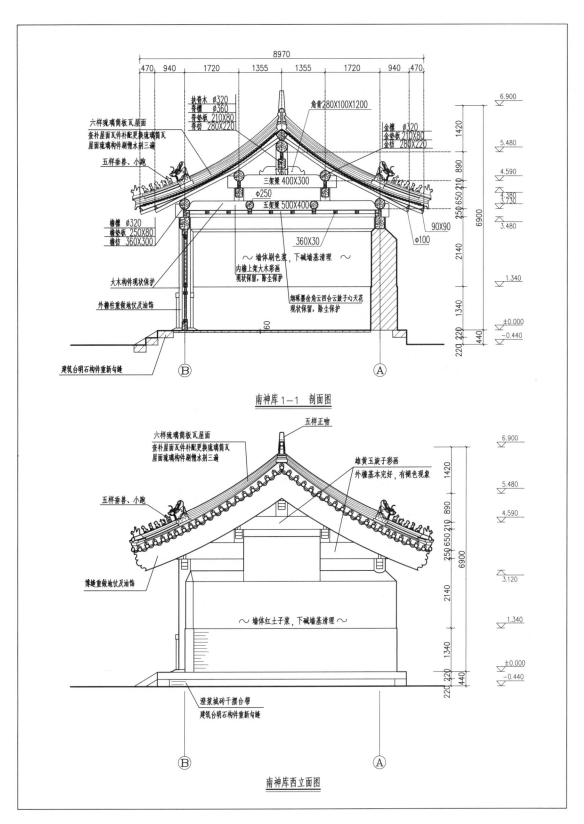

南神库 1—1　剖面图

南神库西立面图

南神库 1-1剖面图、西立面图

南神库南、北立面图

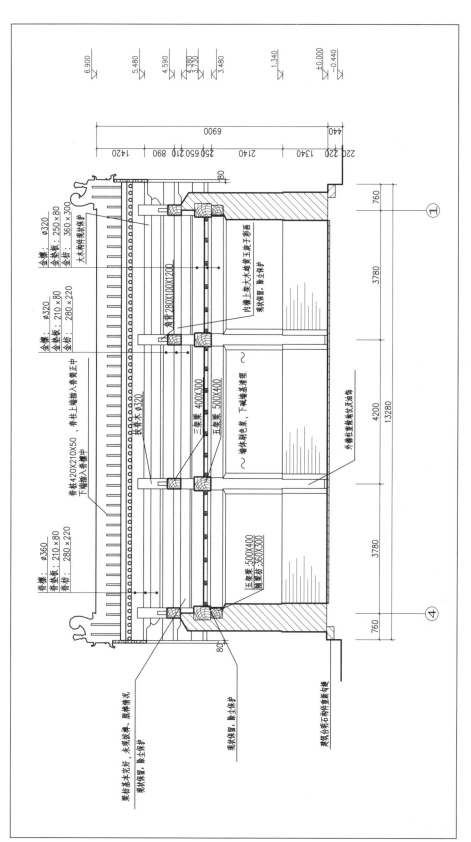

南神库 2-2 剖面图

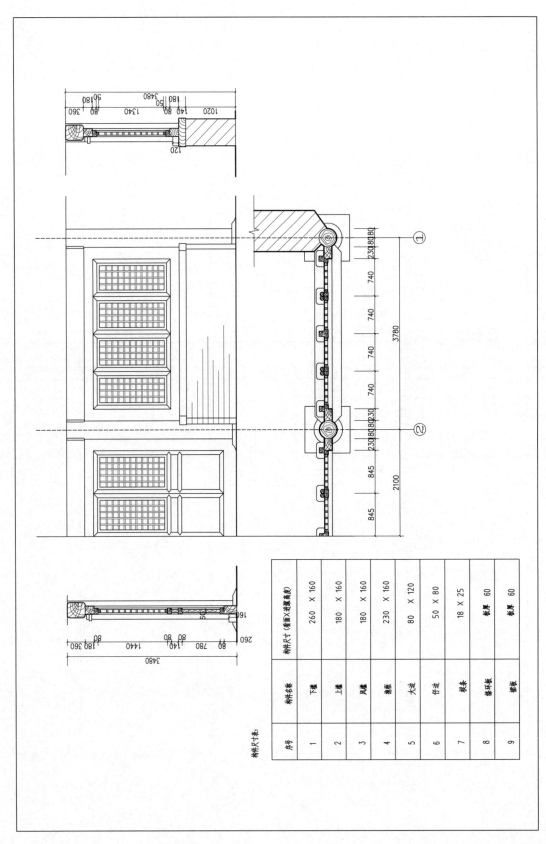

南神库装修大样图

构件尺寸表:

序号	构件名称	构件尺寸（看面×进深或高度）
1	下槛	260 × 160
2	上槛	180 × 160
3	风槛	180 × 160
4	抱框	230 × 160
5	大边	80 × 120
6	仔边	50 × 80
7	棂条	18 × 25
8	绦环板	板厚 60
9	裙板	板厚 60

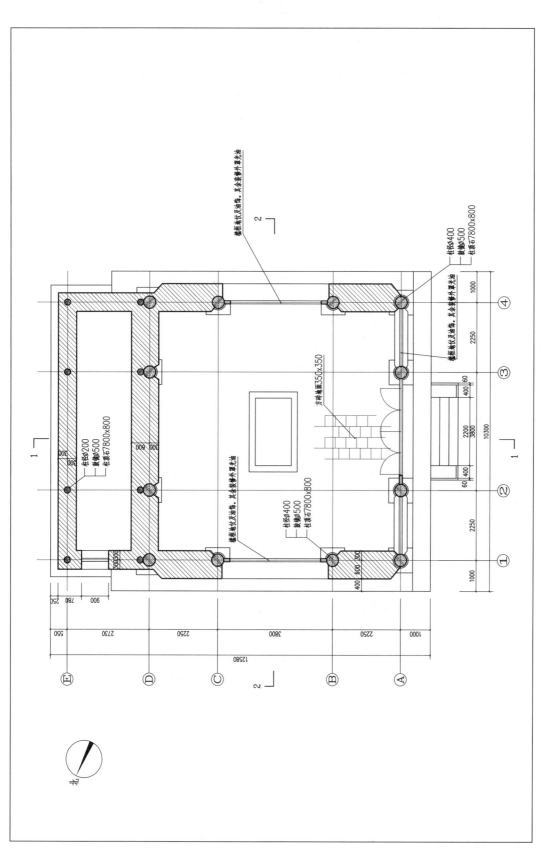

宰牲亭平面图

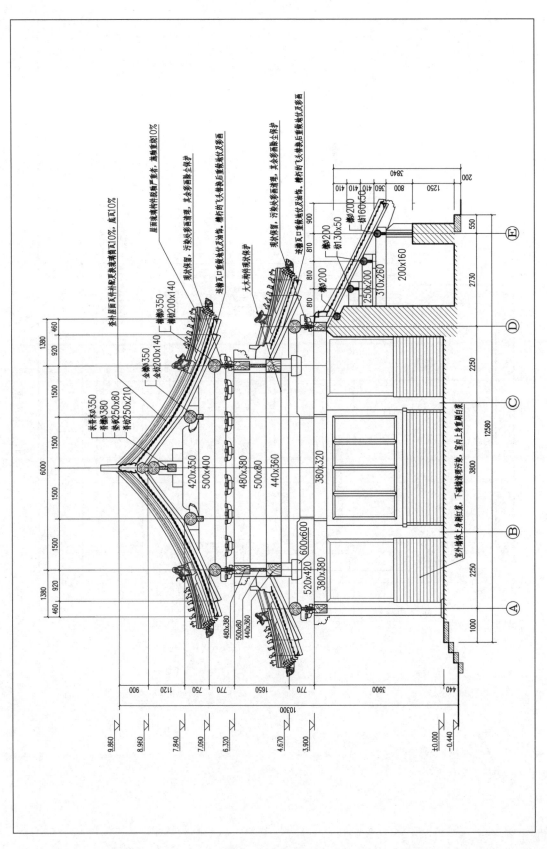

宰牲亭 1-1 剖面图

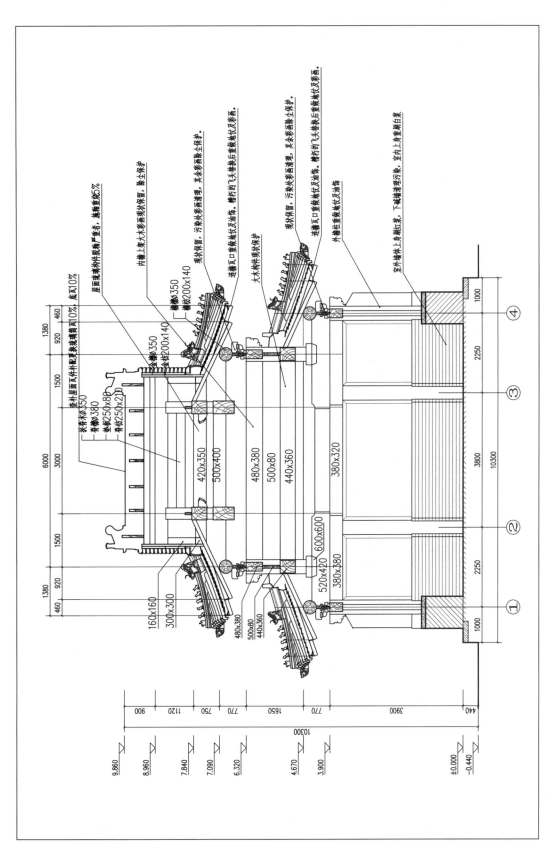

宰牲亭 2-2 剖面图

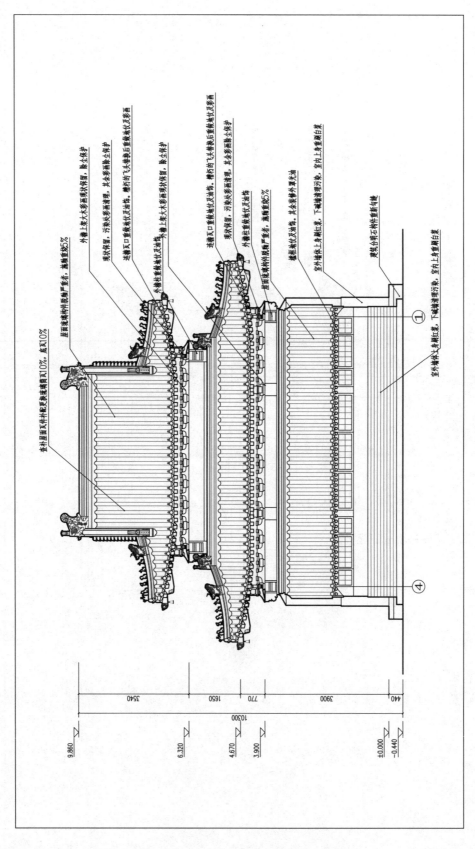

宰牲亭东立面图

全补屋面瓦件配足接线补青瓦10%,底瓦重砌5%

屋面琉璃构件松动者更置,满身重砌5%

外墙上素大木多看现状保留,其余多自除尘保护

现状保留,污染处多面清理,其余自重板线收头及彩画

连檐瓦口重板线收头及油饰

外檐柱身枋枓及油饰

屋面琉璃构件松动者更置,满身重砌5%

外檐上素大木多看现状保留,除尘保护

连檐瓦口重板线收头及油饰,精存的飞椽类后重板后收头及彩画

现状保留,污染处多面清理,其余自重板线收头及彩画

柱根处重板线收头及油饰

外檐柱身枋枓及油饰

室内檐柱身枋枓及油饰,其余本体单皮油

基座地仗及油饰,其余本体单皮油

室内檐柱上身隔红浆,室内上身重隔白浆

夯筑台明石砌体重新勾缝

室外檐柱大木隔红浆,下碱清理清污浆,室内上身重隔白浆

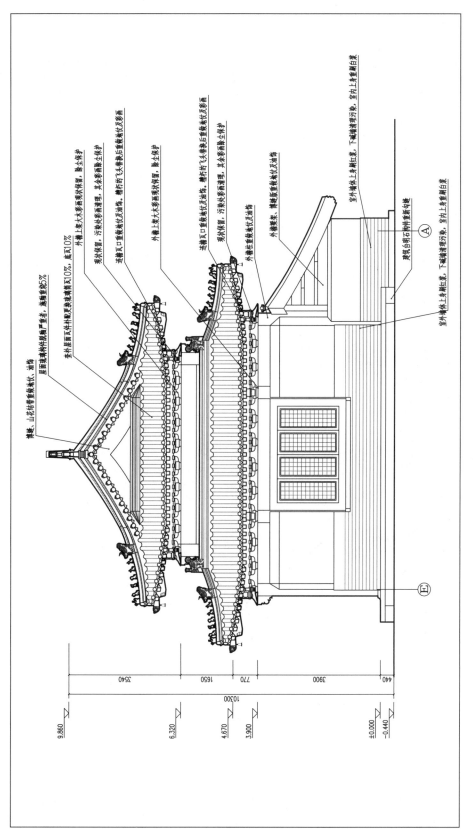

宰牲亭南立面图

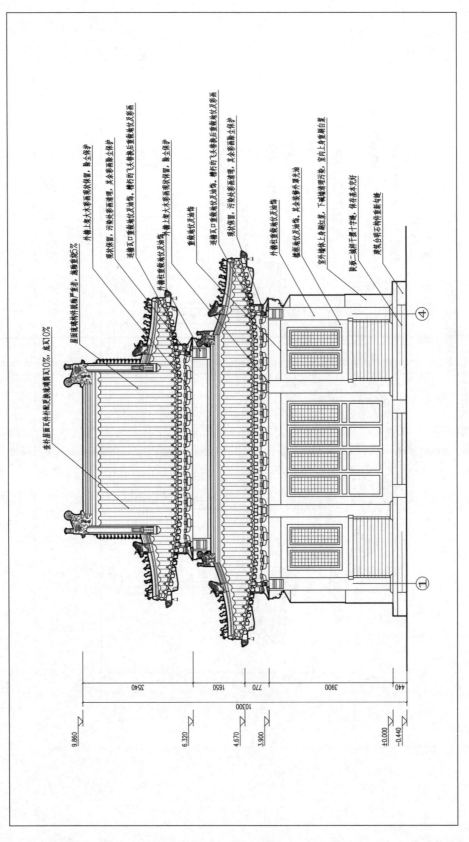

宰牲亭西立面图

屋面瓦件脱釉酥碱严重者,青瓦重烧5%

查补屋面瓦件松散更换现状滴瓦10%,底瓦10%

外檐斗拱大木多面现状保留,其余画除尘保护

现状保留,污染处多面清理,其余画除尘全保护

连檐瓦口重烧地仗及油饰,精拆的飞子等糟朽重做地仗及彩画

外檐柱重烧地仗及油饰,外檐上架大木多面现状保留,除尘保护

重烧地仗及油饰

连檐瓦口重烧地仗及油饰,精拆的飞子等糟朽重做地仗后重做地仗及彩画

现状保留,污染处多面清理,其余画除尘全保护

外檐柱重烧地仗及油饰

槛框重烧地仗及油饰,其余画外罩无油

室外墙体上身抹红末,下碱清理污染,保存本无损泽

拆板一端掉干裂十字缝,保存本无损泽

夯筑台明石构件重新勾缝

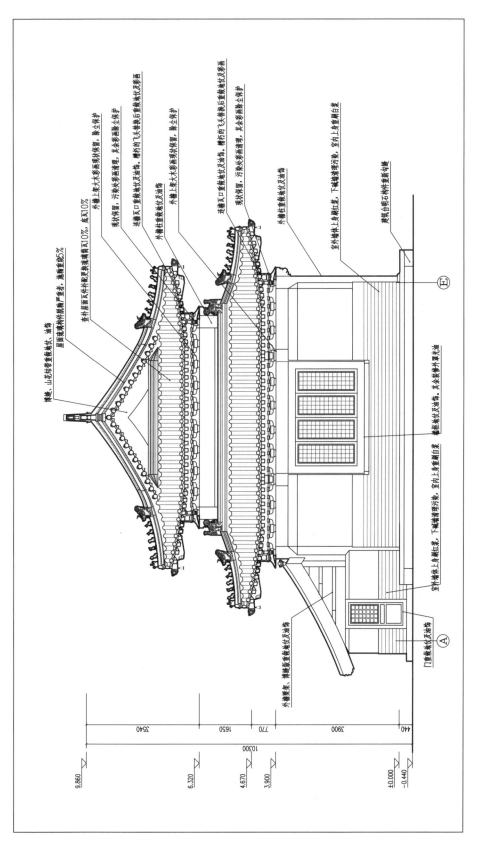

宰牲亭北立面图

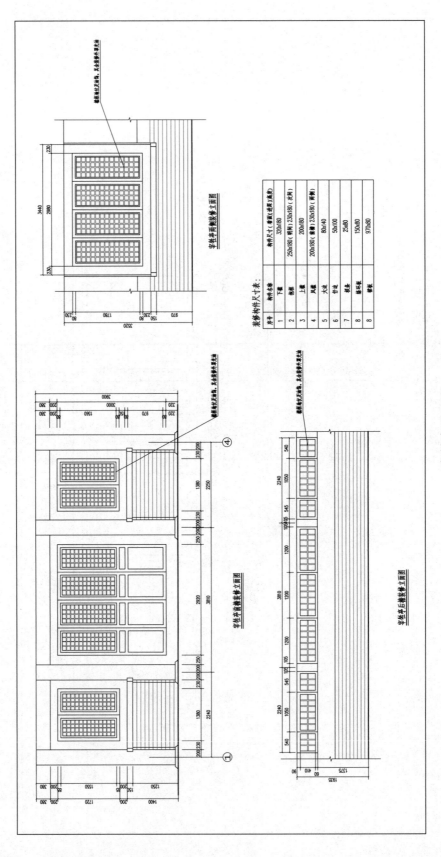

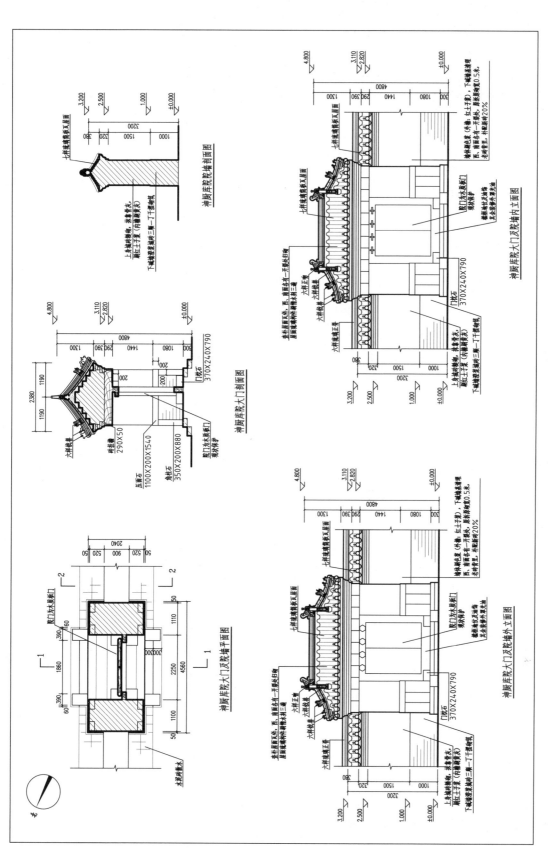

神厨库院大门及院墙平、立、剖面图

施工篇

第一章　施工重点

此次修缮建筑比较分散且专业较多。现从几个方面阐述工程的施工重点，主要从有关结构安全、使用功能以及观感等几个方面分析了关键工序，同时对施工中的不可预见性进行了分析。

一、施工重点分析

（一）昭陵施工重点

1. 安全施工，安全十三陵，安全是工程重中之重。

2. 该工程地处世界文化遗产十三陵昭陵院内，进行施工、施工材料的进场、人员的进场影响等是工程管理的重点。

3. 施工场地狭小，场外加工作业、场外食宿与施工现场施工的组织协调是工程施工组织重点。

4. 因当前市场材料良莠不齐，且因该段园墙的历史价值和社会影响力，材料的比选是工程的重点。

5. 北京是国家的首都，也是向世界展示的窗口，十三陵是国际性的旅游景点，所以要求工程外围护要干净、整洁、规范，是工程的重点。

6. 因十三陵已历经几百年的风风雨雨，如何在修缮过程中将对建筑和附近文物建筑的影响降到最低，为此次修缮的重点。

（二）针对重点的解决措施

认真贯彻执行对工程制定的工程管理制度和遵守各种管理规章制度，对工程施工人员，要经认真挑选，选拔技术过硬、思想积极向上、有上进心、无不良嗜好的工人进场施工。在进入施工现场上岗前，对工人进行集体素质、安全、文明施工等教育，考核合格后方能进场施工。

1. 针对施工人员进、出场管理措施，施工人员自场外基地出发至昭陵门口，经十三陵有关人员检查核对后，着统一服装，佩戴胸卡，排队进入施工现场，所有施工人员严禁在院内和施工场区吸烟。进入施工现场后，工地为封闭管理，严禁施工人员离开施工区域，待下午下班后统一排队离开。

2. 针对施工材料进出场管理措施，施工材料进场采取两种方式进入，第一种为石料、水泥等材料，夜间由十三陵管理处指定地点进入运至存放点，第二种为零散材料，白天在指定时间使用小型货车进入。针对材料进场困难，提前做好材料进场计划，使后勤供给能够满足施工需求。做到既能满足施工所需物资，又能满足场地狭小储存材料不影响施工作业面。夜间进料必须提前告知业主，告知所进材料品种、规格、数量，运输汽车牌号，接货人姓名等。要求接货人必须在昭陵门口接车，且根据路线图全程进行押送，车辆行驶时速不得大于5000米，确保沿途文物建筑及树木的安全。卸货完毕后，接货人将货车沿原路送出院门，并记录进场时间、离场时间。白天小型货车进货需征得业主同意后，要求接货人到院门口接车，方能进入昭陵院内。

施工围挡的搭设应该严密无死角，围挡间的连接、围挡与墙体的连接，严禁有任何可供小孩进入的孔洞和缝隙，进出围挡的临时门出入挂锁，并安排专人在院区开放时间对围挡外侧来回巡视，及时友善地规劝在围挡脚下休息的游人远离施工围挡，对攀爬破坏围挡的游人，如无法劝阻应立即上报业主。

3. 针对施工场地狭小，场外加工作业、场外食宿与施工现场施工的组织协调，场外加工现场设专人进行管理，采用现有的网络技术对施工现场和场外加工基地进行全程监控，便于监理单位对质量的把控。

4. 针对工程地处昭陵院内，施工脚手架搭设后，对昭陵院内的安全形成隐患。脚手架搭设和围挡间采取安装监控探头和留人值守的方式进行有效的监控，防止游人翻越入内，确保昭陵院内的安全。

5.以人为本是我公司的管理理念，确保"人"的安全，也是工程的重点，人的因素决定"安全"无处不在，如：人的情绪对安全的影响，人的意识形态对安全的影响，人与人之间的矛盾对安全的影响等。所以要求管理者具有沟通、调节的能力，及时化解各种矛盾，以防止人的因素形成安全隐患。

6.针对材料采购比选，施工前会同甲方、监理，对与昭陵及其他陵前期修缮合作过的瓦厂进行考察和比选，选择生产质量优秀并参与过十三陵修缮瓦件补配的厂家。

7.针对外脚手架外围护，提供样品经业主方选定进行围护，要求表面平整、美观。

8.针对修缮过程中对建筑修缮的不利影响，采取搭设防护棚的方式，以防在修缮过程中，雨、雪等自然因素对建筑的影响。在建筑修缮过程中室外地面要做好防护，加工场地地面要做好防护，车辆进出及小推车行进路线均有镀锌铁皮铺设地面，防止材料遗撒污染地面或磕碰地面。

9.工期安排为400日历天，根据与甲方的协商，分段进行修缮施工，第一阶段修缮祾恩门、祾恩殿；第二阶段修缮东西配殿；第三阶段修缮三座门、棂星门及院墙；第四阶段修缮神厨院内。修缮前编制单独的修缮专项方案，经业主方和相关单位同意后再进行施工。施工过程中必须把安全工作放在首位，昭陵围墙修缮的目的是恢复昭陵原貌和排除昭陵部分建筑的安全隐患，不能以修缮的名义给昭陵正常游览带来极大的影响和安全危害。

二、关键工序分析

以下有关结构安全、使用功能和观感的主要施工内容为关键工序。

1.屋面拆除。

2.椽望等木构件的加工制作、运输及安装。

3.大木构件局部铁件加固。

4.屋面工程，泥灰背及宽瓦。

5.墙体清污粉刷及台明石构件勾缝。

6.地仗施工。

7.油饰彩画施工。

三、不可预见性分析

施工过程中往往会有一些新的问题显露出来，与设计文件不同，因此不确定性将给项目的施工组织造成困难。如遇不可预见情况，不得擅自行事，须经设计、甲方有关管理部门研究决定后，现场调整工序工期安排，方可进行施工。

施工季节：工期为 400 日历天。经过雨季、冬季，施工安排应尽量考虑天气情况，尤其灰背、墙体粉刷、地仗油漆工程，避免雨水和温度及风沙天气的干扰。另外，工程所在地区秋季气温较低，在 10 月底夜间气温便会接近零摄氏度，所以主要工序都要安排在 10 月中旬前。

进行施工部署和安排施工进度计划时已充分考虑以上不可预见因素，发生重大变更时将对施工部署和进度计划及时进行有准备的调整。

第二章 施工部署

施工部署需根据工程情况，结合人力、材料、机械设备、资金、施工方法等条件，全面布置施工任务，合理安排施工顺序，确定主要的施工方案。

一、施工管理目标

（一）项目工期目标

施工总工期为 400 个日历天。

（二）工程质量目标

招标文件要求工程修缮质量标准：合格，符合《文物古建筑工程质量检验评定标准》。分项、分部工程质量保证一次交验合格率100%，单位工程质量一次交验合格率100%，保证整个工程项目的质量目标。

（三）施工安全目标

坚持"安全第一，预防为主"的方针，杜绝死亡事故，确保不发生重大安全事故，轻伤频率小于1.5‰。

（四）文明施工目标

达到"北京市级文明施工样板工地"标准要求。

（五）环境保护目标

水、气、声、渣（水污染、大气污染、噪声污染、固体废物污染）污染源防治均达到国家环保的要求。

（六）文物保护目标

达到建设方要求和《文物保护法》的要求，不损坏一草一木，不损坏文物。

（七）消防保卫目标

必须把消防工作放在首位。做到不使用明火，做到易燃易爆物品妥善保管和安全使用，编制适合本工地情况的消防应急预案，定期对管理人员和施工工人进行消防安全教育和消防演练，确保不出现火灾事故。

（八）成品保护目标

做好完工成品保护，保证不出现施工污染和损坏。

（九）成本控制目标

做到物料不浪费，不出现返工现象。安排好流水施工，避免出现窝工现象，争取在保证质量的前提下提前完成工作任务。

（十）职业健康安全目标

认真辨识职业健康安全因素，不发生人为的职业健康安全问题。

二、施工总体方案规划

对施工段的划分、施工总体进度控制、总的施工开展程序方面做出规划。

（一）施工段划分

工程分为祾恩门、祾恩殿、东配殿、西配殿、三座门、棂星门、宰牲亭、神厨、神库及院墙、院落地面铺装几个单体建筑，工程主要工作量集中在油饰彩画、大木构架及屋面工程，根据主要工作量、建筑位置和旅游淡旺季可暂划分为四个流水施工段，具体施工后根据甲方要求可进行调整，第一段为祾恩门、祾恩殿，第二段为东配殿、西配殿，第三段为三座门、棂星门及院墙、院落地面铺装，依次工序流水施工。剩余建筑宰牲亭、神厨、神库工作量留到年后进行。

施工准备→脚手架搭设→拆除工程→大木整修加固→木基层安装→屋面苫背宽瓦→室外墙体清污粉刷→地仗及油饰→彩画工程→脚手架拆除→石构件勾缝→地面铺墁→竣工清理。

（二）依次进行流水作业施工的意义

依次进行流水作业施工，有效地利用和充分发挥了工作面，使总工期有了保障。每个施工段包括几个分部工程流水施工，利用灵活、机动、穿插施工的有利条件，更充分地体现人员安排的合理化，使人、财、物、力进行协调平衡，组织均衡施工，有利于资源供应的组织工作。施工队及其工人能够连续作业，相邻两个专业施工队之间，可实现合理搭接，相邻两个专业队伍更好进行比武比赛，做到有竞争就有市场，有竞争就有质量，有竞争就有效益。

三、施工总体计划

瓦作施工班组人员均有文物行政主管部门颁发的文物专业施工人员操作上岗证，古建专业劳务队伍组成项目劳务作业层，劳动力根据工程量及工期要求进行合理配备。

施工中，瓦、石等各工种、工序之间要紧密配合，合理安排组织流水作业，进行立体交叉施工，水平搭接。做到连续均衡生产，作为承包方，我们将编制一份严密的施工进度网络计划，并抓住其中的关键路线组织施工，实行样板引路，逐间、逐块验收，确保工程质量。

劳动力的组织计划应注意以下问题：

工程项目施工场地狭长，工作面大，古建筑施工用材和工序等都是对施工不利的因素。在不改变上述因素的情况下，整个施工充分利用各个工作面的连接间隙，各工种的对接，以达到缩短工期的目的。

为了确保工程施工总进度计划目标的实现，达到保障施工进度和施工劳动力投入的需要，劳动力的投入按阶段配备，重点控制。

为保证施工质量，提高效率，缩短工期，作业班组保持相对稳定，由项目经理统一安排，统筹调度，充分利用人力资源。

项目部按照进度计划提出各阶段的材料需用量计划，并与材料供应单位签订物资、设备供应协议，明确双方的责、权、利，公司生产安全部监督、协调物资、设备的供应，以满足生产需要。

依据采购控制程序，实施各种材料的采购和管理。

（一）材料的分类及采购流程

1. 工程材料分为主材和辅材等。

2. 材料采购流程：制定材料采购清单→材料采样→材料报样→批准后材料封样→材料采购。

（二）材料采购供应

1. 材料采购由项目材料部负责，根据物资采购程序进行计划、加工、采购、验收控制，保证材料供应及时。

2. 施工材料根据进度，日常材料提前三天进场，特殊材料按材料进场时间表进行，材料进场后安排专人保管。

（三）材料采购控制措施

1. 主材：根据甲方及设计的要求，选样后及时报业主、监理和设计等相关方审核，符合要求后及时封样。

2. 辅助材料：对自行采购材料，进场前首先将材料样品、生产厂家的相关资料、质量及环保检验报告、合格证等资料报业主、监理、总包单位共同认可后进行采购订货，确保所进货品与所报样品保持一致。

3. 采购程序的控制：材料的采购由项目部负责提出计划，公司工程部对其执行情况予以监督、检查和管理，要确保各种施工材料（包括原材料、半成品材料、成品材料）的质量，所用材料应品种齐全、供货及时，质量符合要求。

4. 设备、材料进场计划及机械设备的最迟进出场期限：对于特殊加工制作和供应的材料和设备，应充分考虑其加工周期和供应周期。

（四）对材料质量的控制

1. 对设计与业主指定的材料品牌，采取从专业生产厂家采购样品回来，并把实物样品送给设计和业主鉴定。达到满意后直接从厂家按样品品牌规格订购回现场使用。

2. 根据设计文件、施工图纸，以及施工方案、施工措施编制材料需求表，要求反映该工程项目实体的各种材料的品种、规格、数量和时间要求。

3. 材料验收制度：工程中所有材料，包括原材料、半成品及成品材料，必须先将生产厂家简介，材料技术资料和实验数据及材料样品，实地实验结果等各种技术指标报请业主和监理工程师审批。凡是资料不齐全或未经批准的材料，一律不准进入施工现场。用量大而对质量又至关重要的原材料，虽具备各种上报资料，但仍须对生产厂家的生产工艺、质量控制的检测手段进行实地调查。原材料的质量控制，除资料报批以及对生产厂家实地考察外，对材料在使用前的复检都要严格执行。在进材料过程中，材料部根据样品及有关技术指标对进货材料进行严格验收，杜绝不合要求的材料进入现场。

（五）材料的现场搬运

配备一支专业的材料队伍，负责材料的垂直运输和水平运输，安排专人负责管理，对搬运人员进行针对性技能培训，合格后方能上岗。配备相应的运输工具，如：手推车、背带、夹具等。

（六）材料保管制度

对购入的材料和成品，设置专门的仓库由专人保管、发放，需要防水、防污、防火的材料按要求分类堆放，妥善保管。

特殊装饰材料的堆放方式：石材堆放，要用枕木放于地上，小心碰角；成品挂板，要保证包装完好，轻拿轻放，避免油漆面受到损坏；木构件堆放，要架高地面，用以防水、防潮；制作一些木箱，用于存放异形的小单件物品；制作一定的货架，用于存放规格繁多的小件物品，以易于寻找。

在仓库中存储的各种材料必须加强保管和维护，认真履行进出库登记手续。针对不同的材料，采取相应的存储措施，如分别考虑温度、湿度、防尘、通风等因素，并采取防潮、防锈、防腐、防火、防霉等一系列措施，保护不同材料，避免材料损坏。仓库管理要有严密的制度，定期组织检查和维护，发现问题，及时处理，并注意仓库安全、防火和保卫工作。油漆等轻化工产品、易燃易爆物品尽量减少库存，并要单独分开存放。

四、项目经理部组织机构设置

（一）项目机构及管理人员岗位职责

1. 项目经理部：对施工过程诸环节上的综合协调管理。在施工现场与工程设计师意图之间的沟通。与现场监理工程师、业主之间的协调与配合。协调社会关系为现场施工提供保障。适应总承包体制，为业主提供全方位服务。

2. 项目经理部的关系：

项目管理体系从纵向分为策划服务→组织实施→实际操作三个层次，三个层次涉及公司→项目经理部→劳务分承包方等方面。

策划服务：包括确定目标、制订方案、配备资源、规范程序，使本项目的目标清、责任清，是运作项目能否取得成功的关键前提。

组织实施：项目上的具体工作，按"三位一体"的管理思想，即"过程精品，CI形象，成本控制"为核心，按照程序标准化、工作人性化、管理科学化的要求。

实际操作：施工方案、样板引路、工序控制节点为核心，严格奖惩；通过三个层次管理责任的划分来保障项目管理目标的实现。对这样的项目我们提出在管理中要强调管理升级，即责任升级、目标升级、优化升级，以创造出优良工程。

3. 项目经理：项目经理对工程项目负全面领导责任，保证实现所承担工程项目的各项指标，其职责是认真贯彻执行国家有关文物保护的法律、法规，认真贯彻执行国家和地方有关建筑工程的各项法律、法规和规定，按照质量管理手册、程序文件和质量计划的要求组织编制质量计划，保证质量体系在工程项目上正常运行。按照规定，做好工程劳务分包工作，对发包工程的进度、质量、安全、成本、资金和场容场貌等进行监督管理、考核验收，并负全面管理责任。

对进入项目（现场）的人、财、物资源，做好资源优化配置工作。科学组织和管理、协调好分包单位之间的关系，做好人力、物资和机械设备的调配与供应，及时解决施工中出现的问题，协调好同社会各方的关系，提高综合经济效益。依据制定的管理人员岗位职责和项目部各项指标进行目标分解，并做好落实工作。

4. 项目技术负责人：全面负责工程项目的技术质量领导工作，严格贯彻质量方针、质量目标，负责制定项目质量目标，并进行层层分解。协助项目经理实施公司质量体系文件，主持编制项目质量计划和施工组织设计，组织编制并审核专项施工方案。对工程质量定期检查、监督和控制，指导施工现场各级人员做好技术交底和质量记录。负责组织工程质量验评、验收工作。对施工中容易出现的质量通病，提前组织制定质量预控措施，如发生重大质量事故及时上报。对施工技术资料负领导责任，对资料员的工作进行指导和检查。领导项目部做好计量、测量、试验管理工作，并做好材料设备合格供方的审查工作。

5. 项目预算员：负责落实项目经营管理各项工作。参与工程预结算管理工作，对报出的数据负责。参与编制合同履约过程中的设计洽商变更及造价调整，报送建设单位并及时签认。建立、健全各种经营台账，统计台账，做好经营资料管理，定期向公司上报各种报表。根据现场情况及生产部门提供的资料、信息，编制统计报表，协助办理工程款回收。

6. 项目专业工长：负责项目各专业的施工生产，组织制订项目生产计划，严格按审批计划实施。组织有关单位根据月计划制订周计划。负责施工过程控制的具体实施，严格执行质量计划和施工组织设计，负责落实安全生产、文明施工现场管理工作。负责组织对各专业施工成品、半成品的保护，组织竣工交验，办理竣工交验手续。负责对已交付的工程做好回访，保修和服务的组织工作。参加生产调度会，落实会议决议，排除生产障碍，保证施工顺利进行。

7. 项目安全员：贯彻执行有关安全的各项法律、法规和规定，在安全生产文明施工过程中负直接管理责任。负责检查安全规章制度的执行情况，负责对施工人员进行生产安全教育。参与施工组织设计中安全技术方案的制订及审核，提出审核意见。及时对现场的平面布置及施工现场的不安全因素进行检查、监督、制止、处罚、下达整改要求及复查。负责现场的各种施工设施（如脚手架、临时用电等）等的安全检查工作。负责现场安全资料整理和归档工作。参与工伤事故的调查、处理，及时总结经验教训。

8. 项目质检员：负责进行对各检验批次和分项工程的检查，签署检查意见并报监理工程师验收。对不符合验收标准的各检验批次及分项工程及时组织相关人员进行整改，并进行复验。监督施工人员做好自检、互检和交接检查。负责对原材料、成品、半成品使用前进行检查验收，严禁不合格产品的使用。负责对检验和试验状态的监督管理。负责对项目部监视和测量装置的管理。

9.项目资料员：按照北京市施工资料编制要求，认真做好施工资料的管理工作。负责收集汇总项目部工作人员编制的施工资料，并对资料的真实性、完整性和有效性进行检查。工程竣工验收前，将施工资料整理、汇总完成。工程竣工验收合格后负责向相关单位移交资料。定期向技术负责人汇报施工资料整理情况。

10.项目试验员：及时对进场材料进行取样送试，填写试验委托单，建立试验台账。及时收集材料质量相关证明文件。定期向技术负责人汇报试验情况。

11.项目材料员：根据项目部的材料需求计划和工程进度，按时组织材料进场。并配合质量检查员做好材料进场验收工作。材料进场后及时通知试验员取样复试并向资料员提交合格的材质证明。随时关注市场动态，力求采购质价比高的合格材料。做好材料库房的管理工作，对容易混淆的材料进行标识，防止误用。做好限额领料，防止材料的浪费。

（二）项目施工作业层职责

施工作业层设劳务管理机构，管理班子4人，由质检员1人、安全员1人、各专业工长2人组成。作业层由瓦作班（包括瓦工和壮工）、木作班、油作班、架子工班组成，水电工负责临时用水、用电的敷设和日常的检查、维护工作。施工现场文明施工由瓦作班组负责。办公室、宿舍、材料加工暂设区的环境卫生安排专人负责。

各部门负责人在项目经理的统一领导下，各行其责，互相协作，以追求过程的全面控制，创造优良工程，为业主提供满意的服务；为本单位创效益、争荣誉。

（三）生产例会制度

项目部每周举行一次现场生产调度协调会，总部主管领导负责协调现场施工质量、工期、资金调配、人员安排等相关工作，并定期或不定期地参加现场会议。由项目主管经理和工程、质量、安全等部门及分包单位相关人员组成生产调度协调会，做到每天早巡视、晚碰头，以解决当天存在的问题和安排次日的工作。

第三章　施工进度计划及工期保证措施

施工进度计划是施工现场各项施工活动在时间、空间上的前后顺序体现。合理编制施工进度计划就必须遵循施工程序，根据施工方案和工程开展程序进行组织，这样才能保证各项施工活动的紧密衔接和相互促进，起到充分利用资源、确保工程质量、加快施工进度、达到最佳工期目标的作用。同时，还能起到降低建筑工程成本、充分发挥建设单位投资效益的作用。

施工进度计划反映了最佳施工方案在时间上的安排，采用计划的形式，使工期、成本、资源等方面，通过计算和调整达到优化配置，符合项目目标要求。编制相应的人力和时间安排计划、资源需求和施工准备计划。

施工程序和施工顺序随着施工规模、形制、设计要求、施工条件和使用功能的不同而变化，但还是有可遵循的共同规律，在施工计划编制过程中，应注意以下原则：

安排施工程序的同时，安排相应的准备工作；进行全场性工程的施工，按照工程排队的顺序，逐段进行施工。

一、施工总进度计划的内容

施工总进度计划的内容应包括：编制说明；施工总进度计划表（横道图或网络计划图）；分期（分批）施工的开竣工日期及工期一览表；资源需求及供应平衡表。

施工总进度计划表为最主要的内容，用来安排各单项工程和单位工程的计划开竣工日期、工期、搭接关系及实施步骤。资源需求及供应平衡表是根据施工总进度计划表编制的保证计划，应包括劳动力、材料、施工机械等计划。

二、施工进度计划

施工进度计划包括：单位工程进度计划；分阶段（或专项工程）工程进度计划；分部分项工程进度计划。

施工计划安排十分重要，各专业工种多有穿插，安排合理则相互促进，反之，则相互制约。要做到有序运作，使总目标与分目标明确，长目标与短目标结合，以控制计划为龙头，支持性计划为补充，为计划目标控制提供保证。

在总控制进度计划指导下，分别编制分部、分项和配合工作进度计划及其他专业进度计划，作为施工进度的控制依据。以控制关键日期（里程碑）为目标，滚动计划为链条，建立动态的计划管理模式。在总控制进度计划的指导下编制月、周、日等各级进度计划，一级保一级，保证总进度计划目标计划采用分级管理，项目部负责制定管理制度，根据招标文件及业主的要求制订总控制计划，督促、检查各专业按总控制计划的要求编制分专业控制计划。

三、关键性项目完成计划

（一）施工进度计划

工期为 400 日历天。

（二）进度计划安排要点

为了确保工程按期完成，在施工中将合理组织交叉作业，做到作业面不闲置、工序衔接紧密。

四、施工进度计划的调整方法

关键工作的调整：是进度计划调整的重点，也是最常用的方法之一。

改变某些工作的逻辑关系：本方法效果明显，但应在允许改变关系的前提下进行。

剩余工作重新编制进度计划：当采用其他方法不能解决时，应根据工期要求将剩余的工作重新编制进度计划。

非关键工作调整：为了充分利用资源，降低成本，必要时可对非关键工作的时差进行适当调整。

资源调整：若资源供应发生异常，或某些工作只能由某些特殊资源来完成，应进行资源调整，在条件允许的前提下将优势资源用于关键工作的实施，资源调整的方法实际也就是进行资源优化。

五、进度计划的控制

进度控制的主要环节包括进度目标的分析论证、编制进度计划、定期跟踪进度计划的执行情况、采取纠偏措施以及调整进度计划，这些工作任务和相应的管理职能应在项目管理组织设计的任务分工表和职能分工表中标示和落实。进度控制工作包含了大量的组织和协调工作，而会议是组织和协调的重要手段，应进行有关进度控制会议的组织设计，以明确会议类型、会议的主持和参加单位、会议的召开时间，以及会议文件的整理、分发和确定。

第四章　施工准备

　　充分的施工准备工作是建筑工程开工前的一个重要环节，是直接关系到工程开工后能否顺利进行的关键。按计划组织调集各专业精干、高效的施工技术管理人员组成以项目经理为首的项目组织管理机构，在公司的协调配合下，由项目经理统一安排，组织各职能部门逐一落实包括技术准备、施工现场准备及生产准备的各项工作，为按时、保质地完成工程施工任务打下坚实的基础。

一、技术准备

　　根据工程特点、设计要求和施工工期，调查研究组织施工的主客观条件，积极做好设计图纸会审、掌握设计意图，合理部署施工力量，编制施工组织总设计，制定施工技术和组织管理方案，同时组织好施工试验和施工资料，为工程顺利施工创造必要的条件。

（一）图纸会审

　　接到施工图纸后，技术部门组织生产、预算等部门及有关人员认真熟悉和审查图纸，参加设计交底，并及时办理设计变更或洽商，尽量把技术问题消灭在施工之前。确保图纸在建筑各部的尺寸、做法无重大错误，使施工得以顺利进行。图纸会审是施工的重要基础，主要从以下几个方面开展：

　　1.设计图纸与说明是否齐全，是否符合国家有关工程设计和施工的方针及政策。

　　2.设计图纸与其总说明在内容上是否一致，专业图纸之间有无矛盾，标注有无遗漏。

3.审查在标高尺寸上是否一致，施工的质量标准能否满足有关规范的工艺要求。

4.掌握昭陵的特点，并对原设计进行细化处理，现场施工技术和管理水平能否满足工程质量和工期要求。

5.施工图中所列标准、规范、图集是否具备。

6.防火、消防是否满足要求。

（二）工程各段测量准确

施工前期需要对昭陵修缮内容进行拍照、影像、测绘、绘图、记录及留底，方法为：按照每个建筑单体分别标注，并标注单体的编号，然后用相机按照编号顺序进行拍照，完成后把照片输入电脑，修缮前后照片对比制作成修缮文件便于以后参考。

（三）主要施工方案编制计划

施工方案编制计划表

序号	方案名称	要求完成时间	编制人
1	施工组织设计	开工前一周内	技术负责人
2	现状测量施工方案	开工前一周内	土建工程师
3	临时用电施工方案	开工前一周内	电气工程师
4	架子施工方案	开工后一周内	土建工程师
5	冬雨季施工方案	开工后一周内	土建工程师
6	现场安全文明施工方案	开工后一周内	安全工程师
7	环境保护施工方案	开工后一周内	安全工程师

（四）样板制、样板间计划

施工中做到样板开路，瓦件加工等分项均事先做样板，经设计人员、质量部门、监理工程师验收合格后再进行大面积施工，以保证工程质量。

每个分项工程或工种（特别是量大面广的分项工程如宽瓦、地仗施工）都要在开始大面积操作前做出示范样板，统一操作要求，明确质量目标。

1. 工程样板包括：材料样板、加工样板、工序样板、装修样板间等。

2. 材料、设备的选型、订货必须验收样板，根据检验合格的样板标准进行材料、设备进货检验，并经甲方和监理确认。

3. 现场成品、半成品加工前，必须先做样板，根据样板质量的标准进行后续大批量的加工和验收。

4. 项目部对每道工序的第一板块，要在设计规范要求下，严格控制施工过程，使之符合设计规范要求。

5. 对该板块进行项目管理机构、监理、设计和施工的四方验收，验收合格的板块作为整道工序的样板工程，并做好签认，合格后，方可大面积施工。

6. 该工序的各板块需以该样板施工为指导，各施工方法均需按样板为要求，以确保该工序的各板块均达到样板的要求。

7. 组织施工人员开现场会，参观样板工程、工序，明确该工序的操作方法和应达到的质量标准。

8. 样板间必须以高标准作为大面积施工的依据，经项目部联检达到优良后进行大面积施工，最后以样板间为标准进行验收。

9. 对不符合样板施工要求的施工方法坚决给予否定，违者按章处罚，做好样板的唯一性、权威性。

10. 将这一制度深入运用到每道工序中，确保整个工程均达到样板工程要求。

（五）组织各级方案学习及技术交底

技术部门组织现场施工人员学习方案、施工工艺及有关规范。对施工组织设计及方案进行系统交底。工长在施工前必须根据现场具体情况，对施工作业队、班组进行详细的技术、质量、安全、消防及文明施工的书面交底，并履行签字手续。

（六）测量工具准备

测量工具按下表准备，测量工具均需经过检定、检验合格并做好标识后方可使用。

测量工具准备表

工具名称	数量	备注
水平仪	1台	检验合格后使用
经纬仪	1台	检验合格后使用
钢尺（50米）	1把	检验合格后使用
钢板尺（0.3米）	2个	检验合格后使用
水平尺（1米）	2个	检验合格后使用
盒尺（3米）	5把	检验合格后使用

施工过程中，作业人员应经常检查了解计量、测量精度状况，保证其处于良好的使用状态中。

（七）试验计划

1.试验目的：试验工作在建筑施工中占有一定重要地位，通过试验科学地鉴定建筑物使用的原材料和加工半成品的质量是否符合规范要求，通过试验合理地使用原材料，节约原材料，降低工程成本，为实现工程目标奠定基础。

2.试验管理程序：原材料或半成品按规定取样→送样→填写委托试验单→登记试验台账→签收试验报告单→计算评定→交资料员归档。

3.试验项目及取样方法：砖，工程用量较少，大城样和页岩砖各一验收批，试验抗压强度、吸水率；瓦件，工程使用琉璃瓦较多，统一为一验收批，试验弯曲破坏荷重、吸水率、耐急冷急热、抗冻性。

4.其他根据工程施工及设计要求，如有特殊要求进行必要试验，另行组织安排或委托外协进行试验。

5.有见证取样，与监理单位共同商定有见证取样资格的试验单位，办理有关手续。见证取样总数不得少于试验总次数的30%，试验总次数在10次以下的不得少于2次，结构项目及重要施工部位见证取样为100%。

二、生产准备

（一）材料准备

1.原材的准备：原材料主要是自行采购材料，有琉璃瓦六样、琉璃瓦七样、脊件等。

砖件包括二城样砖等，白灰、青灰、麻刀等。这部分材料将在北京附近或北京各个厂家商家采购。购买时要货比三家，从质量上、单价上把关，并通过业主及相关部门审批后再行采购。

2.主要周转材料计划：工程所用周转材料，均由项目经理部和材料部门共同组织，对一些须先行定制的周转材料及时进行加工定制，并根据进度计划进行调整、补充，以确保工程顺利施工。

3.主要材料进场计划开工前编制。

4.现场及运输组织：工程处于北京市明十三陵昭陵院内，现场施工用地狭长、院内文物繁多且为观光旅游开放单位，因此现场运输组织颇为重要，应遵循以下原则：

施工场地围护，采取硬质围挡进行围护，外皮悬挂古建图案的彩绘布。

在施工准备时，堆料场地、加工棚等划定用地均按招标文件的要求，采用场外加工的方式，原材料加工制作完成后，直接运输至施工现场进行使用，在运输过程中采用成品保护措施，防止对现场文物的破坏。

在整个工程施工阶段，现场生产区设卫生间、办公室及库房（甲方指定）。场外租用的基地设生活区，设伙房、宿舍、加工场地。垃圾渣土临时集中堆放在施工场地并随清随运。

场内运输材料时应将周围树木和墙体下部进行防护方可运输。防护的方法是：墙体下部应铺设铁皮防止运输小车磕碰，沿道树木进行防护，应用砌块将树木围砌。还应在小推车的腿子上包裹编织带来防止小车推损坏地面。

（二）施工用电

1.配电箱设置：根据工程电气设计电源由甲方指定位置引入。

2. 管理保障体系

组长：项目经理

副组长：项目副经理

组员：安全员及施工队电工

3. 现场安全用电技术措施及注意事项：施工现场专用的中性点直接接地的电力线路中必须采用 TN-S 接零保护系统。电气设备的金属外壳必须与专用保护零线连接，专用保护零线（简称保护零线）应由工作接地线、第一级漏电保护器电源侧的零线引出。当施工现场与外电线路共用同一供电系统时，电气设备应根据当地的要求作保护接零，或作保护接地，不得一部分设备作保护接零，另一部分作保护接地。作防雷接地的电气设备，必须同时作重复接地，同一台电气设备的重复接地与防雷接地可使用同一个接地体，接地电阻应符合重复接地电阻值的要求。

4. 施工现场的电力系统严禁利用大地作相线或零线，保护零线不得装设开关或熔断器。

5. 保护零线应单独敷设，不作他用，重复接地线应与保护零线相连接。

6. 保护零线的截面应不小于工作零线的截面，与电气设备相连接的保护零线应为截面不小于 2.5 平方毫米的绝缘多股铜线，保护零线的统一标志为绿 / 黄双色线，在任何情况下不准使用绿 / 黄双色线作负荷线。

7. 正常情况时，下列电气设备不带电的外露导电部分，应做保护接零：电机、电器照明器具、手持电动工具的金属外套；电气设备传动装置的金属部件；配电箱与控制屏的金属框架；室内外配电装置的金属框架及靠近带电部分的金属围栏和金属门；电力线路的金属保护管。

8. 保护零线除必须在配电室或总箱电箱处作重复接地外，还必须在配电线路的中间处和末端处做重复接地，保护零线每一重复接地装置的接地电阻值应不大于 10Ω。

9. 电气设备应采用专用芯线作保护接零线，此芯线严禁通过工作电流。

10. 手持式用电设备的保护零线，应在绝缘良好的多股铜线橡皮电缆内，其截面不得小于 1.5 平方毫米，颜色为绿 / 黄双色。

11. 一类手持式用电设备的插销上应具有专用的保护接零，必须在设备负荷线的首端处设置漏电保护装置。

12. 分配电箱与开关箱的距离不得超过 30 米。开关箱与其控制的固定式用电设备的水平距离不宜超过 3 米。

13. 配电箱、开关箱周围应有足够二人同时工作的空间和通道，不得堆放任何妨碍操作、维修的物品，箱内的开关电器（含插座）应按其规定的位置紧固在电器安装板上，不得歪斜和松动，配电箱、开关箱内的工作零线应通过接线端子板连接，并应与保护零线接线端子板分设，箱内的连接线应采用绝缘导线，接头不得松劲，不得有外露带电部分，配电箱和开关箱的金属箱体，金属电器安装板以箱内电器的不应带电金属底座、外壳等必须作保护接零，保护零线应通过接线端子板连接。

14. 电器装置的选择。配电箱、开关箱内的电器必须实行"一机一闸"制，严禁用同一个开关电器直接控制两台及两台以上用电调设备（含插座），开关箱内的开关电器必须能在任何情况下都可以使用电设备实行电源隔离，36 伏及 36 伏以下的用电设备如工作环境干燥可免装漏电保护器。

15. 开关箱内的漏电保护器其额定动作电流应不大于 30 毫安，额定漏电动作时间应小于 0.1 秒，使用于潮湿场所的漏电保护器采用防溅型产品，其额定漏电动作电流应不大于 15 毫安，额定漏电动作时间应小于 0.1 秒，漏电保护器必须按产品说明书安装、使用，对搁置已久重新使用和连续使用一个月的漏电保护器，应认真检查其特性，发现问题及时修理或更换。

16. 配电箱、开关箱中导线的进线口应设在箱体的下底面，严禁在箱体的顶面、侧面、后面或箱门处，进、出线应加护套分路成束并做防水弯，导线束不得与箱体进、出口直接接触，移动式配电箱和开关箱的进、出线必须采用橡皮绝缘电缆。

17. 所有配电箱均标明其名称、用途，并做出分路标记，所有配电箱门应配锁，配电箱和开关箱应由专人负责，所有配电箱、开关箱每月进行检查和维修一次，检查、维修人员必须是专业电工，检查、维修时必须按规定穿、戴绝缘鞋、手套，必须使用电工绝缘工具。

18. 对配电箱、开关箱进行检查、维修时，必须将其前一级相应的电源开关分闸断电，并悬挂停电标志牌，严禁带电作业，所有配电箱和开关箱在使用过程中必须按操作顺序执行，即送电操作顺序为：总配电箱→分配电箱→开关箱；停电操作顺序为：开关箱→分配电箱→总配电箱（出现电气故障的紧急情况除外）。

19. 施工现场停止作业一小时以上时，应将动力开关箱断电上锁。

20. 施工现场中一切电动建筑机械和手持电动工具的选购、使用、检查和维修必须遵守规定，即选购的电动建筑机械和手持电动工具和用电安全装置，符合相应的国家标准、专业标准和安全技术规程，并且有产品合格证和使用说明书。建立和执行专人专机负责制，并定期检查和维修保养。

（三）施工用水

1.现场消防设置：施工现场在施工开始后修缮建筑按每50平方米建筑配备一个移动干粉灭火器设置。在办公区、现场库房等每50平方米建筑面积配备一个移动干粉灭火器。

2.生产、生活用水布置：施工用水部分，接出时分支管安装水表，接支管到施工用水点。施工用水点由业主方指定。场外生活用水点为洗手池、卫生间。主管径按照所计算的采用DN50，支管管径分别为DN25和DN20。

所有用水设备均采用节水型。现场水管采用暗埋，设专人负责检查、维护，防止跑冒滴漏。

三、现场准备

按现场实际情况及业主所提供的现场条件，将物料区域安置在南门西侧位置，大约600平方米。距离水源10米、距离电源100米，即物料进场方便又水电设施完善。

主动与周围街道办事处及派出所等有关单位搞好关系，了解昭陵园内的各种相关规章制度，了解此地居民生活在时间上的特点、交通高峰时间、附近相关单位停车规律及车辆的多少，以及周围单位工作的具体时间等一系列的有关信息。同时到有关部门办理有关手续，与周边商户、消防单位做好沟通工作。通告施工安排，求得相互理解，以减少施工中的扰民和民扰影响。

四、人员准备

（一）项目经理部人员准备

按照投标所确定的项目经理部主要组成人员，建立、健全组织机构，设立项目经理 1 名、项目副经理 1 名、土建项目技术人员 1 名、瓦工工长 1 名、架子工工长 1 名、安全员 1 名、土建质检员 1 名、资料员 1 名、预算员 1 名、材料员 1 名、库管员 1 名。施工中根据实际情况再进行调整增减。

（二）劳务队伍选定

我单位将通过磋商的方式选派优秀施工队进场承担施工任务，施工队具有文物施工资质，是与我单位长期合作的劳务分包队伍，历年来承担施工的工程多次获得同行的认可。这些作业队为成建制的建筑施工队伍，施工人员相对固定，不会因为节假日或农忙季节而导致劳动力缺乏。根据施工阶段需要，提前做好劳动力数量和工种配备计划，根据不同的情况对工程进行必要的劳动力供给。

五、岗前培训

对全体作业人员进行安全、文明施工、环保及文物保护教育。对特殊工种集中培训，要求持证上岗。对作业人员进行工序施工前的技术、质量交底。所有人员必须持证上岗。

（一）管理人员岗位培训

工程技术人员由人力资源部负责组织培训或外送培训，各管理层人员的培训主要体现在相关的法律法规、目标、指标、质量、环境和健康安全管理手册、程序文件和企业工作标准的识别。由公司制订培训计划，定期组织实施。

1.安全员培训及考试：安全员是建筑工程安全施工的监督者，要求其具有强烈的责任心和全面的安全知识。安全员必须持有安全员证书，并有多个大型工程项目安全管理经验。把安全工作做到实处，切实提高安全员的素质。

2. 质检员培训及考试：质检员是建筑工程质量的监督者，而施工质量又是建筑本身和建筑企业的生命，因此，质检员肩负着为工程质量把关的重任。所以，不但要求质检员具备丰富的施工知识和经验，而且要求质检员具有强烈的责任心和使命感，视质量为生命。质检员培训内容主要是质量管理知识、质量控制方法和质量检查方法，并结合工程的特点，进行重点工艺质量控制培训。

（二）作业人员岗位培训

制订培训计划，每年对在岗员工分批、分阶段进行岗位技能培训和考核。

（三）特殊工种培训

特殊工种、关键工序人员的培训，由所在岗位业务负责人负责培训，培训考核合格后上岗，且每年对于这些岗位人员还要进行定期的培训和考核。

收到工程中标通知书后，立即组织施工人员（主要指特殊工种），并进行专业培训，这里的培训是指持证人员的再培训，主要是结合工程实际情况而设置的培训。

六、临时用水设计

根据现场实际情况，现场施工用水均由业主指定的水源提供（加装计量装置）。施工用水主要满足三个方面的要求：满足消防用水；满足施工用水；满足生活和降尘用水。

为了满足消防用水的需要，利用现场消防栓，配置水龙带，将水引至施工各个地点；施工用水的需要，根据工程的特点，在业主提供的水源处，将水送到各个施工用水点。现场内依据建筑位置和场地条件，布置临时供水管线，水管采用明管布设，主干管选用 $d=50$ 毫米的钢管，并布置满足施工要求的供水点。临时用水设计计算见总平面布置。

七、临时用电设计

工程用电量主要是木加工和打灰机、麻刀机等，因此临时用电以木加工、屋面施工阶段为主。用电量的计算见总平面布置。

第五章　工程主要项目施工方法

一、屋面拆除施工方案

（一）工艺流程

拍照→测量记录→拆卸瓦面、记录标注位置→拆卸屋脊、记录标注位置→清理瓦、脊件→分类堆放→统计添配瓦、脊件数量。

（二）操作方法

1. 测量记录：使拆卸后重瓦的瓦面和屋脊保持原状。应对瓦面原状实测记录。记录每坡底、盖瓦垄数，每垄底、盖瓦数量，滴子出檐尺寸、瓦面囊度、"睁眼"尺寸、脊总高和分层尺寸、天沟、窝角沟细部等各种尺寸数据。记录各种脊的构造做法，屋面损伤和瓦、脊件缺失现状。

2. 拆卸瓦面、记录、标注位置：拆卸瓦面依据屋顶形式及构造特点和建筑体量，制定有针对性的拆卸方法，其原则是，拆卸中减少瓦件损伤，利于拆卸后瓦件运输，便于拆卸中瓦件标注位置。拆卸应有序进行，随拆卸随标注位置，记录底瓦灰、泥的厚度和底、盖瓦灰、泥的工艺做法。

3. 拆卸屋脊、记录、标注位置：拆卸前应根据屋顶形式和建筑体量制定具体拆卸方法，可与瓦面拆卸方法统一制定。有坡度的屋脊应由上端开始，由上至下逐层拆卸。拆卸中随拆卸随标注脊件位置。记录脊内连接、稳固构造做法和损伤状况。

4. 清理瓦、脊件：瓦、脊件上灰、泥清理干净，筛选、清点记录。可粘接使用的，粘接修补，残损无法使用的，按编号标注分类暂存。

5.统计添配瓦、脊件数量：确定添配瓦、脊件种类、规格和数量。

6.添配瓦、脊件：添配瓦、脊件。瓦、脊件有原件时添配以原件为"样板"。添配的陡板、圆混砖、盘子、圭角等与原件尺寸一致。

二、木基层制作、安装

（一）制作

1.制作加工前先检查新构件木材，各种椽子、连檐等的用料不得有透节疤、劈裂和顺木纹的木材，必须选用通常直顺的木料，木材含水率小于15%。加工檐椽子要求顺直，檐椽上头压掌的合掌面角度正确平整，与花架椽掌相吻合。飞椽椽身必须方正顺直，飞头椽尾长度必须一致。在木望板上钉钉，从底面看，不得有露钉现象。

2.钉椽时严格按檩子上的椽花线位置钉，保证椽头方正、平齐、椽当均匀，铺望板要求柳叶缝铺钉，表面平整，顶头严密；木基层上做护板灰。

3.望板制作时望板必须做柳叶缝。檐头露明望板必须刨光。望板上安装檐椽与飞椽基本相对不偏斜，露明望板表面平正，横望板错缝审档宽不大于800毫米，板头盘截方正，望板顶头缝不小于5毫米，望板铺钉牢固，柳叶缝严实。望板厚度一般不低于15毫米。望板长不得短于1500毫米。

（二）安装

1.检查各构件的数量及位置编号。木构件安装必须符合设计位置要求。

2.椽子找平时，不得过多砍伤桁檩，通常可用垫木或砍刨椽尾找平，压尾子的望板应尽量减薄。

3.钉椽时严格按檩子上的椽划线位置钉，保证椽头方正、平齐、椽当均匀，铺望板要求柳叶缝铺钉，表面平整，顶头严密。

4.连檐瓦口雀台一致，瓦口垂直钉装牢固。闸档板安装牢固无松动现象。

（三）质量要求

1. 椽、望、连檐制作必须符合设计要求或文物建筑操作规定，其含水率必须进行检测。

2. 椽子、望板、连檐、椽椀、椽中板、衬头木的制作应符合规定，即正身椽、花架椽、脑椽等制作应放八挂线，砍刨圆光，做出金盘线，檐椽后尾与花架椽交接处一般多用压掌做法。后尾按举架的斜度剪掌，如廊深为露明造金步用闯中板时，檐椽后尾为墩掌做法。飞椽如用闸档板做法，必须按要求做闸档板口子，飞头后尾擦尾子时要求当线。椽椀要求通长连做。望板必须做柳叶缝。檐头露明望板或露明造的望板必须刨光。大连檐锯解破缝时必须用手锯，以保证连檐高度。新做衬头木不得拼接，椀口的高度必须加出。椽类制作要求圆椽浑圆直顺光洁，金盘平直光洁，方椽方正直顺光洁，无明显疵病。望板制作应拼缝弹线刨平，平直光洁、无疵病。连檐制作应正身平、正、顺，位置准确，翘起和缓自然，无死弯、劈裂。

三、屋面苫背

木工做完木基层的连檐瓦口工作，经隐检合格照相存档后，进行望板、椽飞木构件均涂 ACQ 防腐涂料四道工作，防腐涂料完成后经隐检合格开始苫背工作。按设计要求苫背层厚度进行苫背，首先抹护板灰，然后做泥背。

（一）勾抹板缝

将木望板之间大于 5 毫米的缝隙，用稍稠的浅月白小麻刀灰勾平抹实，缝隙过大时，可钉补木条再勾抹，待灰干后，钉好脊桩、吻桩、兽桩。

（二）苫护板灰

在望板上抹一层深月白麻刀灰，厚度 10 毫米~ 20 毫米。深月白麻刀灰可比普通麻刀灰稍软一些，灰中的麻刀含量也可略少一些。

（三）分层苫泥背

滑秸泥背或麻刀泥背，护板灰稍干后分层苫抹泥背，每层厚度不宜超过 50 毫米，檐头和脊部可稍薄，中腰节附近泥背太厚时，可将板瓦反扣在护板灰上，减少屋面荷载，每苫完一层泥背后，要用铁制圆形杏拍子"拍背"，时间应选择在泥背干至七八成干时，把泥背拍打密实。

（四）晾泥背

泥背经拍打密实后，仍需充分晾晒数日，让水分蒸发出来，晾背过程中泥背表面产生的裂缝属自然现象，易于水分蒸发，可不做处理。

（五）分层苫背

泥背干透后在上面苫抹 2 层～ 4 层大麻刀灰或大麻刀月白灰，每层灰背的厚度不宜超过 30 毫米，每层苫完要反复赶轧坚实后再开始苫下一层。在月白灰背上用大麻刀月白灰苫青灰背。

（六）沾麻

在泥背上用大麻刀月白灰苫青灰背。青灰背每苫完一段后，在灰背表面拍麻刀，泼洒青浆赶轧。在青灰背的干燥硬化过程中，应适时刷青浆赶轧，不应少于三遍。

（七）晾灰背

晾灰背是苫青灰背最后的一道重要工序。青灰背苫完以后，让其在自然状态下水分蒸发掉而干燥，晾背时不要曝晒和雨淋，至彻底干透为止。对于晾背后出现的裂缝，应在裂缝处补抹麻刀灰，并反复刷浆赶轧。如裂缝较宽，要用小锤沿裂缝砸出沟，再用麻刀灰补平，并反复刷浆赶轧。青灰背是古建筑物中最重要的防水层，必须经过质量监督部门验收合格后才可以进行下道工序的施工。

四、屋面宽瓦

按图纸要求进行分中、号垄、排钉瓦口，认真技术交底。屋面宽瓦前做好准备工作。

材料准备：原瓦件、添配的瓦件，制备好的各种泥、灰、灰浆；

工具准备：连绳、小线、灰槽、水桶、小桶、浆舀子、梯子板等，防雨塑料布；

人员配备：根据工期和作业面的具体情况配备充足的技工和壮工。

根据不同屋面形式由专业工长写出每一殿座的宽瓦、调脊施工顺序和作业指导书。

瓦工工长和质检员经常检查宽瓦质量，发现问题及时纠正，每天收工前验收当天完成的工作量，不合格坚决返工。刚开始宽瓦工作量不宜过大，待熟练后再定量安排任务。

（一）操作技术要点

1. 瓦檐头勾、滴：瓦檐头、勾头瓦、滴水瓦要拴两道线，一道拴在滴水尖的位置，滴水的高低和出檐均以此为标准。第二道线即冲垄前拴好的"檐口线"。勾头瓦的高低和出檐均以此为标准。滴水瓦摆放好以后，在滴水瓦的蚰蜒当处放一块遮心瓦，其上放灰扣，安勾头瓦，瓦头瓦当要紧靠着滴水瓦，高低出进要跟线一致。

2. 瓦底瓦：瓦底瓦分为以下四个步骤：①开线，先在齐头线、棱线和檐口线上各拴一根短铅丝，吊鱼的长度根据线到边垄底瓦翅的距高确定。然后"开线"，按照排好的瓦当和脊上号好的垄的标记，把线的一端固定在脊上，其高低以脊部齐头线为准。另一端拴一块瓦，吊在檐头房檐之下，此线称"瓦刀线"。瓦刀线一般用三股绳或小帘绳。瓦刀线的高低应以"吊鱼"的底棱为准。如瓦刀线的囊与边垄的囊不一致时，可在瓦刀线的适当位置绑上几个钉子来进行挑整。底瓦的瓦刀线应拴在底瓦的左侧（瓦盖瓦时拴在右侧）。②宽瓦，拴好瓦刀线以后，铺灰瓦底瓦。如用掺灰泥宽瓦，还可以在铺泥后再泼上白灰浆，此做法为"坐浆瓦"，底瓦灰的厚度一般为40毫米，底瓦要窄头向下，从下往上依次摆放。底瓦的搭接密度应能做到"三搭头"檐头和脊跟部位，则应"稀瓦檐头密瓦脊"。底瓦要摆正，无侧偏，灰饱满。底瓦垄的高低和直顺程度都应以瓦刀线为准。每块底瓦的"瓦翅"，宽头的上楞都要贴近瓦刀线。③背瓦翅，摆放好底瓦以后，要将底瓦两侧的灰顺瓦翅用瓦刀抹齐，不足的地方再用灰补齐，"背瓦翅"一定要将灰"背"足拍实。④扎缝，"背"完瓦翅后，要在底瓦垄之间的缝隙处（称作"蚰蜒当"）用大麻刀灰塞严塞实，并将"扎缝"灰盖住两边底瓦垄的瓦翅。瓦完底瓦后要及时清垄，清垄后要用素灰将底瓦接头的地方勾抹严实，并用刷子蘸水勒刷，叫作"勾瓦脸"，也叫"挂瓦脸"或"打点瓦脸"，然后准备瓦盖瓦。

3.宽筒瓦：按棱线到边垄盖宽瓦翅的距高，调整好"吊鱼"的长短，然后以吊鱼为高低标准"开线"。瓦刀线两端以排好的盖瓦垄为准。盖瓦的瓦刀线应拴在瓦垄的右侧。宽盖瓦的灰应比瓦底瓦的灰稍硬，用木制的"泥模子"把灰"打"在蚰蜒当上边，扣放盖瓦，盖瓦不要紧挨底瓦，应留有适当的"睁眼"。宽盖瓦要熊头朝上安放前、熊头上要挂熊头灰，安放时从下往上依次安放。上面的筒瓦要压住下面筒瓦的熊头，并挤严挤实熊头上挂抹的素灰。盖瓦垄的高低、直顺都要以瓦刀线为准，每块盖瓦的瓦翅都要贴近瓦刀线。如遇盖瓦规格有差异时，要掌握"大瓦跟线小瓦跟中"的原则。

4.捉节夹垄：将瓦垄清扫干净后用小麻刀灰在筒瓦相接地方勾抹，捉节。然后用夹垄灰粗夹一遍垄。把"睁眼"初步抹平，操作时要用瓦刀把灰塞严拍实。第二遍要细夹垄，睁眼处要抹平，上口与瓦翅处外棱后抹平，瓦翅要"背"严"背实"，不准高出瓦翅。下脚应直顺与上口垂直，夹垄灰与底瓦交接处无小孔洞和多余的"嘟噜灰"，夹垄灰要赶光轧实。

5.清理、打瓦脸：宽完底瓦后及时清理瓦面，然后用素灰将底瓦接头的地方勾抹严实，并用刷子蘸清水勒刷。

6.刷浆：宽瓦完成后，整个屋面要刷浆提色。瓦面刷月白浆，檐头，眉子当沟刷烟子浆，刷浆前先挂一趟通线，按线刷全刷整齐。

（二）质量标准

1.屋面囊向和缓一致，排水流畅，严禁出现漏雨的现象。

2.屋面不得有破碎瓦，底瓦不得有裂缝或隐残；底瓦的搭接密度必须符合设计要求或古建常规做法。瓦垄必须垄罩，底瓦伸进筒瓦的部分每侧不小于筒瓦的三分之一，底瓦必须沾浆。

3. 宽瓦的灰泥品种、质量、配合比等必须符合设计要求或古建常规做法。

4. 屋脊的位置、造型、尺度及分层做法，吻兽小兽及其他脊饰的位置、尺度。数量等必须符合设计要求或古建常规做法。瓦垄必须伸进屋脊内。

5. 屋脊之间或屋脊与山花板、围脊板等交接处必须严实，严禁出现裂缝和存水现象。

6. 分中号垄正确，瓦垄直顺，屋面坡度曲线适宜。底宽瓦平摆正，不偏歪，底瓦间缝隙不应过大，檐头瓦无坡度过缓现象。勾抹瓦脸严实，宽瓦灰泥饱满严实，外形美观。

7. 捉节夹垄做法时瓦翅应背严实，捉节严实，夹垄坚实。下脚整洁、干净、平直，无孔洞、裂缝、翘边、起泡现象。

8. 屋面外观应整洁美观，浆色均匀，檐头及眉子、当沟刷烟子浆宽度均匀，刷齐刷严。

9. 堵抹"燕窝"（软瓦口）应严实、平顺、洁净。

10. 屋脊砌筑牢固平稳，整体性好，胎子砖灰浆泡满，吻兽、狮、马及其他附件安装的位置正确，摆放正、稳，外形美观。

（三）成品保护

1. 屋面挑脊及宽瓦过程中要注意对青灰背的保护，铁锹及金属等棱刃物、梯子板等不准碰伤划伤青灰背。

2. 布瓦（脊）件在运输过程中应采取必要的保护措施，瓦（脊）件要合理码放，特别是勾头、滴水的码放不要压断"滴水唇"和"烧饼盖"。

3. 在宽完瓦的屋面上搭设油活排山脚手工艺架时，应在瓦垄内衬垫扎绑绳等材料。钢管不准直接落在瓦面上。

4. 瓦面上脊上安设的避雷卡子、支架等，应待瓦面灰强度提高以后再施工。瓦面上脊上不准打孔，如必须打孔，应取得设计部门同意，并按设计要求施工。

（四）应注意的问题

1. 滴水瓦的出檐最多不能超过本身长度的 1/2。

2. 筒瓦的睁眼高不宜小于筒瓦高度的 1/3。夹垄应用瓦刀，不宜使用铁抹子或小轧子，夹垄灰七成干以后打水槎子，并应反复。刷青浆赶轧，夹垄灰应赶轧坚实。光顺、无裂缝、不翘边。

3. 宛瓦泥中使用的白灰应为泼灰或生石灰浆，严禁使用生石灰渣，拌合后应放置 8 小时后再使用。白灰与黄土之比宜按 4∶6（体积比）配制。屋脊砌筑不应使用掺灰泥。

4. 底瓦泥（或灰）的厚度不宜超过 40 毫米，底瓦应用瓦刀"背瓦翅子"，不宜使用铁抹子，底瓦泥应填充实，不足之处用泥（或灰）补齐。

5. 分中号垄：排瓦口时，应以底瓦宽加蚰蜒当宽为准，其中 10 号瓦蚰蜒当不大于 20 毫米；1 号瓦、2 号瓦、3 号瓦蚰蜒当不大于 30 毫米，特号瓦不大于 40 毫米。号垄是将盖瓦的中点平移到屋脊的灰背上，并做出标记。号垄号盖瓦而不是底瓦。

6. 吻兽及高大的正脊内应设置吻桩、兽桩、脊桩等。吻桩的木料要经过防腐处理。

7. 罗锅瓦（或续罗锅瓦）与最后一块筒瓦相撞时，筒瓦长度尺寸不合适可以截长短（称打瓦圈），但所用的瓦圈必须带有熊头。各垄盖瓦的瓦圈应处在同一位置上。

8. 筒瓦屋面的底瓦至少应"压六露四"也可以"压七露三"，檐头底瓦的搭接密度可以适当减少，接近脊部时密度宜适当增加。底瓦必须"勾瓦脸"，勾瓦脸应在瓦盖瓦之前进行。

9. 筒瓦屋面应刷深月白浆，并在檐头用烟子浆绞脖。绞脖的宽度宜为一块勾头瓦的长度。披水排山脊、梢垄可以刷烟子浆也可以刷青浆。披水砖的上面也应随之刷烟子浆或青浆，侧面和底面应刷深月白浆。屋脊的眉子刷烟子浆，当沟刷烟子浆或青浆，其他部位刷深月白浆，铃铛排山脊的排山。勾、滴及滴水瓦的底部应刷烟子浆。烟子浆兑入的胶量度要适当。烟子浆应按传统工艺要求配制，不允许使用墨汁兑入青浆。

（五）挑铃铛排山脊

1. 稳斜勾头：在边垄割角滴子瓦与排山割角滴子瓦相交的缝隙处放好遮心瓦，然后铺灰稳放一块"猫头"。由于这块"猫头"与屋面瓦垄的夹角为 45 度，故称为"斜猫头"或"斜勾头"。斜勾头的尾部应适当删去一些，这样才能与边垄筒瓦和排山勾头交接严密。

2. 砌铃铛瓦：圆山做法是滴水坐中，尖山做法是勾头坐中。按底瓦的宽加蚰蜒当尺寸加工瓦口。将瓦口钉在博风板上，排山瓦口不退雀台，如果是硬山屋面，不做瓦口，可直接将确定下来的瓦口尺寸号在砖博缝上，拴线铺灰，瓦排山滴子瓦，排山滴子瓦的出檐可比檐头滴子出檐小，滴子瓦后口再压一块底瓦。排山勾滴子瓦之间砌放一块"遮心瓦"，然后拴线铺灰瓦勾头，用夹垄灰把勾头两侧的腮夹实压光。排山勾滴应与前、后坡瓦垄互相垂直。

3. 稳圭角：在斜勾头之上铺灰稳好圭角。圭角应比斜勾头退进若干。退进的尺寸方法是：规矩、盘子之上的勾头（上带狮子）应与斜勾头出檐相似，即以上下两个勾头的外皮在同一条垂直线上为宜。以此为标准向里翻活就可以确定圭角的退进尺寸。

4. 砌胎子砖、捅当沟：在圭角砖的后面拴线铺灰砌1层~2层胎子砖。胎子砖的高度应与圭角高相同，宽度应与垂脊的眉子宽度相同。眉子宽度可按筒瓦宽度加20毫米定宽。胎子砖下面的排山勾滴瓦垄空当，要用灰砖垫平并与胎子砖抹平。圆山做法，胎子砖在山尖相交处要用"条头砖"做成"罗锅卷棚状"。尖山做法要随垂脊坡度撞到正吻为止。胎子砖砌好以后，里外都要抹月白麻刀灰，叫作"捅当沟"。当沟表面要刷青浆并轧光。

5. 砌瓦条：在圭角和胎子砖之上拴线铺灰，砌一层瓦条。用砖砍制硬瓦条。板瓦从纵向断开，再用花灰砌抹成形软瓦条。瓦条厚度约为一砖厚，板瓦较薄，需用花灰垫衬，瓦条的出檐尺寸约为瓦条本身厚的一半。这层瓦条从圭角处一直做到脊上，尖山做法要随垂脊的坡度撞到正吻为止。兽前只做一层瓦条，并应放在圭角之上。圆山做法时山尖处用短瓦条做成"罗锅卷棚状"。

6. 砌咧角盘子：在圭角位置、瓦条之上铺灰砌咧角盘子砖。

7. 砌下层圆混砖：在盘子后面拴线铺灰，砌一层圆混砖。圆混出檐为其半径尺寸，圆混和盘子同高，并砌到垂兽前为止。圆混砖与瓦条一样，都是里外两面各用一块，中间的空隙要用灰、砖填平。

8. 砌垂兽座、安垂兽：首先确定垂兽的位置，有桁檩的一般在正心桁或檐檩位置。无桁檩的一般兽前占1/3，兽后占2/3，垂兽在其分界处，坡长过短或过长时应按狮、马所占实际长度决定。在垂兽位置铺麻刀灰，稳砌兽座和垂兽，并安装兽角。

9. 安放小兽：在垂兽前的盘子上铺灰，安放带有狮子的勾头。勾头出檐尺寸为勾头"饶饼盖"厚尺寸，即第一个必须用抱头狮子。

10. 砌陡板砖：在紧挨瓦条的圆混砖上拴线铺灰砌陡板砖，也叫"匣子板"。其高度应遵守"垂不淹爪"的原则决定，陡板砖也要两面各用一块，并用铅丝拴住揪子眼，然后灌浆。圆山做法，山尖脊部的陡板砖规格应小一些，应能形成卷棚状。尖山做法，要随垂脊的坡度撞到正吻为止。

11. 砌上层圆混砖：在陡板之上再砌一层圆混砖，这层圆混砖出檐与下层相同。上下两层混砖至垂兽处应再立置一块混砖，将陡板圈起来。也是里外两面各用一块，中间的空隙要用砖、麻刀灰填平。上下混砖的立缝宜与陡板砖立缝错开排列。圆山箍头脊做法的，至脊中位置时宜用短一些的混砖，使能形成卷棚状。尖山做法要随垂脊的坡度撞到正吻为止。上下层混砖做法相同。

12. 托眉子：在上层混砖之上拴线铺灰，砌一层筒瓦（也可砌一层砖），然后在筒瓦两旁及上面抹一层麻刀灰，称"托眉子"。眉子下口应略大于上口（略呈正梯形），下端不要抹到混砖上。混砖与眉子间留一道眉子沟，高约15毫米。抹灰前将平尺板润湿放在混砖上紧挨筒瓦，抹完眉子后将平尺板撤出，即可形成眉子沟。

13. 打点、刷浆：挑完垂脊后应及时打点修理，并应刷浆。眉子、当沟及排山勾滴部分应刷烟子浆，其他部分刷月白浆。

五、墙体砌筑

墙体的主要形式为糙砌墙墙。

（一）主要机具

半截灰桶、小线、平尺板、铝水平尺、方尺、瓦刀、铁锹、勾缝溜子、托灰板、水管子、线坠、盒尺、扫帚、手推车、打灰机等。

（二）作业条件

1. 基底砖、石构件安装完成，基层清理干净。

2. 砖应经过初选后使用。

3. 灰浆已加工制作完成。

4. 墙面组砌方式已经确定。

（三）操作工艺

1. 工艺流程：弹线、样活→拴线→砌筑→灌浆→勾缝

2. 弹线、样活：在基础面上弹出墙体线，按所采用的砖缝排列形式，将砖进行逐块试摆。

3. 拴线：按照弹线的位置挂上横平竖直的样标线，称为"拽线、卧线"。墙体两端拴挂的立线叫"拽线"，在两道拽线之间拴挂一道横线称"卧线"，控制墙面的横平竖直。

4. 砌筑：一手拿砖，一手用瓦刀把砖的露明侧的棱上打灰条，也可以在已经砌好的砖层外棱上也打上灰条，叫作"锁口灰"，在朝里的棱上打上两个小灰墩，称为"爪子灰"。砖的顶头缝的外棱处也应打上灰条，砖的大面的两侧既可以打灰条，也可以随意打上灰墩（叫作"板凳灰"）。砌筑时也可以不打灰条，直接铺灰砌筑。

5. 灌浆：采用打灰条方法砌筑时应灌浆，糙砖墙用白灰浆或桃花浆灌浆。直接铺灰砌筑可以不灌浆。

6. 勾缝：糙砖墙砌筑完毕后，用瓦刀或溜子沿灰缝直接划出凹缝，并用扫帚将墙面扫净。也可以在划完缝后用溜子勾缝，勾缝应使用深月白小麻刀灰。勾缝完成后要用扫帚将墙面扫净。

（四）砖檐砌筑

每层砌好后，先砌压后砖，再砌上层檐砖。砌筑时下楞栓线找顺直，不得敲打，满铺灰做法可轻轻揉挤砖就位。转角处同高时打割角，不同高时刻靴头，山尖处前坡

压后坡。全部砖檐砌完，最上一层砖的上面和后口里面要及时抹麻刀灰苫小背，以增加檐子整体稳定性。下砖檐重要的是计算总高和总出尺寸，确定好头层檐的位置，宁可稍高一点，不可定位太低。

六、内墙面抹靠骨灰

（一）材料、工具准备

抹灰使用的麻刀灰按设计要求提前一周制备好，使抹灰操作时灰膏的合易性更佳。竹钉（可用木钉，木钉用桐油浸泡）、钉麻用的线麻、靠尺板、杠尺、水桶、浆桶、刷子、喷壶、灰槽子、灰勺、木抹子等。

（二）改好架子，做好成品保护

根据上身抹灰高度，将齐檐架子调整、改搭为适用抹灰操作的架子。抹灰前用塑料布将下碱、台明进行封护，防止灰膏掉落污染相邻部位。

（三）挂线

挂线找规矩，确定抹灰厚度，在适当部位贴打底灰厚度的"膏药"，利于墙面的平整，抹灰施工中如甩槎子，槎子应留在转角或后檐。

（四）处理基层

基层处理必须干净、湿润，用扫帚将墙面清扫一遍，铲除掉沾上或多余的泥灰，用清水淋湿、洇透。

（五）钉麻

钉麻，竹钉（可用木钉）长 10 厘米，线麻长 25 厘米~ 30 厘米左右，将麻拴在竹钉上钉入墙面砖缝内，竹钉间距 0.5 厘米，每行间距 0.5 米，且上、下排钉之间相互错开排列呈梅花状。

（六）打底子

用铁抹子将大麻刀灰用力抹在墙面上，随抹随把事先钉好的麻分散铺开，并糅入灰中，这道底灰以基本找平，并使麻与灰充分融为一体为主，不需要压光，待第一道底灰七成干左右时再抹第二道底灰，第二道底灰要比第一道底灰薄些，要压实，但不要光，第二道底灰抹完后，墙面平整、直顺，稍干后用木抹子将墙面轻轻赶毛，两层打底灰厚度控制在 2 厘米以内。

（七）罩面

底灰干至七成左右时，用铁抹子抹上面层大麻刀灰（有刷浆要求时，应刷一道浆），然后用木抹子搓平，再用铁抹子赶轧，赶轧时把抹子放平，要根据灰的软硬程度，掌握好赶轧时间。这层灰一定要平，厚度控制在 0.5 厘米左右，室内罩面使用小麻刀煮浆灰。

（八）赶轧、刷色浆

罩面灰全部抹完后，按抹灰工作量组织人力轧活；轧活用小轧子横向赶轧，做到"三浆三轧"；并将柱门、龟背角、转角等处的棱线找直顺。

（九）抹灰

抹灰使用的泼灰不超过半年，所以在抹灰施工前一个月开始制备泼灰。大麻刀灰比例为灰:麻刀 =100：4，面层用比例为灰:麻刀 =100：3，均为重量比。

抹灰施工时，瓦工工长和质检员严格控制施工质量，做好成品保护，抹灰工程质量一定达到验评标准的优良等级。

七、地面铺墁施工

（一）工艺流程

垫层处理→抄平、弹线→冲趟→样趟→揭趟→上缝→刹趟→钻生。

（二）灰土垫层

严格控制配合比。灰土施工应适当控制含水量，灰土水分过大或不足都将影响灰土的密实度。使用蛙式打夯机夯打密实，夯打遍数不得不少于三遍。灰土的质量密度必须符合设计要求。灰土施工阶段如为雨季，密切关注天气预报。拌好的灰土不得淋雨，以免灰土含水量过大而无法保证灰土的干容重。

灰使用生石灰烧制，土使用挖槽出的好土。灰、土过筛不得有生灰块、石子、砖块及渣土。灰土应拌和均匀，厚度均匀，分三便夯打，适当淋水，夯打密实。

挂通线检查平整度，对局部凹凸处要补土或铲平，夯实。

（三）抄平、弹线

按设计标高抄平，室内地面可在各面墙上弹出墨线。

（四）冲趟

在两端拴好拽线并各墁一趟砖，即为"冲趟"。室内墁地应在室内正中再冲一趟。

（五）样趟

在两道拽线之间拴一道卧线，以卧线为准，铺灰泥墁砖。注意铺灰泥不要抹得太平、太足，应打成"鸡窝泥"，砖应平顺，砖缝应严密。

（六）揭趟

将已墁好的砖揭下来逐一打号，再墁时对号入座。砂或纯白灰的低洼处可做必要补垫，如沙子或白灰过多时，可用铁丝将砂或灰轻轻勾出。

（七）上缝

用"木宝剑"在砖的里口砖棱处抹上油灰（称"挂油灰"）。为确保油灰能粘住（不"断条"），砖的两肋要用棕刷沾水刷湿，必要时可使用矾水刷砖棱。但应注意刷水的位置要稍靠下方，不要刷到棱上。挂完油灰后，把砖重新墁好。然后手执足敦锤，木柄朝下，以木柄在砖上连续的戳动前进即为"上缝"。足敦的过程中要将砖"叫"平"叫"实，缝要严实，砖棱应跟线。

（八）铲齿缝

又叫"墁干活"，用竹片将表面多余的油灰铲掉，即"起油灰"。然后用磨头或砍砖工具（斧子）将砖与砖之间的凸起部分（相邻砖高低差）磨平或铲平。

（九）刹趟

以卧线为标准，检查砖棱，如有凸出，要用磨头磨平。以后每墁一趟砖，都要如此操作。每行刹趟后要用灰"抹线"，即用灰把砂层封住，不使外流。

（十）打点

铺墁完成后要及时打点地面，把砖面上的砂眼、残缺用砖药打点补齐、补平。

（十一）墁水活、清理

打点完成后将地面全部查看一遍，如有凹凸不平，要用磨头蘸水磨平。磨平之后应将地面全部蘸水揉磨一遍，最后把表面的灰泥清擦干净。

（十二）钻生

在地面上倒上生桐油，油的厚度30毫米左右。钻生时要用灰耙来回推搂。钻生的时间因具体情况可长可短，重要的建筑物应钻到喝不进去的程度为止，次要的一般建筑可酌情减少浸泡时间。当浸泡适宜时要起油，将多余的桐油用厚牛皮等物刮去，然后呛生（也叫守生），把生石灰面中掺入青灰面，拌和后的颜色以近似砖色为宜，撒在地面上，厚约30毫米，停2天～3天后，即可刮去。呛生后应扫净地面浮灰，并用软布反复揉擦地面。

（十三）质量控制

1.铺墁前严格检查、复验方砖的方正、规矩及平整度。

2.瓦工工长、质检员、瓦工班长应全过程监控、检查铺墁施工的每一道工序，随时抽查标高、平整度、砖缝等的技术指标以及铺墁的内在质量，发现问题及时纠正，防止质量通病发生，减少返工。

3.细墁施工中应责任到人，每天收工前由质检员和瓦工工长进行当天铺墁工程量的质量验收，讲清存在的问题和不足，防止问题再次发生。

4.对操作技能较低和出现质量问题的施工人员，应将其进行调换。地面铺墁工程质量要求砖的规格、品种、质量等必须符合传统建筑材料或设计的要求，其加工应严格遵守原建筑砖的时代特点和尺寸。灰土垫层必须坚实，结合层厚度做法应符合设计要求，设计未做说明的应符合传统操作的规定。砖与灰土垫层结合牢固、稳实，糙地必须坐浆灌缝，并要求严实饱满。墁地面砖必须找中、冲趟，砖缝排列形式，甬路交接部位应符合文物建筑的原状及设计要求。地面钻生前必须保持干净、洁净。

八、地仗油漆工程

（一）地仗

1.单披灰地仗：单披灰的施工部位为椽望、连檐、瓦口、隔扇、半窗的仔屉等。做法为：椽望为三道灰；连檐、瓦口、椽头均为四道灰；支条为三道灰；装修的仔屉为二道灰。单披灰具体做法为通灰、中灰、细灰、磨细（木构件磨细后进行钻生）。连檐、瓦口的地仗施工，在捉缝和通灰时就应适当将大连檐与瓦口之间的水缝垫找成坡形。由于此部位易受雨水侵蚀，所以生油要反复钻透。

单皮灰地仗技术要点为清理，先将构件表面的灰浆、尘土等清除干净。通灰之前用磨头对捉缝灰打磨。通灰施工作业的叉灰、过板子、检灰要三人一组，每人操作一项工序，进行组档流水作业，以适应灰料干燥速度和程序搭接，保证灰面平整和质量。中灰，施工操作时严格控制灰层厚度，太厚反而影响地仗坚固程度，灰的厚度以能将灰料添补于压麻灰子粒之间即可。特别注意铁板搭接处要与压麻灰错开。细灰工艺要求细致，在中灰干后要进行打磨、过水布，以确保灰层之间结合牢固；细灰厚度应控制在1.5毫米～2毫米之间，个别处厚度可略有增减。做大面积时，先用铁板准确找出边角轮廓，然后填心，操作工艺也应三人组档进行，叉灰要使灰料与中灰密实附牢，不能有蜂窝；过板子也不能有蜂窝和划痕；检灰做到宁可略高不能低亏。磨细灰用细磨头，并辅砂纸，同时配备铲刀，随时修整线角。先磨边、棱线角，后磨大面，把表面结浆组织全部磨掉，露出内部灰迹。所轧线形应符合原状要求，要提前挖好轧子并修整试轧，以备正式轧线时顺畅好用。轧线应随地仗施工的各道灰一并进行。操作时按传统工艺三人组档流水作业，一人先抹灰料堆成灰埂，随后一人用轧子理顺灰埂，并轧出线型，最后一人用铁板修理，把不易处理的部位找好，将虚边、野灰收刮干净。

2.一麻五灰地仗：清理、砍活，先将木构件表面的灰浆、尘土等清除干净，然后进行砍活，砍活要求小斧子的斧刃与木构件成45度夹角进行操作，斧迹深约1毫米～2毫米，斧迹间距约10毫米左右为宜，不能顺木丝进行。砍活顺序要结合工程穿插作业的特点安排。撕缝、楦缝、下竹钉，将大的裂缝用锋利的刀子修成八字口，以利于灰料挤入缝口深处。很深、很宽的缝隙用干燥的木条将缝隙楦满，并加钉钉牢，且木条不应高于木构件表面，还应随形。缝隙在5毫米～10毫米时下竹钉，以防木构件涨缩，将灰料挤出，竹钉宽约10毫米，长视情况而定，用时根据具体部位进一步削修。较大较长的缝隙先下两端，后下中间段，竹钉间距控制在100毫米～150毫米之间。重视汁浆工序，它对整个地仗的牢固程度非常重要，用棕刷在构件表面涂刷满汁，不能遗漏，特别是缝隙深处应反复涂刷，认真处理。捉缝灰在汁浆干后进行。捉缝操作时的手法要正确，先将灰抹入缝内，然后进一步将灰划入缝隙之内，最后把表面刮平收净。捉缝灰要饱满严实，不能有蒙头灰，且要找平、借圆。通灰之前用磨头对捉缝灰打磨。通灰施工作业的叉灰、过板子、检灰要三人一组，每人操作一项工序，进行组档流水作业，以适应灰料干燥速度和程序搭接，保证灰面平整和质量。要抹严造实，且分两层进行，使叉灰层有一定厚度，便于过板子。板子要有足够的长度，确保通灰的平整，在保证形状前提下，灰层厚度尽可能均匀，接头不能明显。仔细认真，对板子起止处、搭接处、漏板处、灰粒滑过明显沟痕进行修补，铁板刮过之处，不能高于总体平面。检灰后使构件达到平整，其边、角、棱完美、准确。使麻拟组档流水作业，人员配备为开浆1人，潲生1人，粘麻1人～2人，水轧3人～4人，砸干轧3人～4人，整理2人。使麻前要对通灰进行打磨；开浆多少要适度，过多不利于砸轧，过少不易形成坚固的纤维层；粘麻厚度均匀、边角整齐，麻要横搭木丝；粘麻遇柱顶、柱门时要亏些（10毫米～20毫米），不粘到头。遇两构件交界处，麻丝按线角连接横粘。砸干轧要依次不断砸轧蓬松的麻丝，使其与麻浆均匀黏合密实。砸轧要先边、棱四周，后中间大面。对个别未被浆汁浸透的部位进行潲生，使表面干麻与底浆黏合。之后进行水轧，用轧子尖或麻针将局部翻起，把多余的浆汁挤出，干麻包粘上浆料轧实。最后进行整理检查、找补，重点为：是否有窝浆之处；疙瘩是否理平；有无抽筋麻；有无虚漏之处；易受潮部位使麻是否留有余量。磨麻认真仔细，一定不忽视这道工序，用磨头进行打磨，动作短急（即短磨麻），打磨的方向与麻丝垂直，使麻表面纤维起麻绒，磨麻过程中遇有拉起的麻丝不可敷衍，要将其刮掉，保持麻层的密实度。磨麻后要隔1日～2日进行压麻灰的施工，以利于麻层进一步干燥；压麻灰的操作同通灰，拟三人一档，进行流水作业施工；压麻灰在某些部位的走向与通灰错开交叉；做柱子时，两次板口接头错开，以免出现出节现象。施工操作时严格控制灰层厚度，太厚反而影响地仗坚固程度，灰的厚度以能将灰料添补于亚麻灰子粒之间即可。特别注意铁板搭接处要与亚麻灰错开。细灰工艺要求细致，在中灰干后要进行打磨、过水布以确保灰层之间结合牢固；细灰厚度应控制在 1.5 毫米~ 2 毫米之间，个别处厚度可略有增减。做大面积时，先用铁板准确找出边角轮廓，然后填心，操作工艺也应三人组档进行，叉灰要使灰料与中灰密实附牢，不能有蜂窝；过板子也不能有蜂窝和划痕；检灰做到宁可略高不能低亏。磨细灰用细磨头，并辅砂纸，同时配备铲刀，随时修整线角。先磨边、棱线角，后磨大面，把表面结浆组织全部磨掉，露出内部灰迹。细灰磨好后应随之钻生，以防灰层风化出现裂纹。钻生要喝透，不能干后再找补，操作人员应认真观察，对未钻透部位反复及时找补；钻透后表面的余油必须在未干之前擦净。所轧线形应符合原状要求，要提前挖好轧子并修整试轧，以备正式轧线时顺畅好用。轧线应随地仗施工的各道灰一并进行。操作时按传统工艺三人组档流水作业，一人先抹灰料堆成灰埂，随后一人用轧子理顺灰埂，并轧出线型，最后一人用铁板修理，把不易处理的部位找好，将虚边、野灰收刮干净。

3. 地仗的质量要求：使麻地仗的要求，所用材料的成分配比、熬制、调配工艺及尺寸，必须符合设计要求和有关文物建筑操作规程的规定。使麻地仗的各遍灰和麻之间必须粘接牢固。粘麻必须使麻的长度与木构件的长度垂直，磨麻必须断斑出绒，磨细灰必须断斑，严禁出现脱层、空鼓、干麻包、崩秧、窝浆、翘皮、裂缝等质量问题。火碱一类蚀性材料严禁用于脱油皮、地仗。钻生油必须一次钻好，不得间断，严禁出现漏刷、挂甲等现象。使麻时按以下工序进行：开浆、粘麻、砸干压、溻生、水压、整理、磨麻。地仗斩砍见木，除净撬白，原构件不受损伤。新构件砍出斧痕，斧痕间隔、深度一致（间距 15 毫米左右，深度 3 毫米）。撕缝应缝口干净、宽窄适度。木构件裂缝 10 毫米以上的用干木材楦实，表面与构件的原平面或弧度一致，若下架柱框的缝隙为 5 毫米~ 10 毫米时，下竹钉，竹钉严实，间距均匀，无松动。汁浆应木构件表面的灰尘清除干净，用树棕糊刷施涂油浆，油浆饱满，基本无遗漏。捉缝灰应缝灰饱满严实，无蒙头灰，残损变形部位初步衬形、衬平。通灰应表面浮灰、粉尘清除干净，残损变形部位衬平、找圆，不得遗漏，表面平整，线角直顺。使麻应表面浮灰、粉尘清除干净，麻层平整，黏糊牢固，厚度一致（不少于 1.5 毫米），不得出现干麻、空麻包，秧角基本严实，不得有窝浆、崩秧现象。优良为表面浮灰、粉尘清除干净，麻层平整均匀，黏糊牢固，厚度一致（不少于2毫米），不得出现干麻、空麻包，秧角严实，不得有窝浆、崩秧现象。压麻灰应表面浮灰、粉尘、清理干净，无脱层空鼓现象，大面平整，棱线、秧角必须平、直、顺。中灰应表面浮灰、粉尘清理干净，用铁板刮，使表面平整光圆，秧角干净利落，棱线宽窄一致，线路平整、直顺。细灰应表面浮灰、粉尘清除干净，无脱层、空鼓、龟裂现象，大面平整，棱线宽度一致，直线平整、直顺、曲线圆润对称。磨细灰钻生油应细灰磨透，但不得磨穿，大面平整光滑，秧角整齐一致，生油钻透，无挂甲。使麻地仗的表面质量应大面平整棱线直顺，色泽均匀，无细小颗粒，无砂眼和灰尘。

单披灰地仗的质量要求，三道灰、四道灰地仗的制作及地仗所用材料成分、配比、熬制、调配工艺及尺寸必须符合设计要求或文物建筑操作规程的有关规定。通灰、中灰应表面浮灰、粉尘清理干净，残损部位衬平、找圆、找方、大面平整光滑、秧角干净、利落。框线、隔扇大边线细灰应表面浮灰、粉尘清理干净，大面平整，框线、隔扇大边线直顺，宽度一致，曲线圆润对称。连檐、瓦口细灰应表面浮灰、粉尘清理干净。连檐、瓦口平整光滑，水缝下棱直顺，无接头。椽头（含檐头望板）细灰应表面浮灰、粉尘清理干净。方椽头方正、圆椽头成圆。椽望表面平整、光滑、柳叶缝错平，椽秧、椽根勾抹严实，直顺光滑，方椽棱角直顺。

（二）油饰

1.材料准备和材料质量要求：工具准备，即备好小油桶、碗、丝头、油刷、油勺等，并要求干净干燥无潮气。材料准备，即备好适量颜料光油，并提前做好试验，以掌握油的性能。颜料光油属于外加工材料，必须提供实验报告。颜料须石磨研制，过箩120目。光油清亮无杂质。勾兑好的颜料光油浓度适宜。垫光油可以稀一点，须用煤油稀释。二、三道油可稠一点，但不能虚，一遍不透的为好。每次勾兑同样颜色的油，最好没有色差，同时颜色要正。

2.施工应具备的环境和气候条件：搓颜料光油，环境、气候都有影响。因每道油前要过砂纸打磨，能去掉油皮上的一些毛病，只要油干透后就可以搓下一道油。但罩光油往往受环境和气候条件的制约，质量很难保证，操作人员的技术水平、环境及气候因素均不能忽视。有风（4级以上）、雨天、连阴天、雾天绝对不能罩光油。春秋季节柳絮、小虫满天飞也不宜罩光油，罩光油也不会成活。即使是风和日丽的好天气，上午九点前、下午四点后，如果湿度大也不宜罩光油。这就要求根据天气情况灵活掌握、见机行事，避开不利因素，确保工程质量。施工地点也受环境气候的影响，搓油前将架子清扫一遍，搓下架时最好架子上不能有人走动。对现场地面用水喷洒，防止扬尘，造成油皮"起痱子"。

3. 操作人员的分工及构成：根据搓油的部位适当安排好操作工人，需要几个工人配合的，要组织协调好。安排责任心强、技术好的工人在关键位置。二、三道颜料光油及罩光油，用油刷直接刷油就行了，两人一档，一个人前面涂油，一个人后边顺。如果是抢时间，也可以前面一人搓，两个人顺，便于抢进度。

4. 施工操作方法及注意事项：丝头的选择，丝头的大小，视搓油者手的大小而定。丝头浸满油后，半握拳能平放于掌心中即可。呈长圆状，油刷的选择，视搓油部位、件活的大小适当选择，但油刷须有坡口，坡口的大小由刷毛的软硬而定，一般使着顺手就行。搓连檐瓦口，丝头浸满油后，用拇指、食指、中指夹住丝头的一小部分先涂瓦口，后涂连檐。手指夹住的那部分丝头油刷在手中转动丝头，在夹起另一小部分丝头进行涂抹，整个丝头油不够使了，再向油桶内浸油。因受滴水瓦的限制，手的进出很不方便，只要涂均即可，由持刷者进行整理成活。搓檐头椽望，老椽和飞椽分两次进行。先搓老檐后搓飞檐，两人对脸操作，各负责椽望的一半。用同样的方法，丝头浸油后，三个手指夹住丝头的一部分先点椽望四角，然后由椽子和望板的接合部也就是阴角处，从椽子的根部向外抹一遍，再把望板没油的地方找补到位。最后搓椽子的里面和反手。两人要默契配合，根据后面顺油的速度，谁多搓点谁少搓点灵活掌握。因前边的人倒着行进，不方便。后面持油刷者从里到外、从上至下反复进行调理，直到成活为止。飞檐也如此进行。搓绿椽肚，先弹线，红椽根预留的整齐一致。搓油的先抹椽根竖横红绿色分界线，在抹椽子的红绿分界线，最后搓椽子的底部。搓油的让线操作，万一油搓出线不好收拾。由顺油的掌握横平竖直及绿椽肚的尺度。柱、梁、枋搓油时按先上后下，先左后右，先分界线后大面的原则进行。注意事项，即丝头浸油，少浸勤浸；搓油时不能用力，轻轻滚动，防止油顺臂而下，因举手操作，不可能不向下流，为此经常在桶边上蹭一蹭，免得弄脏衣服，天凉时最好戴套袖。油桶用纸眼封盖好，防止风皮。每天的剩油不能倒入盛原油的大桶内，因油越使越脏，应另行存放，做垫光油使用。搓油所用工具，不能有潮气，防止油皮出现气泡和超亮。下班后或搓完油，丝头放在同样颜色的油桶内浸泡，防止丝头硬化。其他工具擦拭干净备用。丝头、纸眼不能随便丢弃，因为是易燃物，防止发生火灾。搓油和罩油时，注意画活和临界工作面，防止相互污染，造成不必要的损失。

5.油饰质量要求：文物建筑维修应恢复传统的搓光油的做法，改变近年来使用市场上购买的调和漆现象。文物建筑维修复建工程不得使用调和漆。必须选择不掺加其他任何油料的纯净桐油。熬制时应按比例加入苏籽油、土籽油和佗僧等材料，应避免大量使用豆油、胡麻油等油料熬制光油。搓油应头道油薄而匀，二道油油色均匀无漏底，三道油表面平整洁净。顺油应横蹾竖顺薄而均匀，无漏底，刷路直顺洁净、无肥油。光油表面应表面洁净光亮美观，无任何"痱子"和刷印等现象。

九、彩画施工

（一）工艺流程

配纸→起谱子→扎谱子→磨生过水→分中→拍谱子→摊找活→号色→刷色→套谱子→套色→拉线黑→拘黑→拉大粉→吃小晕→攒退活→拉黑绦→压黑老→做雀替→打点活。

（二）配纸

即拼接谱子纸，为下一步起谱子做准备。按构件实际尺寸，取一间构件的二分之一，配纸要注明具体构件和具体名称。

（三）彩画样板

在彩画施工前做彩画样板，并做出颜色色标。请甲方、设计、监理审核，确定方案后开始施工。

（四）起谱子

即在相应的配纸上用粉笔等摊画出图案的大致轮廓线，然后用铅笔等进一步细画出标准线描图。

（五）扎谱子

孔眼端正，要直扎、扎透，不要扎斜。孔距要均匀，孔距 2 毫米。

（六）磨生油过水布

用砂布将干透生油进行打磨。水布不能带水过多，也不能太干，要适中。水布过不到的地方，尘土扫干净。

（七）分中

按彩画尺寸分中和彩画在大木件上的位置分中，以免走样。

（八）沥粉

用土粉子加大白粉配制，加光油。沥粉要粉条饱满直顺，不能出现疙瘩粉。沥大粉、小粉纹饰不能偏离谱子，要跟原彩画一致。

（九）刷色

颜色要根据样板彩画走，不走样、不差色。调制颜色必须按照传统工艺进行。

（十）包胶

颜色纯正，涂抹平整，无遗漏，无流坠，先包大粉，后包小粉，将粉条饱满。

（十一）拉晕色

拉大粉、晕色要宽窄一致，根据样板彩画纹饰不变。要颜色纯正，要实。

（十二）贴金

必须用隔夜金胶油，打金胶油要打严、打到、饱满、打齐，无遗漏，金分色要正确，无崩秧。

（十三）打点活

彩画部位检查一遍，需要修补打点修理，主要注意落活。

十、石活施工

石活制作安装包括：阶条石、埋头石、踏跺石、燕窝石、垂带石等。

石料制作：各种材料均应按设计图纸的要求进行，具体操作按古建传统做法，以施工图纸依据进行加工制作。石料选料时应注意石料是否裂缝、隐残、文理不顺、污点、红白线和石铁等。裂缝、隐残不应选用，对于文理不顺、污点、红白线和石铁等不严重的，可以考虑用于"大底""空头"。石料加工根据使用位置和尺寸的大小，合理选择荒料然后进行打荒，根据使用要求进行弹扎线、大扎线、小面弹线、齐边、打道、截头（为了保证安装时尺寸合适，有的阶条石可留一个头不截，待安装时按实际尺寸截头）、剁斧要求三遍斧（剁斧第一遍只剁一次，第二遍剁两次，第三遍剁三次，一至三遍的剁活力度由重至轻。第三遍使用的剁斧应锋利），第三遍剁斧应在工程竣工收尾阶段进行。

石活安装，根据设计图纸要求，有的需要进行打细和石活安装。首先根据设计图纸要求阶条石栓通线安装，所有石活均应按线找规矩，按线安装。套顶石安装，应注意套顶石的平整和水平标高一致。根据拴线将石活就位铺灰作浆，打石山将石活找好位置、标高，找平、找正、垫稳，无误后灌浆，为了防止灰浆溢出需预先进行锁口。安装落心石时确定准确尺寸后"割头"，保证"并缝"宽度一致。不得出现"喇叭缝"。石活间连接的榫、榫窝、磕绊应合理牢固。安装完成后，交工前进行洗剧交活。

1. 施工准备：工具准备，即锤、斧、撬棍、扒搂子、凿子、角磨机。材料准备，即所用石料均选用报送封样的青百石材质。加工前应认真选料，各种石活，其纹路、色彩基本相近，无明显差异。人员准备，即有多年石活加工及安装经验的施工人员，进场前进行安全生产教育和环境保护教育。

2. 施工工艺：石活加工，首先是杂花锤。将荒料用锤敲击一遍，检验石料有无隐残，无疑后，再将荒料放平稳，四角垫平。操作人员所坐的位置高度应比石料低 10 厘米为宜。打錾姿势，錾宜斜，锤宜稳准有力，握锤手随锤力同时使劲，锤举高度宜过目。扶錾的手、肘腕应悬起，不要放在膝盖或石料上。然后将事先在石材上放好的尺寸线以外的石料敲打下去。敲打石料时，先用钢錾子将线以外的磕掉，磕一面打一面，不要四角磕完才用錾子打，以免磕短石料。待石料四边都磕打完成后，再剁斧。剁斧的次数不同，用力程度就有区别。第一遍剁斧操作时，用力最大，第二遍剁斧时用力稍小，第三遍剁斧时用力更小。所有剁斧斧迹要均匀，深浅一致，斧迹要顺直，平度凹凸不超过 3 毫米。剁斧要求：一遍斧可按照规律一次直剁，二遍斧第一遍要斜剁，第二遍要直剁；三遍斧第一遍应向左斜剁，剁至不显露花锤印为宜，第二遍要向右斜剁，剁至不显第一遍斧印为止，第三遍要直剁，剁至不显第二遍斧印为合格。规格尺寸符合设计要求，按古建传统工艺加工，剁斧处均三遍剁斧，斧迹清晰，深浅均匀，棱角直顺无缺陷，颜色一致无弊病。金边宽度 10 毫米，整齐直顺，切忌高低不平。台明，平整度误差不大于 2 毫米，并做 1% 的泛水。台明内侧应直顺，每间误差不大于 2 毫米，以便墁地。大面、立面、好头面均应剁斧。金边石，大面剁斧宽度不小于 10 厘米。踏步，要倒棱，应光滑平整。石活运输，即装卸车要做好石活保护，不可野蛮作业。石活安装，台明石与轴线尺寸为保准，安装稳固，灰浆饱满，每组建筑的台明石高度基本一致，误差不大于 2 毫米，宁高无低，轴线偏差不大于 2 毫米。台明、金边石拼缝操作，缝隙在 2 毫米之内。灌浆要饱满、严实，缝隙勾抹平整，不得脏活，一且脏活及时用清水冲刷干净，不得有污迹。安装时不得用硬物磕碰石活棱角，做好成品保护，一旦伤其棱角及时用同材质的石料进行粘补，不得有明显的痕迹。阶条石安装放线，须以门口为中心线作为台阶放线的标准，上平按室内地坪，下平按室外地坪。根据上下平之间的垂直高度分出每层阶石的高度，先定出第一步阶石的标准位置。阶条石底层可不打大底，四角垫平，经检查无误后再将四角充分垫实，但前后不得出现露头，要留出浆口。第一步稳好灌浆后，再安装第二步。第二步安装时要稳抬稳放，不得震动已经安装好的阶石，为了保护阶石的棱角，须加垫软垫。灌浆，先用稀浆灌入，待灰浆将空隙全部润湿后，再用稠浆继续灌。所用的浆为1:1桃花浆（深层黄土、泼灰与青灰按照6:3.5:0.5的重量比例进行调配）。台阶与台帮安装时，应留出泛水，以利排水，可保护建筑免受雨水侵蚀。泛水的坡度不得小于1%。石活安装好后，整体要稳，头、缝须顺直，大面要平，拼缝要齐，缝宽要做到均匀一致。

3.质量要求：台明石四角高度一致，宽、窄、薄、厚不得有误。各种石活的金边，角磨机打磨不可高低不平，应直顺。背撒稳固，灌浆严实。

十一、手架搭设方案

根据各子单位工程建筑形式，结合施工现场的实际特点，分别选择脚手架支搭方案：砌筑搭设双排砌筑脚手架，屋面宽瓦及挑顶搭设双排齐檐脚手架，在油漆地仗时用双排齐檐脚手架内反油活架子，屋面坡长宽瓦时搭设屋面支杆架子。室内搭设满堂红脚手架。外架子在脚手架外侧满挂（全高全封闭）安全网。搭设坡道解决屋面施工垂直运输。

（一）手架搭设要求

1.件式钢管脚手架的构造要求及技术措施

立杆

立杆纵距1.5米，步距1.5米，横向间距1.2米。

在距垫板上皮不大于200毫米处设置纵、横向水平扫地杆，横向水平杆设置在纵向水平杆下方，用直角扣件固定在立杆上。基础不在同一高度的立杆，必须将高处的纵向扫地杆向低处延长两跨与立杆固定，高低差不得大于 1 米。靠边坡上方的立杆轴线到边坡的距离不小于 500 毫米。

立杆接长时，其相邻立杆接头要错开（相邻立杆分别用 6 米立杆和 4 米立杆交错布置）对接用对接扣件连接。裬恩殿廊道架立杆为 3 米、2 米。裬恩门廊道架为 4 米。

纵向水平杆

设置在立杆内侧，长度为 6 米，局部 4 米调整。钢管接头要错开，用对接扣件连接，两根相邻纵向水平杆的接头不得设置在同步或同跨内，接头中心至主节点的距离不小于 500 毫米。各接头中心至最近主节点的距离不应大于纵距的 1/3。纵向水平杆与立杆用直角扣件连接，至少伸出 0.1 米。

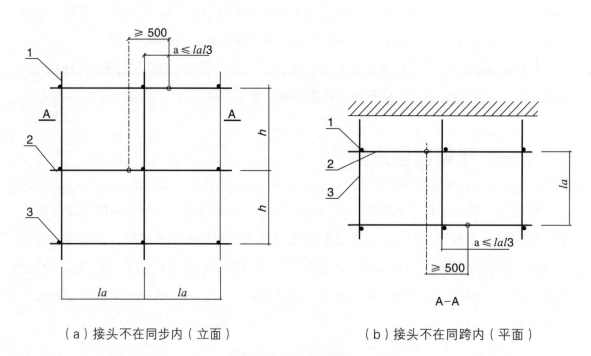

（a）接头不在同步内（立面）　　　　　　（b）接头不在同跨内（平面）

纵向水平杆括构图

当采用搭接时，搭接长度不应小于 1 米，应等间距设置 3 个旋转扣件固定；端部扣件盖板边缘至搭接纵向水平杆杆端的距离不应小于 100 毫米。

横向水平杆

主节点处必须设置一根横向水平杆，不得随意拆除。长度 1.5 米。两头搁于纵向水平杆上，至少伸出 0.1 米。脚手架内侧端头离墙 0.1 米。横向水平杆与纵向水平杆用直角扣件连接。作业层上非主节点处的横向水平杆，根据所支撑的脚手板的需要设置，最大间距不大于立杆纵距的1/2。

脚手板

作业层脚手板应铺满、铺稳、铺实，横向水平杆用直角扣件固定在纵向水平杆上。

脚手板的铺设应采用对接平铺或搭接铺设。脚手板对接平铺时，接头处应设两根横向水平杆，脚手板外伸长度应取130毫米~150毫米，两块脚手板外伸长度的和不应大于300毫米。脚手板搭接铺设时，接头应支在横向水平杆上，搭接长度不应小于200毫米，其伸出横向水平杆的长度不应小于100毫米。

脚手板每三层，不超过10米铺一道，作为硬防护。

拐角处两方向的脚手板应重叠放置，避免出现探头及空当现象。

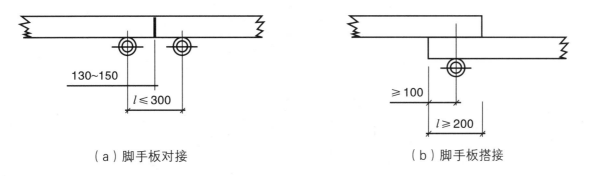

（a）脚手板对接　　　　　　　（b）脚手板搭接

脚手板对接、搭接构造图

外抛支撑

因古建工程特殊性，无法使用建筑墙体拉顶，只采用外抛撑加固架体，外抛撑布置为沿脚手架外侧纵向，每间隔两跨设置一道。外抛撑与水平夹角不大于60度，不小于45度。外抛撑布设置马梁横向与双排架相连，纵向设置水平杆相连，且水平杆数与齐檐架子水平杆相同。外抛撑底脚下垫厚不小于50毫米、宽不小于250毫米的脚手板，且脚手板不得有劈、裂、朽及变形。

1#

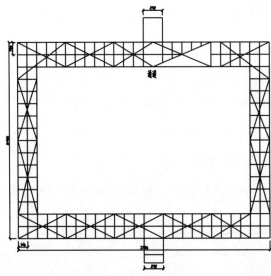

裬恩殿脚手架平面布置图及水平剪刀撑布置图

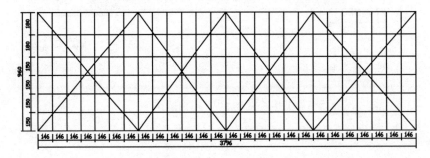

裬恩殿脚手架立面图

剪刀撑

脚手架外侧设置剪刀撑，由脚手架端头开始，按水平距离6米（每四跨）连续设置一排剪刀撑，剪刀撑钢管与地面呈50度角，自下而上，左右连续贯通设置，剪刀撑在搭设时将一根斜杆扣在立杆上，另一根斜杆扣在横向水平杆的外伸部分上，以免两根斜杆相交时把钢管别弯。斜杆两端扣件与立杆节点的距离不宜大于15厘米，最下面的斜杆与立杆的结点离地面为20厘米，以保证外架的稳定性。

当钢管接长时采用搭接接长，搭接长度不小于1000毫米，应采用不少于三只旋转扣件扣牢，端部扣件盖板的边缘至杆端距离不应小于100毫米。

（二）拆除脚手架

1. 脚手架拆除必须严格按照操作规程进行施工，作业人员必须持证上岗。上架操作前要进行安全技术交底，戴好安全帽、系好安全带。做到安全第一、预防为主，把各项工作做得更好。

2. 脚手架拆除必须遵循和搭设相反的顺序，由上而下进行，即先搭后拆，后搭先拆。依次为先拆栏杆、脚手板、剪刀撑，而后拆横向水平杆、纵向水平杆，最后拆立杆。

3. 拆除中应严格按照一步一清的原则依次进行，禁止上下同时拆除作业；拆除立杆时，应先抱住立杆再拆开最后两个扣件，纵向水平杆及剪刀撑先拆中间扣件，后拆两端扣件；连墙杆应逐层拆除。

4. 所有连墙件应随脚手架逐层拆除，严禁先将连墙件整层或数层拆除后再拆除脚手架；分段拆除脚手架高差不得超过两步，如高差超过两步，应增设连墙件；当脚手架拆除至最后一根立杆位置时，应先设置抛撑，再拆除连墙件；当脚手架分段、分片拆除时，对不拆除的脚手架两端应设置连墙件与连续横向支撑加固。

5. 拆除脚手架时应统一指挥，上下呼应动作协调；拆除前应对电线、机具等采取隔离措施，拆下的材料应用滑轮下运，禁止往下抛掷任何材料。

6. 在拆除过程中，不许中途换人，防止盲目乱拆，心中无数。

7. 拆除的各种材料应随时运到指定的地点，分类堆放，当天拆除的各种材料应当天清理干净，集中回收，堆放整齐。

（三）脚手架防雷接地

工程现场各单体建筑及棂星门、三座门均搭设施工用脚手架，需要将脚手架进行防雷接地保护。每间房施工用脚手架设立一个独立的避雷系统。所有避雷系统均按一类防雷标准设防。将每组脚手架（每殿为一组）最高一排靠外侧架子管的顶端用Φ10镀锌圆钢连接成环形避雷带，距该顶端环形避雷带向下靠最外侧架子管做均压环避雷带，采用Φ10镀锌圆钢。然后，从上到下做引下线，将各均压环避雷带与顶端避雷带可靠焊接，并做防腐处理，其他殿每组脚手架的引下线不少于4根，引下线均采用Φ12镀锌圆钢。各层的均压环之间采用 Φ12 镀锌圆钢连接成网格，每个网格不大于 10 米 ×10 米。其他殿每组脚手架均应设置不少于两组防雷接地装置，其接地电阻不大于 4 欧姆。每组接地极采用 Φ19×2500 毫米镀锌铁钎，其他殿不少于 6 根，接地装置引线采用 40 毫米 ×4 毫米的镀锌扁钢。防雷引下线应与接地装置引线可靠焊接，并做防腐处理。其余均按规程规范进行施工。

第六章 施工现场总平面图布置

一、施工总平面布置总体规划

依据现场条件，我们确定了如下总体施工方案：我公司在施工总平面布置设计时从完全响应建设方关于环境保护的要求和期望的角度出发，从维护正常开放秩序方面考虑，施工现场平面布置进行了合理简化，做必要的安排。总体思路是：按照施工区与办公区分开，施工区无污染、无危险源的布置原则，进行合理布置。第一，以施工需要为主进行总平面布置，办公室设在现场，因现场面积有限，所以生活区在施工场外设置。第二，在场内设置砖、瓦的二次加工及灰浆搅拌场地。

根据上述原则，综合考虑围挡、运输、暂设支搭和施工安排等因素，且在不同的施工阶段根据现场的实际情况进行动态布置，中标后将依据业主方的要求和提供的条件，调整布置现场平面，最重要的目标之一就是要维护业主方的利益。以下对有关方面进行具体阐述。

二、施工总平面布置方案

1.生活区：因现场面积有限，并且为了保证古建周边的环境不受污染，秩序不受扰乱，计划在附近租用居民住宅作为生活区。主要设职工宿舍、厨房、浴室和厕所。

2.办公区：办公区设在场内。主要设工程监理办公室、项目部办公室。总面积约为24平方米。

3.施工区：在场内设置砖、瓦的二次加工及灰浆搅拌场地，材料临时堆放场地。本着"安全第一、服务业主、方便施工、环境保护、文明作业"的原则，根据施工各阶段的需求和业主的要求，本着环境保护、文明作业的原则进行现场的动态管理；施工现场按照消防要求设置干粉灭火器。

4.施工道路：施工道路尽量使用原有道路和消防通道，必要时设置临时道路（用木板或铁板进行铺垫），满足施工需要即可。主要材料运输路线：采用运输车辆把材料运至施工现场材料堆放场，然后使用手推车及人工运到各殿座。

进入现场的路端设出入口，形成消防和施工通道。现场出入口设警卫室。

三、施工现场围挡

单体建筑施工时采用本公司统一的钢板做硬质景观围挡，用来美化环境，围挡高度为 2.5 米，围挡上设置醒目的标志和照明设施，同时在围挡上喷绘文明施工口号。在临时材料周转场地，现场砖、瓦、石件堆放处，灰场均设置适当围挡，以有利于现场文明施工管理；各建筑施工脚手架均用密目安全网进行防护，出入口搭设护头棚，在距作业面一定距离内拉警戒线，设警示牌，并派专人巡逻，保证施工人员和检查人员的安全。

（一）施工布置

工程分两处搭设物料堆放围挡。

西门物料堆放区搭设围挡长为 36 米、宽为 18 米。

三座门围墙到祾恩殿后搭设围挡长为 15 米，祾恩殿前到祾恩门搭设围挡长为 45 米，共计需要搭设围挡约计 60 米。

（二）搭设方法

材料准备：围挡板采用尺寸为 0.6 米 ×2.5 米 ×0.75 米的蓝色钢质围挡板、2 米架子管、3 米架子管、4 米架子管、6 米架子管、十字卡、转卡，接卡、铁丝、门等材料。

围挡板采用架子管三脚架支撑，围挡支撑采用 Φ50 架子管，全线统一采用定型钢板围挡，围挡高度要求 2.5 米。

（三）质量保证措施

围挡的搭设应整齐、严密、牢固、美观。

围挡施工过程中，彩钢板不能出现锈迹，要涂有保护材料。

围挡施工完毕，板与板之间衔接平顺，直线段要在一条直线上；板与板之间不能留有明显较大缝隙。

四、消防器材布置

工人宿舍、管理人员办公室、料具库房：严格禁止烟火，并配备足够的消防、灭火器材。尤其是木工棚、木材堆场及油漆库设干粉灭火器。

施工现场按照消防要求设置消火栓，各建筑均设消防器材，满足消防要求。

五、临时用水设计

现场施工用水均由业主指定的水源提供（加装计量装置）。施工用水主要满足三个方面的要求：消防用水、施工用水、降尘用水。临时用水管线考虑现场特点为明管敷设，在各用水点设置水龙头。

为了满足消防用水的需要，利用现场消防栓，配置水龙带，将水引至施工各个地点；根据施工用水的需要，现场内依据建筑位置和场地条件的特点，布置临时供水管线，在业主提供的水源处，用钢管将水送到各个施工用水点。水管采用明管布设，主干管选用 d=75 毫米的钢管，并布置满足施工要求的供水点。

施工现场临时用水计算：工程施工现场临时供水量，主要按施工现场施工用水、生活用水、消防用水来考虑。因没有特殊的用水机械设备，暂不预考虑。

（一）现场施工用水量计算

$q1=k1×[(Q1×Nl)/T1×t]×k2/(8×3600)$

其中：

q1：施工用水量 L/S

k1：未预计的施工用水系数（按 1.05 ～ 1.15 计取）取 k1=1.1。

Q1：年度工程量，工程以台班工程量计算。

N1：施工用水定额 L。

T1：年度有效作业天数，因 Q1 以台班计，所以 T1 取 10。

t：每天工作台班数，取 t=2。

k2：用水不均衡系数，取 k2=1.5。

由于现场施工用水主要是和灰，用量不大，以消防用水来考虑足以满足使用要求。

（二）消防用水

用地面积小于 25 公顷，认为同一时间火灾发生的次数一次，根据有关规定，取消防用水量 q5=10L/S。

（三）总用水量 Q 的确定

因为工程用地面积小于 5 公顷，且 q1（L/S）<q5=10L/S。

所以现场总用水量 Q=q5 10L/S。

（四）水管径的选择

d=［4Q÷（3.14×v×1000）］1/2，取水流速 v=2 米 / 秒。

施工现场主要供水管径 d=100 毫米，满足施工需要。

六、临时用电设计

（一）总用电量

$P=1.1×（K1\sum P1/COS\phi+K2\sum P2+K3\sum P3+K4\sum P4）$

式中 P—供电设备总需要容量（kVA）

P1—电动机额定功率（kW）

P2—麻刀机额定功率（kW）

P3—室内照明容量（kW）

P4—室外照明容量（kW）

K1、K2、K3、K4—需要系数分别取 0.6、0.6、0.8、1.0。

cosϕ 电动机的平均功率因数取 0.75。

$\sum P1=44.5kW$

$\sum P2=4kW$

$\sum P3=10kW$

$\sum P4=20kW$

尽管现场照明用电量所占比重较动力用电量（P1、P2 之和）要少得多，计划现场室内照明 10kW、室外照明 20kW。

则总用电量 $P=×1.1（0.6×44.5/0.75+0.6×4+0.8×10+1.0×20）=72.6k\ VA$。

（二）配电线路选择

1. 配电线路型式：该施工现场 380 伏 /220 伏低压配电线路采用树干式配线。

2. 基本保护系统的接线方式：按照 JGJ46-88《施工现场临时用电安全技术规范》的规定，在施工现场变压器低压侧中性点直接接地的三相四线制临时用电工程中，必须采用具有专用保护零线的 TN-S 接零保护系统，并且在专用保护零线上，应做不少于三处的重复接地。

3. 配电主导线选择：为安全和节约起见，导线三相四线制布置，BLV 型绝缘铜导线。

根据现场临时设施和路灯照明的需要，由总闸进行控制。按导线的允许电流选择截面，选用 50 平方米的 BLV 型铜芯塑料线即可。

第七章　文物保护及成品保护措施

工程涉及周边村庄环境以及古建筑周边环境的保护，所以必须有环境保护意识，制定相应保护措施。

为贯彻落实国家文物保护的法律法规及关于文物保护的有关规定，促进建设施工过程中依法加强文物保护，执行文物保护责任制度，采取有效措施，防止文物流失和文物损坏的发生，以及在施工中发现文物时，施工单位能采取紧急措施减少文物流失和文物损坏，根据十三陵管理处的要求，并结合项目实际，特制订本项目建筑施工文物保护专项方案。

一、组织机构及其职责

（一）组织机构

1. 项目部成立文物保护领导小组，由工程总负责人、工程现场负责人、现场协调负责人及项目各部门组成，办公地点在项目部办公室。

2. 文物保护领导小组下设工程现场文物保护办公室，由劳务分包负责人及各施工班组负责人组成，办公地点在项目部办公室。

（二）职责

1. 文物保护领导小组组长职责：建立健全施工期文物保护管理组织机构、管理制度以及应急预案；向文物保护监督管理部门、建设行政主管部门或者其他有关部门报告事态发展情况，执行上级有关指示和命令；发布有关文物保护命令、信号；掌握汇总有关情报信息，及时做出处置决断。

2. 文物保护领导小组副组长职责：负责对工程现场发现文物时采取有效的保护措施，调动有关力量进行文物保护工作；及时向组长报告事态发展及文物保护情况，提出文物保护意见和建议，执行组长的决策、指示、命令、指挥现场处置行动；负责现场文物保护工作所需要装备、器材、物资的统一调度和使用，及文物保护工作人员的调配；应切实落实施工现场文物保护工作，加强与地方文物主管部门的沟通与咨询，加强现场文物保护监督检查。

3. 文物保护领导小组成员职责：熟悉施工现场的环境特点，掌握文物保护的工作程序，落实设计对文物保护的工程措施和要求；组织施工、管理人员学习文物保护的有关法律、法规，提高对文物保护工作重要性的认识；积极配合文物部门组织的文物挖掘抢救和搬迁保护工作。

4. 工程现场文物保护办公室职责：组织各施工班组现场施工作业人员学习文物保护的有关法律、法规，提高对文物保护工作重要性的认识，了解文物保护工作的意义；负责组织人员对现场进行保护和隔离工作，防止无管人员入内，组织进行工程现场发现文物时，采取保护措施的演习，提高全员文物保护意识；按照文物保护领导小组和文物保护部门的指令，积极协助处理有关文物保护方面的工作；跟踪监督施工现场每一个施工作业人员动态，发现文物及时上报，并保护好现场。

（三）其他

1. 开工前会同文物部门划定保护范围，划定重点保护区和一般保护区，对所有参建员工进行交底。

2. 在工地显著位置安置好文物部门设立的标志，标志中说明文物性质、重要性、保护范围、保护措施，以及保护人员姓名。

3. 建立文物保护科学的记录档案：包括文字资料，即做好对现状的精确描述，对保护情况和发生的问题做好详细的记录。测绘图纸做好对文物现状的测绘，地理位置，平面图，保护范围图等各部位的尺寸关系。照片包括文物的全景照片，各部位特写，需要重点保护部位。

4. 保护措施上报审批制度。每个具体的文物保护措施都要在得到文物部门和建设方的批准后才可以实施。

5.每周召开一次施工现场文物保护专题会，根据前一周的文物保护情况及施工部位、特点布置下一周的文物工作要点。

6.文保员每日对现场进行巡回检查，并向项目经理汇报检查结果。

7.所有施工人员签订《明十三陵昭陵修缮工程施工文物保护协议书》，建立奖罚制度，对不遵守文物保护规定，私闯遗址、破坏文物、破坏植被树木的要进行处以50元～100元罚款，并停工再次接受教育培训，情节严重的要处以更高的罚款，直至除名，对保护文物有突出表现的要适当给予奖励。

8.进场后立即会同甲方和文物部门，共同核查施工区及附近的树木、古建筑、道路、草坪，明确保护项目范围，由文保员做好记录，开工前按遗址文物进行拍照、编号、测绘。做好标识和交底，分别制定保护措施。

9.对所有进场职工进行文物意识的教育和培训考核，使每个职工弄清文物的文物价值和保护方法。

10.做好全封闭硬质围挡，不得随意进出施工现场，现场施工人员未经项目经理允许不得进入文物保护区。也不得随意越出指定的施工现场区域。

二、文物保护技术措施

颜料光油、颜料在施工时妥善保管，防止遗洒，污染地面、墙面、石构件、木装修等文物设施。地仗施工期间的废弃油、灰、麻头等必须建立集中收集点，并分类存放，由专人负责装袋并及时清运。

地仗施工前应对地仗施工相邻的墙体粘贴纸带，对相关的台明及地面铺塑料布进行保护，以防污染。

三、施工期间建筑物防雷措施

（一）说明

现根据《建筑物防雷设计规范 GB50057-2010》、文物保护建筑防护等级要求，结合北京地区雷雨季节气候的自然情况、施工现场地形、建筑物高度特制订施工期间避雷系统方案。

较高建筑物的排山架子或高车架子做防雷引下线及避雷针，建筑物自接闪器至接地极采用 40 毫米 ×4 毫米镀锌扁钢引下线，与原有接地体连接。

（二）避雷针制作与安装应符合以下规定

1. 所有金属部件必须镀锌，操作时注意保护镀锌层。

2. 采用镀锌钢管制作针尖，管壁厚度不得小于 3 毫米，针尖刷锡长度不得小于 70 毫米。

3. 避雷针应垂直安装牢固，垂直度允许偏差为 3/1000。

4. 避雷针参《图集》制作、安装，采用圆钢或钢管制成，其直径不应小于 Φ19 毫米镀锌圆钢。

（三）避雷针制作、安装

先将支座钢板的底板固定在预埋的地脚螺栓上，焊上一块助板，再将避雷针立起，找直、找正后，进行点焊，然后加以校正，焊上其他三块肋板。最后将引下线焊在底板上，清除药皮刷防锈漆。

（四）引下线的敷设

1. 从接闪器到接地体，引下线敷设的路径，应尽可能短而直。防雷引下线敷设时其垂直允许偏差为 2/1000；引下线必须调直后进行敷设，弯曲处不应小于 90 度，并不得弯成死角。

2. 引下线的固定支点间距离不应大于 2 米，敷设引下线时应保持一定松紧度。但引下线应躲开建筑物的出入口和行人较易接触到的地点，以免发生危险。引下线地上约 1.7 米至地下 0.3 米的一段地线应加保护措施，以减少接触电压的危险。引下线除设计有特殊要求者外，镀锌扁钢截面不得小于 48 毫米，镀锌圆钢直径不得小于 8 毫米。

3.引下线有关断接卡子位置应按设计及规范要求执行。将引下线用大绳提升到最高点，然后由上而下逐点固定，直至安装断接卡子处。如需接头或安装断接卡子，则应进行焊接。焊接后，清除药皮，局部调直，刷防锈漆。将接地线地面以上二米段，套上保护管，并卡固及刷红白油漆。用镀锌螺栓将断接卡子与接地体连接牢固。避雷线用扁钢，截面不得小于 48 毫米；如为圆钢直径不得小于 8 毫米。

四、保证项目

材料的质量符合设计要求；接地装置的接地电阻值必须符合设计要求。

接至电气设备、器具和可拆卸的其他非带电金属部件接地的分支线，必须直接与接地干线相连，严禁串联连接。

五、基本项目

避雷针及其支持件安装位置正确，固定牢靠，防腐良好；外体垂直，避雷网规格尺寸和弯曲半径正确；避雷针及支持件的制作质量符合设计要求。设有标志灯的避雷针灯具完整，显示清晰。避雷网支持间距均匀；避雷针垂直度的偏差不大于顶端外杆的直径。

防雷接地引下线的保护管固定牢靠；断线卡子设置便于检测，接触面镀锌或镀锡完整，螺栓等紧固件齐全。防腐均匀，无污染建筑物。

人工接地体安装应符合以下规定：

人工接地体的埋设深度不应小于 0.6 米，角钢及钢管接地体应垂直配置。

垂直接地体长度不应小于 2.5 米，其相互之间间距一般不应小于 5 米。

接地体埋设位置距建筑物不宜小于 1.5 米；遇在垃圾渣土等埋设接地体时，应换土，并分层夯实。

采用搭接焊时，其焊接长度如下：

镀锌扁钢不小于其宽度的两倍，三面施焊。敷设前扁钢需调直，煨弯不得过死，直线段上不应有明显弯曲，并应立放。

镀锌扁钢与镀锌钢管（或角钢）焊接时，为了连接可靠，除应在其接触部位两侧进行焊接外，还应直接将扁钢本弯成弧形（或直角形）与钢管（或角钢）焊接。

采用化学方法降低土壤电阻率时，所用材料应符合下列要求：

对金属腐蚀性弱；水溶性成分含量低；所有金属部件应热镀锌。操作时，注意保护镀锌层。

六、树木保护措施

施工范围内距离建筑物较远的树木，距树冠垂直投影面积 3 米处搭设景观围挡，对树木加以保护。距离建筑物较近的无法搭设围挡时，用木板在树木周围搭起栅栏，以示警示。

运输范围内在运输较长材料时对拐弯半径内能涉及的树木用草帘将树干包起，以免在拐弯时伤害到树木。

雨季做好围挡内的排水措施，由于部分古树所在位置低洼，从施屋面流下的雨水中含有石灰等化学成分，不准将雨水排至古树附近，以免对古树造成伤害。

成品保护措施：为确保工程优质高效按期完工，做好工程成品保护工作意义重大。依据成品保护细则的规定，在现场设专人负责成品、半成品的保护工作。

技术交底必须强调对已完工序成品保护的具体措施和要求，分项、分部工程交验时同时检查成品、半成品保护执行结果，项目部在修缮施工开始前，制定出具体的成品保护奖罚制度，并设专人检查监督。

屋面防水层施工完毕，施工人员在轧灰背时，不准穿带钉子的鞋蹬踏防水层。运送材料的工具轻拿轻放，防止破坏防水层。防水层上杂物要及时清除。

台明、垂带等石活安装完成后，应用木板封护，防止磕棱断角。

施工中对各工序的每道成品均要进行保护，设专人负责管理。看管人员必须加强责任心。现场实行责任制分工，明确责任，确保成品保护工作的落实。

油画施工必须对已完成的瓦、木、石等成品进行有效的防护，防止污染，方法措施必须到位。

在架子搭设、拆除时，架子工必须对相邻的周边文物保留设施和已完成的修缮成品进行护挡设防，搭设、拆除架子过程中，要轻拿轻放，随搭拆随撑牢支戗，并由架子工工长统一指挥协调；立杆下必须垫板，禁止抛扔扣件。

脚手管、扣件、脚手板倒运时，不得抛扔，尽可能不在保留的地面上存放，如必须存放在保留的地面上时，应衬垫防火草帘和木板。

在竣工验收前，项目部必须派专人看护，未经项目部批准，任何人员不得进入已完工的区域，项目部专职安全员负责成品保护的管理、检查工作。

第八章　项目信息及施工资料管理

一、信息管理的目的

信息管理就是施工项目实施过程中，对信息收集、整理、处理、储存、传递与应用等进行的管理。项目信息管理是适应项目管理现代化的需要，为预测未来和正确决策提供依据，以便及时采取措施来控制成本、质量和进度。

（一）工程内部信息文件

工程内部信息文件是工程实施的依据，能直接反映工程的成本、质量和进度。包括合同文本、招标文件、变更通知、会议记录、交往信件和备忘录、施工图纸、事故调查报告；测量记录、施工日志、材料实验报告、隐蔽验收记录、检查记录、复核记录等。工程开工前，我们将建立一套文件管理制度，以计算机为手段，以系统思想为依据，收集、传递、处理、分发、储存工程中的各类数据，获得第一手资料，使基础数据规范化、标准化，工程数据收集更及时、更完整、更准确、更统一，以满足工程建设要求。工程中我们将委派有多年资料管理经验的资料员对资料进行分类管理。

（二）外部信息管理

我们将通过网络与业主、监理、设计、建设银行、质量监督主管部门及有关国家管理部门不同程度地进行信息交流，以满足工程建设的需要和环境协作要求。

（三）项目信息管理系统

经签认的项目信息应及时存入计算机。

使用信息管理系统目录完整、层次清楚、结构严密、表格自动生成。

及时调整数据、表格与文档。

项目信息管理必须贯穿于项目管理全过程。

二、项目管理信息

1. 技术质量部是工程质量记录和档案资料管理和监督指导的职能部门，项目部实行技术负责人负责制，项目部设专职资料员，并持证上岗。

2. 所有施工图纸的变更，必须以设计单位的设计洽商，并经建设单位确认和签字为准，由项目部组织执行。项目技术负责人接到设计洽商后，及时通知有关施工管理人员，并在施工图上按要求标注洽商内容。

3. 工程质量记录和档案资料做到一开工就建立齐全的资料分册，由专职资料员及时汇集和分类整理，集中管理存放，各分项资料分解责任到人。保证施工技术资料与施工和质量检查同步，使资料真实、齐全、整洁、符合要求。资料格式内容按照《建筑资料管理规程》的规定填写。

4. 技术质量部对项目部质量记录和档案资料进行不定期检查指导，并定期核审资料，保证工程备案的顺利进行。

三、施工资料的内容与要求

（一）施工管理资料

1. 工程概况表。

2. 应包括工程的一般情况、构造特征及其他。

一般情况：工程名称、建设性质、建设地点、建设单位、监理单位、施工单位、建筑面积、结构类型和建筑层数等。

构造特征：地基与基础、地面、主体结构、装修、屋面、油漆彩画等。

其他：关键部位、上级对工程的重要要求和指示等。

（二）施工日志

以单位工程为记载对象，从工程开始施工至工程竣工止，由专人逐日记载，记载内容保持连续和完整。

（三）不合格项处置

当工程施工或进场物资不合格时，检验部门、建设单位（监理单位）或总承包单位下达不合格项的整改通知，并要求处置、整改完毕后反馈并复检，整改未达到要求的应如实处置。

（四）工程质量事故报告

凡工程发生重大质量事故，应如实记录；其中发生事故时间应记载年、月、日、时、分。估计造成损失，因质量事故进行返工加固等实际损失的金额，包括人工费、材料费和一数额的管理费。事故情况，包括倒塌情况（整体倒塌或局部倒塌的部位）、损失情况（伤亡人数、损失程度、倒塌面积等）。事故原因，包括设计原因（计算错误、构造不合理等）、施工原因（施工粗制滥造、材料、预制构配件或设备质量低劣等）或设计、施工同时有及天灾、人祸等。处理意见：包括现场处理情况、设计和施工的技术措施、主要责任者及处理结果。

（五）施工技术资料

1.工程技术文件报审表，包括施工组织设计、施工方案、深化设计等技术文件的报审。在技术文件报审前，项目不安内部程序审批，手续齐全。

2.技术交底记录，包括施工组织设计交底，主要分项工程施工技术交底，各项交底应有文字录，交底的双方应有签认手续。

3.施工组织设计、施工方案，单位工程施工组织设计应组织施工前编制，并依据项目管理规划大纲编制部位、阶段和专项施工方案。编制内容应齐全，并有审批手续，发生较大的施工措施和工艺变更时，应有变更审批手续。

4.图纸会审、设计交底记录，图纸审查记录由参加图纸交底的各单位将图纸审查中的问题整理汇总，报建设单位，由建设单位提交给设计单位进行设计交底准备。设计交底纪要由施工单位整理、汇总，各单位技术负责人会签，并由建设加盖公章，形成正式设计文件。施工图纸会审记录的工程施工的正式设计文件，不得在会审记录上涂改或变更其内容。

5.设计变更、洽商记录录应及办理，内容必须明确具体，注明原图号，必要时应加附图。

有关设计变更和技术洽商，应有设计单位、施工单位和建设单位（监理单位）等有关各方代表签认；设计单位如委托建设（监理）办理鉴认，应办理委托手续；相同工程如需用同一洽商时，可用复印件或抄件。分承包工程的有关设计变更洽商记录，应通过工程总承包单位后办理。

施工物资资料包括工程物资（包括主要原材料、成品、半成品、构配件、设备等）；质量必须合格，并有出厂质量证明文件（包括质量合格证明或检验报告、产品生产许可证、产品合格证等）；质量证明文件的抄件（复印件）应保留原件所有内容，并注明原件存放单位，还应有抄件人、抄件（复印）单位的签字和盖章；不合格的物资不准使用。需采用技术处理措施的产品，应满足技术要求，并经项目技术负责人批准后方可使用。涉及结构安全的材料需要更换时，应征得设计单位的同意，并符合有关规定方可使用；凡使用新材料、新产品、新工艺、新技术，应具有鉴定资格单位出具的鉴定证书和有关部门的批准使用文件，同时应有其产品质量标准、使用说明和工艺要求，使用前应按其质量标准进行检验和试验；按规定实行有见证取样和送检的管理，并做好见证记录。需要行现场复试的材料均采取证取样制度；对国家及北京市所规定的特定设备和材料应附有关文件和法定检测单位的检测证明；工程物资资料应进行分级管理，半成品供应单位或半成品加工单位负责收集、整理、保存所供物资或原材的质量证明文件，施工单位则需收集、整理、保存供应单位或加工单位提供的质量合格证明文件和进场后进行的检验、试验文件。各单位应对各自范围内的工程资料的汇集整理结果负责，并保证工程资料的可追溯性。

四、工程物资分类

（一）Ⅰ类物资

指仅须有质量证明文件的工程物资，如油漆、涂料、管材等。

（二）Ⅱ类物资

指到现场后除必须有出厂质量证明文件外，还必须通过复试检验（试验）才能认可其质量的物资，如：砖、瓦、木材等。Ⅱ类物资出厂后应按规定进行复试，验收批量划分及必试项目按规定进行，可根据工程的特殊需要另外增加试验项目。

（三）Ⅲ类物资

指除须有出厂质量证明文件、复试检验（试验）报告外，施工完成后，需通过规定龄期后再经检验（试验）方能认可其质量的物资。工程物资应按类别进行工程资料的编报验工作。

（四）在工程物资试验中按规定允许进行重新取样

加倍复试的物资，两次试验报告要同时保留。

（五）工程物资选样送审

如合同或其他文件约定，施工单位在工程物资订货或进场之前应进行工程物资选样送审手续，填报《工程物资选样送审表》并提供产品性能说明书、质量检验报告、工程应用实例目录、生产企业资质文件。

（六）工程物资进场报验

工程物资进场经施工单位自检合格后，填报《工程物资进场报验表》，向建设／监理单位报请验收，附件应齐全，并提供出厂质量证明文件，进场数量清单、进场复试报告或检验报告记录。

（七）产品复试

对进场后的产品，按规定进行复试并做好记录，需进行现场复试的应在使用之前复试并达到合格后方可使用。

五、施工记录

（一）隐蔽工程检查记录

为通用施工记录，适用于各专业。隐蔽检查内容如下：

1. 地基验槽：内容包括土质情况、高程、地基处理。

2. 基础砌筑：礓磜、拦土、回填土等。

3. 墙体砌筑：包砌柱子、砌筑加暗丁等。

4. 大木安装：榫卯、大木墩接、大木防腐处理。

5. 椽望：椽望安装及防腐处理。

6. 屋面：护板灰、泥背、灰背。

7. 油饰木基层处理：砍净挠白、撕缝、楦缝、下竹钉等。

8. 油饰地仗各道工序：（略）。

（二）预检工程检查记录

为通用施工记录，适用于各专业，预检内容如下：

1. 石料、砖料加工。

2. 瓦作各种灰料加工调制。

3. 木构件、椽望、斗拱等修配添补保养。

4. 大木构件制作。

5. 屋面分中号垄、调脊及宽瓦。

6. 彩画小样、谱子，沥粉、包黄胶。

（三）中间检查交接记录

某一工序完成后，移交下道工序时，由移交单位和接收单位进行质量、工序要求、遗留问题、成品保护、注意事项等进行检查并记录。

根据规范和设计要求进行试验，并记录下原始数据和计算结果，得出试验结论。包括各类专用施工记录，如新技术、新工艺及其他特殊工艺时，使用通用施工试验记录，施工试验按规范中设计要求分部位、分系统进行。

（四）施工试验记录（通用）

施工通用试验记录是在专用施工试验记录不适用的情况下，对施工试验方法和试验数据进行记录。

六、施工验收资料

由公安消防、环保等部门进行验收的应按相应规定要求进行编制和报验。

（一）分部／分项工程施工报验表

应附施工记录和施工试验记录等。分项工程报验时应填报《分部／分项工程施工报验表》（有监理时提供）施工验收记录、施工记录。施工试验记录、质量检验评定表。

（二）分部工程验收记录

分部工程报验应提供《分部 / 分项工程施工报验表》、分部工程质量核定表、分基工程质量评定汇总表、施工试验资料、调试报告。

（三）基础 / 主体工程验收记录

基础 / 主体工程验收由建设单位组织施工、监理单位和设计院单位进行验收，可整体进行验收，也可分段验收，并报文物工程监督站。

（四）单位工程验收记录

单位工程完成后，由建设单位、监理单位和设计单位、施工单位验收并做记录。

（五）工程竣工报告

工程竣工后，由施工单位编写工程竣工报告，内容包括：

1.工程概况及实际完成情况。

2.企业自评的工程的质量情况。

3.施工技术料和施工管理资料情况。

4.主要建筑设备调试情况。

5.有关检测项目的检测情况。

6.建设行政管理部门及委托的工程质量监督机构等有关部门责令整改问题的整改情况。

7.工程竣工照片应用 A4 纸粘贴并注明所照工程部位。

8.古建修缮、复建项目的防火或电气要求的建设单位应提供消防收单。

七、质量评定资料

GB50300-2013 系列标准执行，按分项工程、分布工程、单位工程顺序进行评定，并分为先评定，后核定两个程序。

分项工程应有质量评定表，完成后按分部工程进行汇总，并由监理单位签署的《分部/分项工程施工报验表》（单独归档）。

有分部工程完成后，应进行分部工程汇总核定，工程质量需由施工企业质量、技术部门签证。

八、竣工图的基本要求

竣工图均按单项工程进行整理。

"竣工图"标志应具有明显的"竣工图"字样，并包括有编制单位名称、制图人、审核人和编制日期等基本内容。编制单位、制图人、审核人、技术负责人要对竣工图负责。

制竣工图，必须采用不褪色的绘图墨水。

九、工程技术资料

技术资料是施工企业依据有关管理规定，在施工过程中形成的应当归档保存的各种图纸、表格、文字、音像材料等技术文件，是体现工程质量的重要组成部分。技术资料的管理实行技术负责人负责制，并配备专职经北京市古代建筑工程技术培训中心培训持有上岗证的资料员，负责施工资料的收集、整理和归档工作。施工资料应与施工进度保持同步，认真书写，项目齐全、准确、真实，无未了事项。施工资料的填写必须符合《建设工程质量管理条例》等国家有关规范、标准和北京市地方性标准《建筑工程资料管理规程》（DB11/T695-2009）及文物工程监督站监督管理室有关文物建筑工程资料管理暂行规定的要求。表格统一采用北京市地方性标准《建筑工程资料管理规程》（DB11/T695-2009）所附表格和文物建筑工程资料管理暂行规定中相关表格，采用电脑进行管理。

（一）技术资料的管理

施工技术资料包括施工组织设计、施工方案、技术交底、图纸会审、设计交底、设计变更洽商等内容。图纸会审、设计交底及设计变更在各方签字完毕后，及时发放至相关人员。

施工组织设计、施工方案在工程开工及分部分项工程施工前编制完毕，并上报业主及监理进行审批。

（二）施工物资资料的管理

工程所用材料质量均应合格，并有出厂质量证明文件。须业主及监理确认的材料应提前将产品性能说明书、质量检验报告、生产企业资质、工程物资报审表等文件报送业主及监理，按照工程物资选样资料的管理流程进行。工程物资进场后，材料人员应在材料进场一周内提供随行质量文件（材质证明、合格证等），对须进行复试的材料应由试验员按照有关规范要求进行取样，并到具备相应资质的试验室进行复试，须进行见证取样的材料应按照北京市有关规定进行取样送检，有见证取样的项目应抽取的比例不低于该项目试验总次数的30%，结构见证为100%。自检合格后向业主及监理单位报请验收。见工程物资进场报验资料的管理流程。

（三）施工记录资料的管理

施工记录资料是反映现场施工情况的重要资料，主要包括隐蔽工程检查记录、预检工程检查记录以及一些专用施工记录。施工记录的填写应真实、准确、全面，施工记录应随工程同步进行，并定期进行归档。

（四）资料归档的管理

所有资料形成后，应定期交至资料员处归档。资料员应对上交资料进行检查，保证资料的准确无误。资料归档后由资料员按照要求进行分类组卷，并编制目录以便查阅。资料员应对归档后的资料负责，确保其不被损坏、修改及遗失。资料员应建立借阅记录，并负责向借阅人要回所借资料。项目技术负责人应定期对归档资料进行检查，确保资料与工程同步进行。

第九章　季节施工措施

一、雨季施工措施

（一）雨季施工

北京地区雨季一般在 6 月—9 月，冬季施工为每年的 11 月 15 日至次年的 3 月 15 日，工程未给定具体开竣工时间，但工程至少需要经历一个冬季及雨季。

及时掌握天气预报和气象动态，经常与当地气象部门联系，以利安排施工，做好防洪度汛工作。

成立防洪组织，认真贯彻执行业主、地方有关部门关于防洪工作的有关规定，加强对防洪工作的领导，建立汛期防洪值班制度。

度汛施工要立足于"防"，在汛期来临之前，对防洪组织机构、措施落实、抢险方案等进行全面检查，把防洪所需的资金、设备、物资、人员重点做出安排并予以保证。检查中发现问题或隐患，必须立即采取措施进行整改。

做好历史水情、灾情调查，施工过程中要加强与地方气象部门的联系，及时获取准确的水情预报，确保防洪工作的主动权。

施工临时堆放的物料要防止影响泄水排洪。及时清理不用的施工机具，防止水淹及堵塞引发水害。

（二）雨季施工的工程项目及措施内容

1. 工程项目：墙体拆砌施工；施工机械的防护；办公室、库房防雨。

2. 应对的措施：场地排水，施工场地的排水为工程的关键环节。本项目拟采用自然排水为主、机械水泵为辅的方式进行院落排水，若发生暴雨将采用机械抽水泵进行辅助快排的方式进行排水，提前在现场最低洼处挖掘集水坑。对存在隐患的部位采取拦、垫、通、掏等技术手段进行处理，消除隐患，保证排畅通。暂时不进行施工的，暂先埋填，不能埋填的坑槽，采取封闭的办法解决。墙体施工，下雨前采用塑料布苫盖。材料堆放防雨，要进行防雨的材料，包括黄土、白灰，其中黄土用苫布苫盖，上盖编织布，下边悬空垫起铺设脚手板。生石灰：随用随进场，泼灰场地不允许存放多余的生石灰，进场的生石灰不允许覆盖易燃物，生石灰远离树木及易燃物品。雨季之前对施工现场的库房进行检查，保证库房不漏雨。加工完成的压浆灰在熟化、存放期间，准备好苫盖材料，当大雨来临之前，使用编织布进行、苫盖。施工机械的保护，施工机械包括油料搅拌机，电夯等，这些机械均不能遭受雨淋，因此必须备足苫盖物资，放在机械旁边，每天下班前苫盖压牢固。小型手电动工具由专人负责保管，用完后收回，避免雨淋。电气检测维修，雨季施工电气设备易产生漏电引起短路或发生触电事故，暂设电工对现场电气设备的安装使用维修保护负安全责任。下雨前苫盖机械、拉闸断电，配电箱上锁，风雨过后对用电线路、设备进行摇测检查，发现问题及时检修。检查机械设备的完好情况，漏电设施灵敏度，使用防雨电闸箱，遥测接地阻值，并对机械设备搭设防雨棚。施工脚手架的搭设，对搭设施工脚手架的地点比较松软的地基要进行夯实，并且垫好脚手板，确保地基不下沉，保证脚手架的稳定性。

（三）雨季施工的技术准备措施

进入雨季前由项目部技术负责人组织各专业工长对现场进行全面检查，找出雨施隐患部位，影响雨季施工的部位以及各种可能出现情况的应对措施，经过讨论归纳，总结后形成工程雨季施工作业指导书，下发给各专业工长指导施工。

在雨季施工期间各专业工长进行技术交底时要重点强调雨季施工内容，安全员在布置和检查安全工作时要重点检查雨实施方案的落实情况和雨施隐患。

（四）雨施材料的准备

1.员工防雨准备雨披、雨鞋。

2.苫盖材料：准备充足的苫布、彩条布、塑料布、麻绳、铅线、脚手板。

3.排水工具：水泵、水管、疏通机、电缆、铁锹、洋镐。

4.其他料具准备：应急灯、手电筒、值班电话、编织布、砂石料、舀水工具、通条、扫帚等。

（五）雨施人员准备

落实岗位责任制，实行分片包干：责任落实到人，每个施工员负责各自施工项目的雨施措施的落实与应急抢险工作。

项目经理组织雨季防汛队应对突发事件，并经常进行演练，以熟悉运行程序和工作内容。

（六）各种情况的应对

防汛抢险队的组成：由项目经理、技术负责人、各专业工长、暂设电工、材料组长、安全员、包工队班组长及年轻力壮的民工组成。

防汛抢险队的岗位责任：项目经理负责现场全面指挥，技术负责人负责应急情况的技术处理措施的制定，材料员负责抢险材料的采购和发放，电工负责抢险机械的保护、检查、更换、维修，安全员负责安全隐患的检查与抢险应急人员的调动，民工队负责施工现场场的排水疏通和材料的苫盖，各专业施工队负责本专业施工作业面的苫盖保护、排水处理、成品保护等。

抢险队活动内容：由安全员组织各专业工长及专业队民工负责人认真学习雨施作业指导书，明确各自负责范围内危险源的种类、数量、位置及应对措施，然后对施工队民工进行培训。

安全员组织雨季抢险演练，熟悉组织程序和操作程序，各专业工长经常检查自己责任区内危险源的日常维护情况和安全程度。

鼓励民工汇报、提醒、指出安全隐患，提出合理的建议，定期组织抢险队活动，做到常抓不懈，常备不懈，招之即来，来之能战，战之能胜。

二、冬季施工措施

北京地区冬季施工日期为当年 11 月 15 日起至第二年 3 月 15 日止；或连续 5 天保持日平均气温低于 +5 摄氏度即进入冬施，连续 5 天保持日平均气温高于 +5 摄氏度冬施解除。

工程开工时间为秋冬季，在冬季施工期间，由于气候寒冷，不适宜古建筑修缮湿作业项目的施工。为给来年修缮施工创造条件，计划开工后做好施工前的技术准备和暂设区暂设的准备工作，计划在 10 天内完成。

防冻害：冬季气温低，暂设准备施工人员保暖防冻害是工程的重点。

防火灾：北方地区冬季干燥风沙大，清理暂设区时，施工渣土装袋运出现场，尤其是易燃物。现场按照施工方案要求布置配备好消防器材和设施。加强对施工人员的消防安全教育，设专人对现场进行安全检查。

遇到雾雪等恶劣天气时，要及时清除施工现场的积雪，严禁降雪和大风天气强行组织施工作业。

防止施工场地、运输道路积水结冰，造成安全隐患；脚手架、脚手板有冰雪积留时，施工前应清除干净。

工地临时水管应埋入冻土层以下或用草包等材料保温。水箱存水，下班前应放尽。

重视施工机械设备的防冻防凝安全工作，所有在用的施工机械设备应结合例行保养进行一次换季保养，换用适合寒冷季节气温的燃油、润滑油、液压油、防冻液和蓄电池液等。对于长期停用的机械设备，应放净设备和容器内的存水，并逐台检查做好记录；对于正常使用的机械设备，工作结束停机后要求将设备内存水放净。

三、农忙季节施工措施

工程基础施工将遇农忙，根据大多数职工家居农村的现实，农忙收种是农村的关键季节，难免保证不了职工的全勤上班，为此，在计划中考虑到农忙季节的影响因素，为进一步提高职工出勤率，减少因人员不足而影响工期，同时做以下工作安排及制定以下措施：

（一）农忙季节的工作安排

一方面可作为技术性较强项目的基本施工队伍，另一方面可解决因农忙而走人的问题。该部分人数应保证正常施工现场所需劳动力的 60% 以上。对于部分劳动力配置量大的施工项目，在施工计划安排时，尽可能与农忙季节错开，减少农忙季节对劳动力的需求，避免因农忙回家务农的人员过多而影响工程的正常进行，确保工期进度。

要求各施工班组长要做好秋收期间保勤工作的合理安排，做好广大职工的思想工作，及时了解职工的思想动态，及时解决职工的后顾之忧，使在班职工能够全身心地投入到安全生产上来，确保安全生产顺利进行。

制订农忙季节的小段施工计划，每一周一计划，实行奖罚制度，完成者奖，拖后者罚，同奖同罚。

（二）农忙保勤措施

农忙前做好工人的思想工作，加强集体观念，从主观上调动职工积极性。

因工期任务重，对班组项目部实行当天工资当天支付，早上项目管理人员点名，把现金支付给各班组长，下午下班时发给本人，保证按时按按质完成任务。实行当天兑出勤奖的办法，农忙季节每出勤一天奖出勤奖 10 元，提高工人出勤率，同时相应进行罚款，从而进一步加强约束，如果农忙期间（约为 1 个月的时间）出勤天数不满 20 天时扣发全部出勤奖，用以确保工人的出勤率。

实行加班加点，条件允许的项目，采取昼夜施工的方法，当天支完的模板，当天浇筑砼，充分利用工作面，确保工期。

合理安排生产，必要时补充外来力量，利用一切可利用的因素，确保工程进度。

认真安排好农忙节假日期间职工的休息，不能过分延长职工的工作时间。

尽量安排本公司劳力进行施工，不受农忙季节影响，可保证工程施工的连续性。

（三）责任分配

部管人员系本单位正式职工，基本都能坚守工作岗位，在此问题上能做到统筹安排和调配，使施工现场随时做到有管理人员坚守现场，对工人起到一个模范带头作用。

施工班组长必须坚守工作岗位，协助项目经理及管理人员做好本班组施工人员的思想工作和工作安排。

为使农忙季节确保工程能够连续不间断地施工，项目部制定了责任到人的制度，与各班组长签订责任保证书，确保农忙期间施工人员数量。

经项目部各管理人员共同商定，制订了农忙期间工程施工进度计划。为确保工程的顺利施工，各施工班组长必须与项目部配合协调，做到人员统筹安排得当，如有缺勤或出勤率不够现象，按奖罚制度及责任制度对相应班组及责任人进行处罚。

（四）质量管理措施

由于农忙原因，工人思想波动大，质量意识薄弱，项目部为此制定了一套健全的、有效的质量控制管理体系。增强管理人员的管理意识，提高操作工人的质量意识。严格把关，主要是明确责任。按照公司及项目部的质量保证体系、明确各级责任，上道工序不合格，下道工序不施工。使各工序在施工过程中处于良好的受控状态。在工程施工过程中，不断强化质量意识，层层落实责任制，对施工管理人员、生产班组强化"谁施工，谁负责质量；谁操作，谁保证质量"的施工质量原则，施工队长跟班管理。只要工作面上有工人在生产操作，就有各级管理人员跟踪检查监督指导，切实做到管理到位，责任到人。致力于及时发现问题，及时解决问题，将质量隐患消除在萌芽状态。另外就是在施工过程中积极与建设单位和监理单位搞好配合，服从管理，对他们提出的意见及时落实。

（五）安全方面

将安全工作责任落实到人，使各项安全工作都得到落实，安全员每天要检查全面到位，确保施工现场无任何安全隐患，每个项目施工前，工地安全员应向施工班组进行安全技术交底，并讲述有关注意事项。班组长必须天天在上岗前进行详细的安全作业检查，并及时向施工人员交代和部署。打消农忙期间工人的安全麻痹意识，杜绝安全事故的发生，确保工程的顺利施工。

第十章　进度管理

一、施工总进度计划保障措施

根据工程计划安排，可利用时间相对较短，工序衔接需紧密可行，协调管理要求高，为了确保工程达到约定质量标准要求，确保工程按期竣工交付使用，兑现投标承诺，结合我单位类似工程施工经验技术优势及综合管理实力，制定如下工期保证措施。

（一）人员组织保证

项目部人员进场准备：

该项目将选派优秀的项目经理担任工程的项目经理，项目经理从事过多项国家级和市级文物工程的施工，具有丰富的项目施工管理经验、专业知识和组织指挥协调管理能力；由具有很高的综合技术水平、丰富的技术质量管理经验的工程师担任项目技术负责人；配备专业工长等若干名；各部门负责人择优录取，组建高素质项目管理机构。

作业队伍选择，我单位将派优秀的施工队进场承担施工任务，施工队具有丰富的古建筑修缮施工经验，作业队为整建制的建筑施工队伍，施工人员相对固定，该队伍施工的其他工程多次获得建设单位好评。成品、材料，采取多考查、多对比的方法，选择出优秀的厂家签订合同，并在合同中对工程质量提高出具体的要求，在加工过程进行监督、检查，保证材料按质、按期供货。

（二）施工组织管理保证

1. 施工计划管理

该计划关键控制点有开工日期、琉璃瓦加工进场日期、脚手架及围挡完成日期等，总进度计划关键控制点是我们分别编制各专业进度计划（二级进度计划）的依据。根据二级进度计划编制月进度计划、周进度计划报项目工程部审批，现场施工专业队编制日进度计划。整个施工计划编制做到主线明确、层次分明，关键环节突出，可操作性强，通过严格的计划管理掌握施工管理主动权。

计划的执行与控制，即建立每周生产例会制度，定期检查计划落实情况，解决实际存在问题协调各专业工作。每周（月）结束后，根据实际完成计划与周（月）进度计划进行对比，编制对比计划，找出影响周（月）进度计划完成的原因，进行具体分析、研究，编制有针对性的追赶计划。如下月仍不能完成计划，对该专业进行罚款，直至解除该部分任务承担者的施工资格。为保证计划的实施，编制施工进度计划的同时也应编制相应的人力、资源需用量计划，如劳动力计划，现金流量计划，材料、构配件、加工、装运等到场计划并派人追踪检查，确保资源满足计划执行的需要，为计划的执行提供可靠的物质保证。

生产例会制度，即项目每周举行一次现场生产调度协调会，总部主管领导负责协调现场施工质量、工期进度、资金调配、人员安排等相关工作，并定期或不定期地参加现场会议。由项目主管经理和工程、质量、安全等部门及班组相关人员，做到每天早巡视、晚碰头，以解决当天存在的问题和安排次日的工作。

2. 工序管理保证

劳动力安排，即根据周进度计划安排，找出关键工序，监督劳务分承包方合理组织劳动力，精心策划优化劳动力组合，确保各工序合理工期，避免在施工中出现因个别工序未完成而影响其他工序造成窝工现象。同时责任落实到人，赏罚分明，对缩短了工序工期的班组予以奖励，影响工序工期的作业班组和个人予以罚款。

工序验收，即每道工序完成后，作业班组进行自检，合格后报工长复检，由工长报专职质检员验收，合格后方可由下一工序施工班组和质检员签字认可，办理交接检手续，进入下一道工序施工。同时加强工序成品保护，落实工序质量责任。即验收下一道工序时，如果上一道工序存在问题，则上一道工序的责任由下一工序施工人承担。

加大质检人员的权利，充分发挥专职质检员的作用，严把工序质量关。确保各工序质量一次验收成优，杜绝返工，以良好的施工质量保证工期目标。

3. 施工方案和技术措施的管理

方案措施的编制，即主要施工方案由项目总工程师和技术部门参加共同编制，一般性的技术措施由项目总工程师主持，项目技术部门结合施工现场的实际情况编制。方案、措施编制做到理论结合实际，先进合理，施工方便，提高方案措施的可操作性，同时必须做到准确、及时。

方案措施执行与落实，即施工方案和技术措施一经制定，现场施工严格按方案和技术措施的规定执行。主要施工方案和措施由项目总工程师对工程部、技术部、质检部进行统一交底，一般性的施工方案和技术措施由工长直接对作业队班组进行交底，并办理有关手续。由班组长对操作工人进行交底。

季节性措施对工期的保证，即该工程历经冬、雨季，冬、雨季施工措施是保证工期的关键，为此必须有完善的季节性施工措施。详见《冬雨季施工措施》。

4. 材料及施工机械管理

材料保证，即工程主要物资、设备统一组织招投标工作。项目按照进度计划要求提出各阶段的材料需用量计划，并与材料公司签订物资、设备供应协议，明确双方的责、权、利，公司生产安全部监督、协调物资、设备的供应，以满足生产需要。其他材料由项目部自行采购，所有材料进场时均由项目专职质检员、材料员、技术员共同验收，未经验收合格的材料一律不得使用，不合格材料严禁进入施工现场。

机械设备保证，即为缩短工期，降低劳动强度，提高施工效率，我单位将充分发挥机械化作业的优势，及时组织机械进场，并保证进场机械的完好率。若工程冬季开工，进场机械需满足冬季部分施工需要。

5. 资金保证，即工程执行专款专用制度，以避免因为资金问题而影响施工进度，充分保证劳动力、施工机械的充足配备、材料及时采购进场。随着工程各阶段关键节点的完成及时兑现各专业施工队伍的劳务费用，这样既能充分调动作业队伍的积极性，也能使各作业队为工程安排作业人员。保证工程资金专款专用。不得临时挪作他用。

6. 良好的周边环境对工期的保证

施工环保管理，即建立环保体系，制订环保方案，加强施工现场的环境管理，采取有效措施做好施工现场的排污、防尘、降噪工作，尽量避免出现人为噪声。积极主动和工程所在地街道办事处、居委会、派出所、交通管理部门等联系，取得他们的信任、支持和帮助，为施工提供方便。遵守昭陵院内的相关环保管理规定。

二、可能影响工期的因素以及解决措施

（一）工程工期延误因果分析图

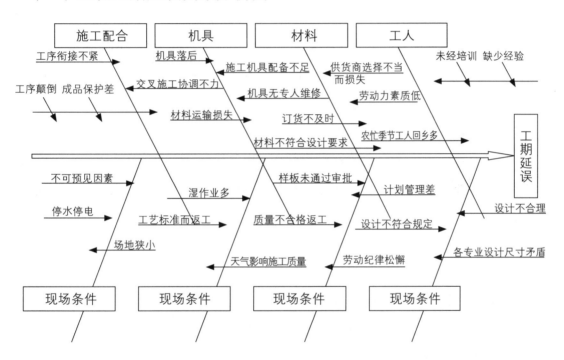

（二）施工配合因素及解决措施

1. 工序衔接不紧

工程在施工中会出现上一个工序未完成，下一个工序无法开始，往往需要等待很长的时间才开始下一工序，这就是造成工序之间的脱节，很不流畅，从而影响到工期。所以，要做好详细的计划，把问题考虑充分，使每一步都能按照计划完成，让每一道工序紧密搭接。

2. 成品交叉破坏返工

工程施工中还会出现工序颠倒的情况，项目将选派施工经验丰富的管理人员，针对工程施工具体情况，制定严格的施工顺序，确保不出现不清和颠倒的情况。

成品保护意识差，工程施工到一定程度，成品会越来越多，如果成品保护意识不强，施工完的成品不注意保护，前面施工完，后面就跟着修补返工，生产交叉破坏，势必会影响到工期，项目将随时对现场施工人员进行成品保护教育，并制定严格的成品保护制度，同时安排专人看守。

现场往往会出现几个工序同时进行交叉施工的情况，如果相互之间不能协调好，就会打乱仗，就会相互产生影响，项目在施工中出现这种情况后，将理清工序，分清先后顺序，由项目技术负责人协调施工队伍之间的施工配合。

现场施工也时常出现停水停电的情况，如果出现的频率太高，时间太长，将会影响正常施工。我公司将密切与现场业主联系，出现停水停电情况，以最快的速度在最短的时间内处理，同时，对于施工用水，将准备工具储备一定量的用水，对于施工用电，配备几台发电机以备应急之用。

工程因场地狭小，砖、木材的加工均在场外进行，材料的场外加工给施工带来了诸多不便和困难，又因白天不能进料，给施工的顺畅带来了相当大的影响，为此项目部必须认真组织施工，合理安排各工序之间的搭接，完成材料进场计划，保证施工用料。

3.机具因素及解决措施

安装机具落后：目前机械化施工的程度越来越高，如果选用的机具陈旧落后必将对现场施工带来影响，我公司将定期在市场上选购一批工作效率高先进的机具设备，从而始终保持机具的领先，提高现场工作效率。

材料进场造成损失：因工程处于昭陵院内，进场材料全部采用夜间进行，为保证材料的及时供给，要求项目部认真执行进度计划，合理安排材料进场时间。

机具配备不足：现在的施工现场机械化施工比较多，如果机具配备不足，必定将影响到施工效率，我公司将集中调配足够的施工机具到现场，还将选购一批新机具，以补充现场机具的需求。

机具无专人维修：现场施工的机具多，施工人员对机具的使用不爱惜或有问题不及时进行维修造成大量的闲置，这样现场的机具使用率会非常低，也将影响到施工进度，我公司在工程施工现场将安排两名专修人员负责施工机具的日查功能保养和维修工作。

（三）材料因素及解决措施

1. 订货不及时

工程施工在进行过程中，往往因为材料不及时到现场而造成停工，有一部分又因为材料计划的不及时而造成订货的不及时，项目将及早及时地、准确地拿出材料采购计划，以免延误订货时间。

2. 材料不符合设计要求

材料不符合设计要求，到现场后不能使用，影响工程进展，项目部将安排技术人员到材料供应厂商家现场蹲点，保证到现场的材料为合格品，满足设计要求。

3. 现场保管不善而损失

一部分材料用于施工部位，一部分材料要堆放一段时间，在现场堆放过程中，由于施工或其他原因造成材料的损坏，影响到工期，项目部将到场的材料安排到较密闭的产地存放，并且安排专人二十四小时看守。

4. 供货厂家选择不当

工程施工中会有许多材料供应厂家，如果选择的供应厂家不当，会影响进度，我公司与那些有多次合作的规模较大的材料供应商合作。

5. 运输受阻

材料的运输也会成为一项影响工期的因素，如果在材料运输的过程中出现交通事故或其他突发事故，那么在计划的时间内应该到场的材料就不能到场，这也就成为影响工期的一项因素。项目在材料运输期间，应随时与运输人员取得联系，随时掌握运输过程中的情况，便于项目在一定的情况之下，对现场施工做出调整。

（四）工人因素及解决措施

1. 缺少有经验培训的班组长

项目施工在具备高档的建筑材料、先进机具设备后，要想做出精品工程，施工队伍、劳动力素质极为重要，如果施工班组缺少经验，人员素质低，施工就会不熟练，甚至还会不断出错，施工质量难以保障，同时还会影响工期，我公司在劳务队伍的选择上极为重视，队伍都是来自具有"建筑之乡"美称的地域，而且从中挑选具有多年施工经验的工人。

2. 劳动力未按照计划调配

如果劳动力不能按照计划进行调配，也会影响到工期，工程开工前项目会制订详细的劳动力计划，如果不能及时地安排计划调配，短期目标就难以实现，那么就会影响总体工期进度目标。我公司将储备充足的劳动力队伍，这样一旦按预计计划到位的施工队伍不能到位，那么立即采取替换，保证现场施工不受影响。

（五）工艺因素及解决措施

1. 施工工艺烦琐陈旧

现场施工工艺烦琐陈旧会影响施工效率，现在新工艺新技术不断出现，我公司将随时掌握新知识并用于工程中。

2. 装配化程度低

现场施工中，有许多分项工程可以在场外加工场内施工，这样可以大大提高现场的施工速度。项目部在分析每道施工工序时，因工程的自身特点采用场外加工，然后运至现场安装成活，提高现场的施工程度。

（六）不利因素及解决措施

1. 样板未通过审批

工程开工前，要做施工样板，如果施工样板不能及时通过，那么大面积就不能展开施工，就会影响工程进展。因此，项目在做样板时，从材料、劳动力、质量、工期等各个环节严格控制，把所有工作做到最好。

2. 无工艺标准而返工

项目在施工中将严格执行行业及古建筑操作规程标准，无施工工艺就不施工，施工完也要返工，这样就会影响工期，为了工艺标准再施工，使每一项工序都有标准。

3. 质量不合格返工

工程不合格质量造成的返工是影响工期的重要因素，项目将制定详细的质量保证措施，确保质量验收一次合格，不出现返工现象。

4. 计划有缺口

项目施工中会制订许多计划，这些计划的制订有利于指导现场施工的进度。

5. 进度考核不力

项目进度如果不能按阶段完成，就会影响总工期，项目将每个进度节点控制好，加大力度完成每一个进度节点的内容。

6. 劳动纪律松懈

项目还需要加强劳动纪律的管理，没有严格的纪律，整个项目就会松懈，如一盘散沙，这样就不会有好的劳动氛围。因此，影响到施工现场施工等各项工作。

（七）设计因素及解决方案

1. 设计修改频繁

施工设计反反复复地修改也是影响施工工期的因素，如果图纸设计方案及变更方案迟迟不能定下来，后面的工作就无法展开。

2. 设计完善速度慢

工程因外园墙涉及的单位暂未协商完毕，导致设计图尚未全部设计完成。涉及部分随着施工进行，我方将配合设计逐步踏勘完成，并督促设计单位及时完善设计方案，以免造成工期延误。

（八）工程进度落后原因分析及采取的应对措施

工程进度落后原因分析表

项目	找出落后原因	针对落后原因所采取的相对措施
流动资金	劳动力资源短缺	由总部支援入手，借用其他工地人员支援，加班加点
	工程资金调度困难	向总部求助，向银行贷款
	业主未按时支付进度款	加强与业主及监理工程师协调，促使业主早日付款
施工进度计划	材料及设备未能按时进场	早日提出材料采购申请计划，注意供货商生产时间
	政府法规变更	随时注意政府相关法规变更，及时提出相应对策
	图纸的设计变更	请业主提早提出变更方案，我公司适当向业主合理化建议
	施工工艺流程变更	请业主及监理方协调各相关单位，确定施工步骤变更的施工方法

项目	找出落后原因	针对落后原因所采取的相对措施
	部分施工材料短缺	随时注意施工材料是否有短缺情况及市场行情
	遭遇天然灾害	工程保险，收听天气预报，加强注意天气状况，提前做好准备
质量保证措施	材料设备品质不良率偏高	加强成品及半成品制造过程的监督
	材料设备规范未能符合要求	及时更换供货商
	工人施工技术不过关	加强岗前培训教育工作，使用技术纯熟的技术工人
	工程监理力度不够	加强内部管理，加大监理力度
	工程交叉作业未能协调好	加强与各班组的协调，并请业主及监理方加强协调工作

（九）对影响进度的突发事件所采取的处理措施

突发事件处理措施表

出现状况	出现情况	采取的处理措施
劳动力不足	工人怠工	更换工人，并向总公司申请调配工人
	情绪不稳	了解生产原因安抚情绪，解决需求，稳定人心
	人手短缺	向总公司请求支援或从公司合格劳务清单中选择工人以增加人手
	调整计划	向业主检讨工程进度，征求业主同意重新拟定进度
	工程赶工	调用预备班，调用其他工地人员、加班加点
材料及设备供应不及时	材料采购	采购时广寻货源，并随时掌握货源及货量以备紧急时供应
	材料存储	材料储放由专人负责、建立材料仓库
	材料备用	依材料进度所需增加 20% 储量以备急用
	设备采购	紧急采购，提前订货缩短工期
	设备预留	修改工程进度，先配合周边工程预留
	设备调用	动用总公司人力、机械，提高技术人员紧急抢修
施工安全	人员事故	依照人员突发事件对策处理
	设备事故	依照设备突发事件对策处理
	材料事故	依照材料突发事件对策处理

（十）不可预见性安排计划

1. 在施工中如需业主、监理公司配合的事项，事先向业主、监理公司提出。如：供应材料的进场时间、施工方案的审批、隐蔽工程验收、施工变更签证等。

2. 在施工中需其他单位的配合的事项，事先书面通知其他单位需配合的事项，要求完成的内容、时间等，并报请业主、监理公司协调。

3. 在施工中图纸同实际情况不符，需设计变更的，及时提出变更方案，供业主、监理公司、设计公司参考，以便及时拿出变更方案。

4. 对所有需其他单位配合的事项，应及时了解配合事项、配合情况，对于可能影响的施工进度，应报请业主、监理公司协调解决。

5. 加强对各道工序的质量监督，严格执行"三检制"防止返工而影响工期，对因不按工艺施工、不按要求检验的，一经发现严肃处理。

三、工期发生延误时补救保证措施

合理的安排工程施工是保证工期的条件之一，在实际施工中延误工期因素多，所以必须制定若发生延误工期应采取的对策及措施。工期发生延误时补救保证措施：在劳动力调配上，准备预备队伍。一旦出现意外，影响工期时即组织补充力量，两天内赶赴工地，增加人工，合理加快工程进度。

可能影响施工进度的主要因素有：设备、材料未能按预定计划到货；设备、材料出现制造质量问题等，工程中标后，我单位立即对厂家进行选择，施工过程中加强厂家的催货和质量监制工作，合理调整施工计划安排，及时处理材料问题。

如延误工期，将对场外加工材料延误造成影响。将采取上道工序完成一项，中交一项，提前上场，确保工程进度。

在上道工序工期延误时，将增加作业人员，施工机械，抢时间，弥补上道工序延误的工期。

经济技术措施：

1. 合理组织施工，正确选择施工方案，提高施工管理水平。

2. 在施工之前首先做好施工准备阶段的管理工作，编制分项及特殊工序作业方案，做出施工全面规划和部署，采取先进的施工方法、施工工艺、技术组织措施，选择最优方案。

3. 落实技术组织措施。为了保证技术组织措施计划的落实，并取得预期的效果，在项目经理的领导下，充分发动管理人员进行讨论，提出切实可行的措施，最后由项目经理召开有关负责人参加的会议进行讨论，做出决定，成为行之有效的措施。

4. 提高劳动生产率

提高职工的技术水平和劳动熟练程度：努力提高企业领导人员、工程技术人员、管理人员和生产工人的管理水平、业务能力和劳动熟练程度，是降低工程成本、提高经济效益的关键。因此，在施工中应特别注重加强职工的政治思想工作，开展劳动竞赛，实行合理的工资奖励制度，以调动广大职工群众的积极性，同时还应注意人才培养，有效地提高职工的技术水平和劳动熟练程度，并注意不断改善生产劳动组织，以老带新，以适应新时期施工的需要。

提高设备利用率：充分利用施工机械设备，发挥现有施工机械设备的效能，加快施工进度，缩短工期，降低成本，提高经济效益。

节约材料消耗：在确保工程质量的前提下，采取改善技术操作方法，推广节约能源的先进经验，制定消耗定额和加强材料管理力度，实行节约奖励制度等有效措施。

对外适当降低管理费用，减少利润收入，回报业主。

编制、下达项目成本计划，对项目成本实行考核，并与项目部管理人员效益挂钩，使项目工程成本在范围内控制。

项目部根据成本计划，结合施工网络和人员组成结构、劳动定额用工等，分类编制项目降低成本计划。

按项目部职责范围对降低成本计划实行动态管理，每月进行完成产值成本项目分解分析，并根据分析情况对降低成本计划进行调整。

严格执行材料领用和工程施工定额任务单制度，对工程用料和用工实行审批手续。

对其他直接费和间接费用的开支，由项目经理直接控制，根据需要确定，防止资金流失和浪费。

第十一章　质量管理体系及保证措施

在施工过程中，定期开展全面质量检查和质量问题分析会，掌握工程质量动态，应用科学的数理统计分析方法，分析工程质量发展趋势，通过利用组织、技术、合同、经济的措施，达到"人、机、料、法、环"五大要素（4M1E）的有效控制，保证工程的整体质量。

我公司一直把施工质量放在重要的位置，把施工质量作为历史责任，从企业的生存和发展的意义上来要求。对工程特别从政治和公司经营发展战略的高度，做了全面统一的部署。质量管理是工程管理的重点，我们将从质量保证体系和质量保证措施两方面入手，全力进取达到质量目标的实现。

一、质量保证体系

（一）质量管理模式

工程修缮建筑面积约 2514 平方米，工程时间跨度较大，给工程的质量管理带来一定困难。因此，在施工过程中将严格按照国家有关法律法规、施工规范，结合我单位综合管理体系的要求。

（二）建立完善的项目质量保证体系

认真贯彻 ISO9001-2000 质量管理体系标准。质量保证体系是我单位综合管理体系的一个组成部分，致力于确保质量目标的实现，满足顾客及其他相关方对产品的需求、期望和要求。以质量体系为主线，考虑产品形成过程中的环境管理体系和职业健康安全管理体系的要求，从而形成使用共有要素的管理体系。

（三）根据业主要求，识别管理体系所需的过程

确定过程的顺序和相互作用，并使其处于受控状态，以实现业主满意。并通过体系的持续改进，以增强业主和相关方满意的程度，能够提供持续满足要求的工程（产品），向业主和相关方满意提供信任。

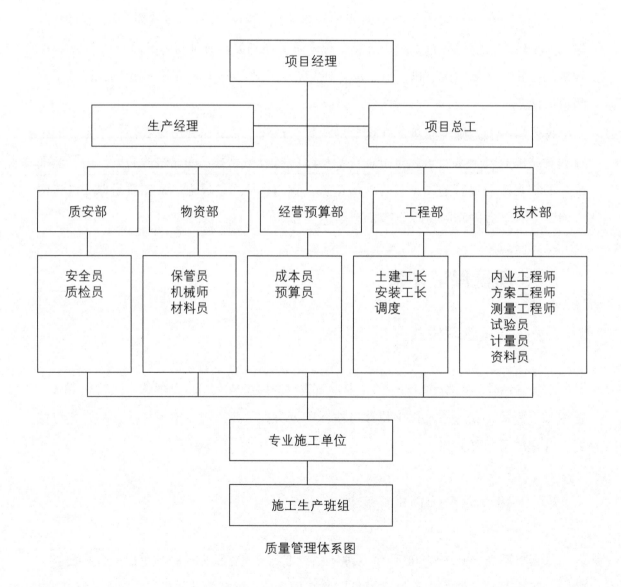

质量管理体系图

（四）质量管理体系要求是除国家标准外对工程（产品）要求的补充

建立和实施质量管理体系包括以下几方面内容：

1. 确定顾客和其他相关方的需求和期望。

2. 确定公司的质量目标并予以分解。

3. 确定实现质量目标必需的过程和职责。

4. 工程的质量保证体系是根据综合管理手册的要求建立的，是我公司质量管理体系在工程的延续。此管理体系是以项目经理为主要负责人，项目总工和生产经理领导监控，各职能部门执行监督，严格实施的网络化的项目组织体系。

5. 组织设计，包括选定一个合理的组织系统，划分各部门的权限和职责，制定各种基本的规章制度。

6. 组织联系，规定组织机构中各部门的相互关系，明确信息流通和信息反馈渠道以及各部门之间的协调原则和方法。

（五）建立质量管理小组

建立以项目经理为首的质量管理领导小组，下设综合性的质量管理机构，其地位比其他职能部门（技术部、工程部、物资部等）要高一层次，是直属项目经理的决策机构，帮助项目经理制订《质量计划》督促各部门的质量活动，把质量保证体系方面纳入经营计划轨道，提高质量管理的计划性，做好质量预控。

（六）质量保证体系机构

1. 质量保证体系核心：总指挥为项目经理。技术总负责为工程师。有关质量管理主要部门设置有工程部、技术质量部、资源部。

2. 质量保证体系文件：按照 ISO9000 标准、建筑安装工程施工验收规范及操作规程、建筑安装工程质量检验评定标准、施工图纸及相关工程文件和本企业《质量/职业健康安全管理手册》，编制《修缮工程质量保证计划》。实现目标管理，过程控制，保证工程施工、服务整个过程符合规范标准和合同要求。

3. 质量目标：按招标文件要求，工程质量目标为"确保合格，力争优良"。

（七）建立健全质量保证体系

1. 成立质量控制小组，由公司领导策划，项目经理部具体实施。

2. 质量职责，根据质量保证体系，建立岗位责任制和质量监督目标管理责任制，明确分工职责，落实施工质量责任，各岗位各司其职。

3. 质量保证管理程序，依据公司《质量／职业健康安全管理手册》的要求，我们决心以自己卓有成效的努力，提供给业主最合格的产品，不断地提高工作质量和服务质量，更好地完成对业主的质量承诺。

（八）管理人员岗位责任制

1. 项目经理

项目经理受法人委托负责工程全面工作，贯彻、执行国家、北京市政府及有关部门颁发的法律、法规，在工程的生产、技术、安全、文明施工、质量等方面直接对公司法人负责。

按公司和业主要求安排工程季、月生产计划，监督执行生产计划落实情况，根据工程计划进度安排，调整和协调生产计划措施，保证季、月生产计划按目标实现。

协调各工种交叉作业，保证总进度计划关键部位的实施。

建立健全本项目的质量保证体系，履行施工合同，保证质量体系的正常运行。

组织项目部定期召开工程例会，检查会议所定事项的执行情况和纠偏改正措施。参加监理例会，监督、执行例会所确定事项的实施。

负责协调施工过程中周围环境单位的关系，做好与各相关单位的协调工作。

2. 项目技术负责人

项目中受项目经理领导，负责工程项目的技术、质量工作，领导工程技术管理人员完成工程的质检、计量、材料试验、测量、工程技术资料收集整理等工作，实现工程的质量目标。

组织工程管理人员进行图纸会审和参加设计交底，组织技术人员编制工程的施工组织计划、质量计划、作业指导书，并组织实施。

工程的特殊过程，要预先组织、督促有关人员做好"人员、设备、过程能力"三鉴定，指定专人进行连续监控，并保存过程记录。

严格把好传统工艺质量关，教育施工人员加强环境保护意识，严格贯彻执行"环境保护工程管理办法"。

负责审查加工、订货单中的质量保证资料内容，把好加工、订货质量关。

负责施工过程中的技术洽商和做法变更落实，并将洽商记录及时送到有关人员和部门。

3. 项目材料负责人

在项目部受项目经理领导，执行公司质量保证体系文件中关于材料管理和《料具管理办法》，全面负责工程的物资、机具的管理工作。负责按批量进行材料的试验检测工作，并将检验报告归入施工档案。检查、核实工程材料供应计划和材料账统计工作，每月督促、检查材料成本，每月向项目经理部报告材料使用的基本情况。

负责本项目部对外加工订货工作，签订外加工合同，确保其数量准确、质量合格，按计划、要求、日期进场。大宗材料供应商必须是公司确认的合格供货商名单之列，并对其供货能力进行实地综合考察，向公司备案后签订订供货合同。

负责本项目部的材料管理工作。

负责检查工程库房材料管理工作。

4. 项目质量检查员职责

在项目部技术负责人领导下，按施工图纸、施工规范、设计变更、施工组织设计的要求，纠正违章操作，做出产品质量合格或不合格的初评判定结论，对不合格工序发出通知单，并对纠正措施进行检查复验，做好复验记录。

参加在施工程的全部隐检、预检项目的检查、验证、评定工作，监督有关工长做好工序状态标识。

负责在施工过程的工序标识（主要难点质量记录）并进行检查监督。

负责分项质量检查的核定工作，对存在的问题及时处理，并责令有关工种进行整改。

参加项目部组织的竣工自检，公司组织的内部竣工预验和环境建筑工程质量管理部门的合验。对各级验收检查所提出的质量问题，编制整改方案，督促责任者限期整改。

收集、保管好单位工程、专业工程的质量检验记录，不合格品"返修通知单"等原始资料，为产品可追溯性提供依据。

及时向公司技术质监科报告"质量事故",参加事故的调查和分析,并监督事故处置方案的实施。

5. 项目资料员职责

在工程中受技术负责人领导,对现场技术性文件和资料进行控制管理。

根据建筑安装工程资料管理规程及古建技术资料要求,负责本项目部所发生的资料检查、分类、整理、汇总工作。

负责工程的计量工作,负责管理测量、计量器具及台账。

负责收集、整理、保存文明施工检查记录。

6. 项目各专业工长职责

在工程中受项目经理领导,在施工过程中,认真执行标准、规范和施工组织设计的有关规定,实现所承担项目的质量目标。

掌握施工图和相关图纸内容,及时掌握技术变更和作业变更内容参加图纸会审和设计交底。参与施工组织设计(方案)的编制与调整及其他项目措施的管理,贯彻执行施工组织设计方案。

熟悉施工图纸,掌握施工工艺,向施工队下达施工任务书及进行书面技术、质量和安全交底。

施工过程中随时检查工程质量,对关键工序、部位、特殊过程,编制专业作业指导书,亲临施工部位进行监督、指导,并做好施工记录。

严格执行计量、材料试验、检验制度,对不合格产品,坚决返工,并对已造成损失的工程项目做定量记录,分析原因编制整改方案报技术负责人审批,并严格执行批准后的方案,监督执行。

负责填写工程隐、预检记录表,由专职质检员检查合格后,报送监理单位经检查合格后再进行下道工序施工,负责组织施工班组进行自检、交接检,及时验收所完成的分项工程项目,填写质量验评表。

负责本专业加工订货提料单、材料计划、安排本专业作业计划书的编制工作,给施工队核计工程量,下达施工任务书。

7. 项目安全文明施工员职责

在项目经理的领导下,负责本项目部安全、文明施工的检查、监督工作,严格执行施工组织设计中安全、文明施工措施。

每天巡视工地的安全工作，发现安全隐患及时通知工长进行整改，对工地中不按安全操作规定的行为加以制止，对严重违章者及不听劝阻者给予经济处罚，监督、检查、整改隐患，并做记录。

工地发生安全事故，参与事故的调查，分析事故的原因，在 12 小时内写出事故的报告，报与公司有关部门。并参与事故的善后处理工作。

做好每天安全检查记录，建立安全台账。

检查施工范围内的文明施工责任区是否符合要求，对不按要求的施工班组要求限期整改，对不听劝阻的行为给予处罚。

记录每天文明施工情况，填写文明施工内业资料，建立文明施工档案。

8. 计划、统计、预算员岗位职责

在项目经理的领导下，负责本项目部工程的生产计划、统计书的编制工作。按项目部要求的时间完成计划、统计报量工作。

负责工程的测算工作，将详细数据提供给领导，以保证测算工作的准确性。

根据建筑工程的特点，开工之前编制工程施工预算，施工当中核实实际工程量，做好实际工程量清单的记录和报审工程，工程竣工后完成工程结算书的编制。

9. 试验员岗位责任制

在工程中受技术负责人领导，熟悉施工图纸，根据工程量做出试验计划。

根据建筑安装工程资料管理规程及古建技术资料要求进行试验，记录原始数据和结果，并得出试验结论和统计。

负责收集、整理、保存施工检查记录。

（九）质量保证体系的运行

建立以项目经理为核心，由职能管理机构专职质检人员和管理层与操作层的兼职质检人员组成的质量管理网络，逐级健全质量责任制，在施工全过程中，按照 ISO9001-2000 质量管理要求，运用全面质量管理的方法。并组织开展 QC 活动，确保工程质量达到工程质量目标：确保合格，力争优良。

根据工程四新技术较多，为做好技术推广应用和技术攻关工作，我司在项目部成立"科技小组""质量管理（QC）小组"。

科技小组组长由项目部的项目总工程师担任，副组长由项目部的项目经理担任，成员各部门管理人员组成。

质量管理（QC）小组组长由项目部的项目经理担任，副组长由工程经理和机电、装饰协调经理担任，成员由各部门管理人员组成。

在工程的施工过程中，质量管理（QC）小组的工作职责为：在工程施工过程中，对质量通病进行攻关，消除质量通病，争创无质量通病工程。

二、质量保证体系主要控制要素

原材料采购之前要对供方进行评价，从中选择生产管理好、质量可靠的厂家作为采购对象，建立供货关系，并做好记录，以确保所采购的材料具有稳定可靠的质量。

工程施工中的每道工序，每个部位、分项、分部工程及单位工程的标识，用质量检查证和质量记录来记载。

施工过程中的质量管理严格按公司的质量体系程序文件进行，并根据工程的施工技术要求，补充完善内部质量保证体系，使工程达到优良工程的质量要求。

实行总工程师质量总负责，质量管理工程师专职监察。实行各单项工程由项目经理和项目总工程师负责的质量负责制，使创优落实到人和施工具体工作中，做到层层到位。

推行全面质量管理，提高职工的质量意识，用全员工作质量来保证工程质量。

严格按施工技术规范和设计文件要求精心组织施工。

认真执行质量管理制度，把施工图纸审签制、技术交底制、质量"三检制"、隐蔽工程检查签证制、安全质量检查评比奖惩制、验工计价质量签证制、分项工程质量评比制、质量事故（隐患）报告处理制等行之有效的管理制度，贯穿于施工全过程，使工程质量始终处于受控状态。

开展技术攻关，解决质量管理中的难点，成立 QC 小组和技术攻关小组，解决技术难关，确保施工一次成优。

加强原材料、中间产品的质量检验，杜绝不合格产品在工程中使用，达到工程内实外美。

工程质量保证体系如下图所示：

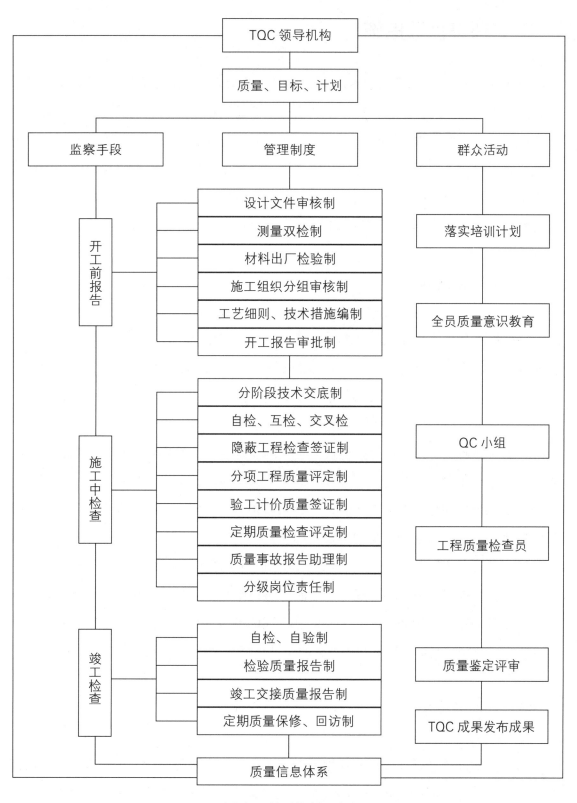

质量保证体系控制要素图

三、质量保证措施

根据我公司近几年工程施工的经验，按照《质量／职业健康安全／环境保护管理手册》的要求以"管理程序化、制度标准化"来保证质量目标的实现。管理程序化就是严格按照公司程序文件规范化施工，避免个人思维和随意性给项目造成不利因素，把经验式管理转化为规范管理，把随意性决策转化为程序化管理；对过程控制产生促进作用的制度一定要不折不扣地执行，形成制度。各分项工程层层交底、层层落实、记录完整，对每一重要分项工程都编制管理流程，以过程控制为主线进行施工管理。

（一）组织措施

1. 根据质量保证体系组织机构图和质量控制工作流程图，实行项目经理责任制，落实施工质量管理的组织机构和人员，明确各层施工质量管理人员的任务和职能分工、权利和责任。根据修缮工程特点，在设计技术交底后、开工前，针对具体修缮内容，对每一单位工程都要制订质量目标计划，并细化至每一分部、分项工程。

2. 项目部质量管理人员认真履行质量管理体系中制定的管理人员岗位责任制，完善施工质量自控制度。坚持三项原则，即：坚持实事求是原则；坚持系统、全面、统一协调的原则；坚持职务、责任、权限、利益相一致的原则。明确职责分工，落实质量控制责任，通过定期和不定期以及专项检查，对发现的质量问题改进纠偏。并根据质量计划对每个部门每个岗位实行定性、定量的目标考核，奖优罚劣。

3. 质量管理以人为本，管理人员的质量意识影响修缮的质量结果，为此，根据本次修缮工程的特点，选派素质高、质量意识强的项目经理、专业工长、质检员等相关管理人员，公司也将加大质量管理力度，协助项目部完成质量目标。

（二）管理措施

1. 合同签订后进行登记。采购物资时，须在确定合格的分供方厂家或有信誉的商店，所采购的材料或设备必须有出厂合格证、材质证明和使用说明书，对材料、设备有疑问的可禁止进货。

2.公司材料部门委托分供方供货，事先必须对分供方进行认可和评价，建立合格的分供方档案，材料的供应应在合格的分供方选择；实行动态管理，公司材料部门、公司工程部和项目经理部等主管部门定期对分供方的业绩进行评审、考核，并做记录，不合格的分供方从档案中予以除名。

3.加强计量检测，采购物资（包括分供方采购的物资），根据国家、地方政府主管部门规定的标准、规范或合同规定要求及按经批准的质量计划要求抽样检验和试验，并做好标记。当对其质量有怀疑时，加倍抽样或全数检验。

4.实行质量挂牌制，做好工序标识，宣传样板，保证质量问题的责任人、操作时间、发生原因等问题的可追溯性。

5.坚持样板开路制度，每个分项工程开工前，均应请技术水平高、责任心强的工人师傅做出样板活（地仗、彩画）、样板间，请有关班组观摩。对样板活的技术要点、工艺方法做详细说明。

6.开展自检、互检、交接检，群众性的质量活动，使每个操作工人、管理人员认识到自己在质量管理体系中的位置，形成人人讲质量、日日讲质量、事事讲质量的良好风气和氛围，使质量问题消灭在班组中，消灭在萌芽状态中。本工序的质量问题未解决，决不进入下工序。

7.施工资料是整个工程施工的记录，同时又能有效地指导施工，项目部配备有资质、水平高的资料员，做到与施工生产同步、及时、准确、条理、规范，以整理施工资料，同时必须落实资料质量职能责任制。

资料质量职能责任表

岗位	工作分配	责任人
资料员	收集、整理、编目、审核、收发	技术负责人
专业工	本专业交底、预检、隐检、质检	技术负责人
试验员	原材料、施工试验、取试样、试验单	技术负责人
技术员	洽商、图纸、施组、竣工图	技术负责人
材料员	原材料、构件合格证	技术负责人
质检员	隐、预、质检、验收记录、评定、签字	技术负责人

项目部实行技术负责人负责制，项目部设专职资料管理员，并持证上岗。所有施

工图纸的变更，以洽商记录为准，并经建设单位、监理单位确认签字，由项目部组织执行。项目部技术负责人接到设计变更后，及时通知有关施工管理人员，并在施工图上按要求标注变更内容。

工程质量记录和档案资料做到一开工就建立齐全的资料分册，由专职资料员及时汇总和分类整理，各分项资料分解责任到人，保证施工技术资料与施工和质量检查同步，使资料达到真实、齐全、有效，符合要求。

公司技术质监科对项目部质量记录和档案资料进行不定期抽查指导，并定期一个月审核资料一次，以保证技术资料一次验收合格。

8.施工过程控制保证

及时做好隐预检和分部分项工程的质量评定、验收。

对要求做隐检、验收的项目，项目部要有计划地安排好，及时会同甲方、监理、设计、质监站做隐蔽验收，同时会签验收记录（缺签字的单子，资料员拒收）。对已完的分部分项工程要及时做好质量评定，对屋面苫背进行宽瓦前必须会同参建各方及质监站验收（未经验收决不允许进入下道工序）并会签记录。验收情况要及时向班组传达、讲评。

坚持质量检查和奖评制度，实行质检巡查、工地日检制度。

对检查中发现的问题必须及时责令返工，填写质量问题通知单，发至班组并要回执。对责令返工的事项迟迟不动或受到甲方、监理、监督站、设计院批评，要求整改的责任人坚决罚款，并监督返工，并审核其技术资质直至调离技术岗位。

见证取样，工程开工前应确定工程实验的实验室，并与甲方签订合同确定见证取样试验的实验室，见证人、取样人，报监督站备案。

材料和设备保证，材料、设备质量，由专业工长、材料员、质检员、试验员负责做好材料的采购、质检和试验，根据材料类别，合格证、复试单必须及时到位，材料员负责提供原材料合格证（规范、清晰、抄件必须加盖原件所在单位章，并有抄件人签字），负责验货并通知试验员取样复式。不合格的原材料、设备不得进入现场，已经进入现场的要做好标识，防止误用，同时尽快通知厂家退货。

加强成品保护，做好工序标识工作，在施工过程中对易受污染、破坏的成品、半成品均作有效标识，如"正在施工，注意保护"等。采取有效的护、包、盖、封等措施对成品和半成品进行保护，并设专人经常检查巡视，发现有保护措施被损坏的及时恢复。工序交接全部采用书面形式签字认可。由下道工序作业人员和成品保护负责人同时签字确认，并保存工序交接书面材料，下道工序作业人员对防止成品污染、损坏或丢失负直接责任，成品保护专人对成品保护负监督、检查责任。

9. 劳务素质保证措施

劳务队伍素质的高低是影响工程质量目标的关键，为此，在工程施工队伍的选择上，采用公开招标，以公平竞争的原则，严格审查施工队伍施工质量综合能力，通过考核的方式，选出素质高、信誉好，经文物局培训持有瓦、木、油上岗证且有丰富的施工经验的队伍，确保工程的工期、质量和安全。

选择成建制的、具有一定资质、信誉好且长期合作的施工队伍，同时运用完整的管理和考核办法，对施工队伍进行质量、工期、信誉和服务等方面的考核，从根本上保证项目所需劳动力的素质，从而为工程质量目标奠定坚实的基础。

10. 建立质量保证制度

质量责任制，建立项目质量责任制，使责、权、利相互统一。把工程质量和个人经济效益相挂钩。管理人员所负责的施工项目达不到质量要求的，扣发本人奖金或工资。操作者所施工的产品达不到质量要求的扣发本人工资，并承担返工和修理的一切费用。使每个职工意识到，工程质量是企业的生命。只有创造出合格的工程质量，才能提高企业的竞争力，才能提高企业的经济效益，个人的经济利益才能得到保障和提高。

质量分析例会制，保证每周召开一次质量分析例会。由项目技术负责人牵头，对本周的工程施工质量进行一次全面的总结和评比。总结经验，找出不足，及时做出相应的调整方案。

质量否决制，坚持工程质量一票否决制，施工现场质量检查员对工程质量提出的问题必须进行认真整改，未经质检员验收合格，不得进行下道工序的施工。

单项工程样板制，一般工序施工前，必须先做样板，经过有关方面验收合格后，方可进行大面积施工。

质量验收三检制，每道工序都必须坚持自检、互检、专检，并办理相应的验收文字手续。否则不得进行下道工序的施工。

方案先行制，各个施工项目在施工前必须要有针对性的施工方案和技术交底，以使操作人员能够了解施工任务，掌握操作方法，明确质量标准。

质量工作标准化制，在整体工程施工期间，要求有一套规范标准的质量保证工作程序，做到每个工作有标准，工作方法按程序。

11.施工过程控制

检查：施工过程中严格实行隐、预检制度，每分项工程完成后，技术负责人、质检员自检合格后，填写报验单，约请监理到现场进行检查，合格后方可进行下道工序。推行个人自检，班组内互检，专职质检员抽检，专业工长和专职质检共同初验，项目部组织内部验收的质量控制体系。

纠偏：施工过程中出现质量问题及时纠正，找出影响质量的原因，认真进行分析，总结出可行的改正措施，制订出质量预控方案和改进计划。

改进：学习先进、科学合理的施工经验，充实到施工中，贯彻改进措施，落实改进计划，加强施工过程的质量预控，以便更好地完成施工。

（三）技术保证措施

1.专业施工管理保证

要求专业施工单位具备精干的施工作业人员和先进的施工作业技术，具有强大的施工作业保障。重要部位制定施工工序流程，将木作、瓦作、石作、油漆等专业工序协调好，排出每一个殿座的工序流程表，各专业工序均按此流程进行施工，严禁违反施工程序。

2.专业施工技术保证

狠抓各分项工程的质量控制点，根据该工程的施工内容，对目标计划中的几个分部工程进行特殊过程控制：墙体拆砌清理粉刷、屋面、地面、油饰、彩画、石构件等。

依据以上分部工程，在工程施工前，应由项目技术负责人依据古建筑施工标准、规程，编制分项施工控制措施，并向参与管理和操作的人员进行技术交底，并按以下几方面进行全程控制：①做好各个分项工程的质量交底，针对各工序、工种、对操作班组做深入细致的交底，做好图纸交底、图纸分解，理解自己所承担的工序的设计意图、技术要求、工艺标准。②针对各分项工程，进行工艺交底，与老师傅、古建名师共同研讨，结合国家相关工艺标准，向工人做好工艺交底。③针对各分部分项工程对各操作班组进行质量交底，使每个参建职工了解所从事工作的国家有关的质量标准要求，心中有数，干有目标。

（四）经济管理措施

保证资金投入，是确保施工质量、安全和施工资源正常供应的前提。同时为了更进一步搞好工程质量，引进激励机制，建立奖罚制度、样板制度，对施工质量优秀的班组、管理人员给予一定的经济奖励，以激励他们的工作，遵循始终把质量放在首位的原则。

1. 制定绩效考核办法，用科学的方法检查评估项目部成员的工作完成质量，确定其工作业绩，对业绩突出者予以表彰。

2. 根据绩效给项目部成员以物质奖励和精神奖励，调动其工作的积极性、主动性和创造性，提高工作效率。反之，导致损失要接受处罚。在质量问题上必须做到有奖有罚。

3. 项目部根据自身权限制定具体的奖罚规章，明确经济奖罚数额，适当拉开档次，加大质量管理力度。

（五）组织保证措施

根据质量保证体系，建立岗位责任制和质量监督制度，明确分工职责，落实施工质量控制责任，各岗位各负其责。根据现场质量体系结构要素构成和项目管理的需求，建立由公司总部服务和控制，成立由项目经理领导、技术负责人组织实施的质量保证体系，现场经理和安装经理进行中间控制，区域和专业负责人进行现场检查和监督，形成横向维修体系，纵向从项目经理到施工班组的质量管理网络，从而形成项目经理部管理层、专业负责管理层到作业班组的三个层次的现场质量管理职能体系，从而从组织上保证质量目标的实现。

实施强化控制过程，质量管理工作指导思想是：强化过程控制，争取优上加优战略。

1. 过程精品应指导原则

遵守水渠原理，将项目人员的行为、协作单位的行为看作水渠里的流水，将企业的管理规章制度、项目管理制度、项目各级人员的管理行为、施工时的预防预控措施看作水渠。水渠建得不好，水流就可能泛滥。强调加强建立质量管理制度、各级人员的质量管理行为及加强质量控制预防。

检查各负其责，项目进行分工后，各负其责。在施工方案措施面前及任务安排和责任落实上，任何接受人都必须无条件严格地执行。

加强内部管理，在工程质量上要加强结构工程、装修工程和机电工程的管理，在工程施工中严格执行样板制。

强度优上加优，必须强化过程控制。只有通过过程精品才能保证整个工程成为精品，任何人必须以此作为自己的行为准则，严格控制每一工序、每一程序、每一过程和每一环节。

严格执行"会诊制度"和"奖罚制度"，在工程实施过程中，要做到"凡事有章可循、凡事有人负责、凡事有人监督、凡事有据可查"，对每一重要分部分项工程都编制管理流程，以"严格执行会诊制度"和"奖罚制度"相结合的方式彻底解决施工中出现的问题，以过程精品保证精品工程。

2. 质量控制是最为重要的环节

加大对设计的协调和施工详图设计的力度，有效控制图纸二次深化设计深度和质量。

只有图纸的深度和设计的质量达到完善的程度，才能为施工提供切实可靠的依据，并大大减少设计修改和不必要的返工。因此我们必须重视图纸会审、二次设计、详图设计和综合图的设计工作，加大设计人员和设备的投入，严格图纸会审，积极主动地与设计和文物部门协调沟通、配合，以避免衔接不到位或矛盾的问题。确保工程质量和进度。

材料的选型和质量标准的确定，首先按照业主、设计和文物部门的要求确定质量标准；其次是严格样品报批制度，通过业主和业主代表、监理公司、设计单位的实际评价确定最优的选择意见；严格按照设计参数标准、样板或样品进行选型和采购；对材料采购、加工、运输进行过程跟踪控制；进入现场的材料、质量进行最终控制，达不到质量标准的一律不能用在工程上。

对设备材料过程和环节质量控制。

根据我公司《质量控制手册》和物资采购程序，对工程所需采购和供应的物资进行严格的质量检验和控制，主要采取的措施如下：

采购物资时，必须在确定合格的供方厂家或有信誉的商店中采购，所采购的材料或设备必须有出厂合格证、材质证明和使用说明书，对材料、设备有疑问的禁止进货。

物资采购部委托供方供货，事先需对供方进行认可和评价，建立了合格的供方档案，材料的供应在合格的供应方选择。

实现动态管理，项目经理物资采购主管部门定期对供方实际进行评审、考核并做记录，不合格的供应商从档案中除名。

严格验证。采购物资，根据国家、地方政府主管部门规定、标准规范或合同规定要求及按经批准的质量计划要求，进行验证并做好记录。当对其质量有怀疑时，就加倍抽样或全数检验。

3. 施工现场质量管理和实施控制

为实现质量目标，我们在工程现场质量管理和实施方面将采取如下质量保证措施：

建立完善的项目经理部的质量责任制，分解质量目标，按创优的具体质量要求按单位工程→分部工程→分项工程→施工工序进行层层分解，把质量责任落实到最基层。

制度切实可行的各项管理制度。包括图纸会审和技术交底制度；现场质量管理制度；装修材料样品制；施工样板和自检定标制；工序管理制度；方案资料管理制度；质量教育和质量会诊和讲评制度等，并严格贯彻实施。

严格质量程序化管理。包括：项目质量计划；文件和资料控制程序；物资管理程序；产品标识和可追溯程序；过程控制程序；检验试验程序；不合格控制程序；纠正和预防措施程序；质量记录程序。以严格的程序规范各项质量管理工作。

强化质量过程控制。包括：过程质量计划；质量检验计划；验收质量控制实施细则；分承包方过程质量管理程序；过程标识制度；特殊工序质量控制计划；月度预控计划；月质量报表；质量分析报告；成品保护；工艺质量控制程序总结。

实施过程中，严格实现施工样板制，三检制，实现三级检查制度；严格实行合理工序安排和管理；不合格的材料设备绝对禁止使用，达不到标准要求的工序彻底返工，毫不留情。这些对于质量控制非常重要。

加强对原材料进场检验和试验的质量控制，加强施工过程的质量检查和试验的质量控制，加强施工工艺管理，认真执行工艺标准和操作规程，以提高工程质量的稳定性，保证实现质量目标的所有因素都处于受控状态。

协助业主、监理公司、设计公司和相关的政府质量监督部门，完成对工程的检验、试验和核验工作。

通过工序质量控制实现分部分项工程的质量控制，通过分部分项工程的质量控制保证单位工程的质量目标实现。

施工阶段的质量控制，此过程的质量控制直接影响工程质量，因此加强过程的质量监控至关重要。

质量控制点一览表

控制阶段	控制要点	责任人	主要控制内容	工程依据	工作见证
施工准备过程	设计交底	项目设计工程师	了解设计意图、提出问题	设计文件	设计交底记录
	图纸会审	项目技术负责人	对图纸的完整性、准确性、合法性、可行性进行会审	施工图	图纸会审记录
	施工组织设计（施工方案）	项目技术负责人	按规定组织编制报审	图纸及国家技术标准、验收规范	批准的施工组织设计或方案
	作业指导书	专业工程师	按规定组织编制报审	图纸及国家技术标准、验收规范	批准的作业指导书
	各专业提出需用计划	项目技术负责人	编制、审核、报批	图纸、规范、定额	物资需用量计划和机具计划
	设备材料进场机会	计划员	编写物资平衡计划组织进货	物资需用量计划	物资采购计划
	设备开箱检验	专业工程师	核对规格、型号，查清备品备件是否齐全、随机文件是否齐全	供货清单、产品说明书	开箱记录
	材料验收	保管员和材料检验员	审核质保书、清查数量、检查外观质量、检验和试验	采购合同、物资需用量计划	材料验收单
	材料保管	保管员	分类存放、立卡	验收单	进出料单
	材料发放	保管员	核对名称、规格、型号、材质、合格证	物资需用量计划	领料单
	机具配置进场	项目设备管理员	设备完好情况	机具计划	施工机械设备验收清单
	特殊作业人员	项目技术负责人	审核操作证	政府有关规范	资格证书
	工程开工	项目经理	确认具备开工条件	施工准备工作计划	批准的开工报告
	技术交底	专业工程师	设计意图、规范要求、技术关键	图纸、施工方案、评定标准	技术交底记录

控制阶段	控制要点	责任人	主要控制内容	工程依据	工作见证
施工准备过程	基础验收	项目技术负责人	复测尺寸	图纸、规范	复测记录
	设计变更材料代用	专业工程师	办理、确认、下达、执行	设计变更通知单	竣工图
	作业过程	专业工程师	按工艺文件要求进行施工，特殊过程进行进程能力鉴定	图纸、规范、工艺文件	各项过程施工记录
控制阶段	控制要点	责任人	主要控制内容	工程依据	工作见证
施工过程	隐蔽工程	专业工程师	隐蔽内容、质量情况	图纸、规范	隐蔽工程记录
	最终检验和试验	专业工程师	按照最终检验和试验计划的规定进行	最终检验试验计划	单位工程质量评定表及有关记录
	交工验收资料整理	交工领导小组	预验收、工程收尾审核资料的准确性	规范	交工资料
	办理交工	交工领导小组	组织工程交工、文件和资料归档	图纸、规范、上级文件	交工验收证书

工程检验与试验，在工程施工中，工程试验工作尤为重要，是对工程质量进行检验和验证的关键环节和手段。我公司将针对工程制定出具体详细的试验方案，报业主、监理审批后实施。

施工试验管理和实施将由具有二级以上实验室负责试验，纳入项目经理部的管理计划，并协调协助监理公司及外部检测机构的抽样检测工作。

四、质量措施的实施

质量控制和保证措施在各专项施工方案中有具体描述，对该工程的关键工序复杂环节的几个分部、分项工程进行特殊过程控制。

（一）台阶、地面部分

1.旧有阶条、变形的阶条、踏跺等石构件

在开挖基础过程中，如发现旧有阶条、变形的阶条、踏跺等石构件，旧有阶条及台明或陛板的两端"好头石"的外皮为准拉通线，阶条石或陛板更换或整修都以线为准，找正立直。所添配的石材应随原有构件进行表面加工或踩斧、雕琢纹式。所有添配的石材材质及颜色与原构件尽量一致。

2. 铺墁室内外地面砖

所有新铺墁的室内地面，均做钻生处理两道。在进行钻生处理时，砖地面要干透，第一道钻生为桐油稀料比为 80∶20，第二道钻生为纯生桐油。钻生时用 4 寸毛刷满刷地面之汪油，两道钻生连续进行，当砖面结膜干后，用竹片将地面浮油起净，麻头擦拭至出亮。

室内外地面砖检验办法表

序号	项目			标准	允许偏差	检验办法
1	糙墁地面青砖缝	方砖	尺七	5	±1	尺量检查
			尺四	4	±1	
			尺二	3	±1	
		砖	大城样	5	±1	
			二城样	4	±1	
2	细墁地砖面砖缝			1	1	
3	每平方米表面平整			1	2	1 米靠尺检查
4	砖缝直顺			1	2	3 米现押线检查
5	地面整体坡道			1	每平方米 ±2	用坡度尺检查

3. 清洁、封护残损、风化石构件

在开挖基础过程中，如发现旧石材，能利用的尽可能利用。使用前，应剔除严重侵蚀部分，以改性环氧树脂＋石粉连接断裂石材，要求在石材断裂处凿出银锭榫，榫深为不锈钢锔子落地后距石面高 8 毫米~ 10 毫米，榫间距为≤50 毫米，但每处不少于两个、不锈钢锔子表面做环氧树脂＋石粉并调色接近原石材。填充层要略高与原石材，再用小踩斧修整与原石材一致。

（二）墙体墙面部分

墙体抹灰，将基层用笤帚、钢丝刷清理干净，在墙面上淋水充分湿润，后用竹扦按梅花钉法下竹扦，竹扦间距为≤500 毫米，麻锹绕竹扦 1 圈备扣，麻长为 250 毫米~ 300 毫米；布麻要均匀，后抹麻刀灰压麻，麻刀灰比例为白灰：麻刀=100：（3 ~ 5），并分两层赶轧坚实。所有麻刀长度为 10 毫米~ 15 毫米，用竹条打虚。

抹灰面层做法按设计要求执行。

各种墙体抹灰工程的允许偏差和检查办法如下表：

抹灰工程允许偏差和检查办法表

序号	项目		允许偏差	检查办法
1	抹灰	2 米以下	2 毫米	靠尺或塞尺检查，查通线
		2 米以上	3 毫米	
2	阴阳角垂直度	1 米以下	1 毫米	靠尺或塞尺检查，查通线
		1 米以上	2 毫米	
3	墙面垂直度	2 米以下	2 毫米	靠尺或塞尺检查，查通线
		2 米以上	4 毫米	
4	大面平整度	5 米以上	5 毫米 ~ 7 毫米	

（三）屋顶瓦面部分

1. 苦背

在苦背之前，苦泥背、灰背要搅拌均匀，逐层材料配比要准确。逐层苦背为：头道 20 毫米厚灰麻比 =100：2 的深月白麻刀护板灰；二道灰为：灰：泥：麻刀比 =30：70：5 的麻刀泥背，每道厚 40 毫米，腰节处随宜垫囊；泥背要进行拍背，要拍严拍实。泥背六七成干时苦灰背，苦三道灰为：灰：麻 =100：5 的大麻刀月白灰，每道厚 25 毫米，苦时要薄厚一致，上下平整，每次灰背苦完后要反复赶轧坚实后再苦下一层，赶轧的次数不少于"三浆三轧"。灰背表面做到光平，无龟裂、灰拱子及麻刀泡。

2. 屋面宽瓦

宽瓦前对所有瓦件进行检查，无明显裂纹、均可再利用。瓦件使用前将浮土浮灰清除净。所使用的新瓦，在使用前用石灰浆沾。分中号瓦排瓦当，整个屋顶在檐头找出中点，并移到脊上两点相连，这条线叫宽瓦中线。然后在山部砖檐里口往外返两个瓦口为边垄位置。距中间底瓦和边垄底瓦排赶底瓦，若排不出整垄则调整"蚰蜒档"

大小来保证瓦口尽可能一致，瓦口确认后将瓦口钉在连檐上，要注意雀台的位置留出。将各垄盖瓦中点平移到屋脊，扎肩灰背上弹出墨线的标记。

在正式大面积宽瓦前，现将边垄宽瓦，按照边垄的囊向在屋面的每一间中间将三趟底瓦和两趟盖宽瓦好，注意瓦中间瓦时必须在两头拴好齐头线、棱线、檐口线、中腰节线、脊部线，以此为标准宽瓦。注意事项：先宽檐头瓦，底瓦要三搭头睁眼大小适宜，最大不超过 40 毫米。

按拴好的线，在檐头打盖瓦泥，前两块瓦要用麻刀灰砌筑。瓦头要平，角度要合适。然后铺盖泥瓦，开始盖宽瓦，注意宽瓦时其瓦小头向下，现在盖宽瓦应大头向下。瓦与瓦也三搭头，盖瓦睁眼要一致，盖瓦搭接处用素灰勾缝打瓦脸。用麻刀灰在盖瓦两腮抹一道灰浆，然后用夹垄灰细夹一遍，拍实抹光，夹腮要直顺，下脚干净利落，无拆脚和抠腮现象，要垂直。最后整个屋面刷青浆成活。

（四）油饰彩画部分

油饰彩画新做施工中的地仗处理。每道工序应严格按照传统工艺进行施工，特别是一麻五灰等地仗做法应按文物施工质量评定标准进行检查验收。施工时撕缝、楦缝、下竹钉、汁浆、捉灰缝、通灰、使麻（糊布）、压麻灰、中灰、细灰、磨细钻生等工序。严格控制、保证，做到汁浆时木构件表面灰尘清除干净，油浆饱满无遗漏，捉灰缝严实、无蒙头灰、通灰表面平整、线角直顺，使麻后层平整黏糊牢固，厚度一致，无干麻、空麻包，秧角严实、无窝浆崩秧现象。使完中灰后，其构件表面平整光圆，秧角干净利落、棱线宽窄一致，线路平整直顺，细灰完后表面浮灰、粉尘清理干净、无脱皮、空鼓、龟裂、大面积棱线宽窄一致，直线平整、直顺、曲线圆润对称。

彩画沥粉粉条饱满，主体轮廓线直顺宽度一致。双粉间距宽度、平整度不得出现偏差，曲线部分纹饰端正对称，粉条无疙瘩，刀子粉、瘪粉、大色涂刷均匀、饱满、不透地，无刷痕、不爆皮、不落粉。主体轮廓线线条平直、宽度一致，枋心、箍头宽窄一致，曲线弧度一致，作业对称，晕色颜色深浅适度，不显露接头，修补的彩画与原彩画项吻合，做法相一致，颜色相同。

椽飞、椽头的允许偏差和检验办法表

序号	项目		允许偏差（毫米）	检验方法
1	片金黑（黄）万字飞头花纹宽度		±1	观察尺量检查
2	阴阳万字飞头花纹宽度		±1	
3	十字别飞头花纹宽度		±1	
4	圆椽头	片金圆寿字椽头宽度	±1	
		虎眼直径	±1.5	
5	方椽头	金（黄）边福寿椽头宽度	±1	
		金（黄）边红色长寿字边线	±1	
		金（黄）边白花图边线宽度	±1	
		金（黄）边柿子花边线宽度	±1	
		栀子花花心儿直径	±1.5	

油皮、贴金、粉刷的允许偏差和检验办法表

序号	项目		允许偏差（毫米）	检验方法
1	二道油	大面平直度及椽飞肚长度	±1.5	观察与尺量检查
		小面平直度及椽飞肚长度	±1	
2	油皮	油皮大面及椽飞肚长度	±1.5	观察与尺量检查
		油皮小面及椽飞肚长度	±1	

麻布地仗的允许偏差和检验办法表

序号	项目		允许偏差（毫米）	检验办法
1	斧痕	间距（15毫米）	±3	观察尺量检查
		深度（3毫米）	±1	
2	下竹钉	间距≤300毫米	±10	观察尺量检查
3	通灰	表面平整度	要求板子口≤3	一米靠尺检查
4	使麻	≥2毫米	−0.5	观察尺量检查
5	糊布	布与布搭接间密度	±3	拉线尺量检查
6	压麻灰	大面平整度线路直顺度	±3	拉线尺量检查
7	中灰	大面平整度	±3	靠尺检查

序号	项目		允许偏差（毫米）	检验办法
		线路直顺度	±2	拉线尺量检查
		线路宽度	±1	靠尺检查
8	细灰	大面平整度	±3	靠尺检查
		线路直顺度	±2	拉线尺量检查
		线路宽度	±1	靠尺检查
9	磨细灰	秧角整齐度	±2.5	尺量检查

三道灰、四道地仗的允许偏差和检验办法表

序号	项目		允许偏差（毫米）	检验方法
1	通灰	大面积平整度（每延长米）	±3	观察、尺量检查
	中灰			
2	细灰	大面积平整度（每延长米）	±2	观察、尺量检查
		框线、大边线直顺度	±2	观察、尺量检查
		线路宽度	±1	观察、尺量检查

（五）施工质量记录和档案资料管理

1. 项目部实行技术负责人负责制，项目部设专职资料管理员，并持证上岗。所有施工图纸的变更，以洽商记录为准，并经建设单位、监理单位确认签字，由项目部组织执行。项目技术负责人接到设计变更后，及时通知有关施工管理人员，并在施工图上按要求标注变更内容。

2. 工程质量记录和档案资料做到一开工就建立齐全的资料分册，由专职资料员及时汇总和分类整理；各分项资料分解责任到人，保证施工技术资料与施工质量检查同步，使资料达到真实、齐全、有效，符合要求。

3. 材料试验计划单

序号	材料名称	试验项目
1	砖	抗压、冻融循环
2	瓦	抗压、抗折、冻融循环

序号	材料名称	试验项目
3	结构木材	含水率
4	装修木材	含水率
5	灰土	干密度

4. 工程隐检、预检、质评记录计划单

工程部位	工程项目	隐检	预检	质评	试验
屋面工程	望板制安		√		瓦、望板做复试
	灰背	√		√	
	挑脊			√	
	瓦			√	
大木构件制安	加工		√	√	木材做复试
	安装			√	
墙面石活加工	墙面砖加工		√	√	砖做复试
	石件加工			√	
	石件安装		√	√	
木装修制安	制作		√	√	木材做复试
	安装			√	
油漆彩画	地仗	√	√	√	血料做光油做灰油做生桐油做
	油漆彩画		√	√	
室外墁地	砖加工		√	√	方砖做复试
	基层处理	√		√	
	砖墁地		√	√	
	钻生			√	

（六）经济保证措施

保证资金正常运作，确保施工质量、安全和施工资源正常工应。同时为了更进一步搞好工程质量，引进竞争机制，建立奖罚制度、样板制度。对施工质量优秀的班组、管理人员给予一定的经济奖励，激励他们在工作中始终把质量放在首位，使他们再接再厉，扎扎实实地把工程质量干好。对施工质量低劣的班组、管理人员给予经济惩罚，严重的给予除名。

（七）合同保证措施

全面履行工程承包合同，加大合同执行力度，严格监督、检查、控制的承包商、独立承包商的施工过程，严把质量关，接受业主、监理和设计以及政府文物质量监理部门的监理。

（八）劳务素质保证

此工程拟选择具有一定资质、信誉好和我们长期使用的劳务施工队伍参与工程修缮施工。同时，我们有一套对劳务施工队伍完整的管理和考核办法。对施工队伍进行质量、工期、信誉和服务等方面的考核，从根本上保证项目所需劳动者的个人素质，从而为工程质量目标奠定坚实基础。

五、工程质量通病的防治

（一）地仗裂缝

地仗磨细钻生干燥后，在地仗上涂饰油漆，绘制彩画、饰金后，其表面出现裂纹、裂缝。轻微的细如发丝，严重的宽度几毫米，其长度不等。

1. 原因分析

木基层含水率高，材质变形、劈裂、脱层，及结构缝松动、拼缝开胶等造成裂缝。

柱、枋等部位的预埋件卧槽浅，受气候、阳光热胀冷缩的影响产生裂缝。

木基层处理时，对木基层缝隙进行撕缝、下竹钉，或楦缝的木条、竹编及下竹钉不牢固，易造成裂缝。

地仗施工时，在捉缝灰工序中捉蒙头或缝内旧灰、浮尘未清理干净，造成油灰不生根，易产生裂缝。

使麻、糊布工序中，使用了质量较差的麻，或使麻的麻层过薄、漏籽，结构缝为拉麻、拉布，或麻面不密实，易造成裂缝。

在磨麻、磨布时，遇有阴角崩秧、窝浆的麻或布割断后，未作补麻、糊布处理，就进行下道工序，造成裂缝。

2. 预防措施

地仗工程施工的基层含水率要求：木基层面做传统油灰地仗含水率不宜大于 12%；抹灰面做传统油灰地仗含水率不宜大于 8%，做胶溶性地仗含水率不宜大于 10%。

木基层处理时，遇有劈裂、戗槎、脱层，应用钉子钉牢，遇有翘皮应铲掉。接缝开胶或结构缝松动应与木作协调处理后，再进行下道工序。

木基层表面的缝隙应用铲刀撕成"V"字形，并撕全撕到，缝内遇有旧油灰应剔净。撕缝后应下竹钉，竹钉间距 15 厘米左右一个，例如一尺缝隙应下三个竹钉，缝隙的两头和中间各下一个，竹钉应钉牢固。如遇并排缝时，竹钉应成梅花形，竹钉之间应楦竹扁或干木条，并楦牢固。

木基层表面铁箍等预埋件的卧槽深度应距木基层面 3 毫米~ 5 毫米。

捉缝灰工序时，对于木基层面的缝隙和结构缝，应用铁板横掖竖划，将油灰填实捉饱满，严禁捉蒙头灰。

使麻时不使用糟朽的，拉力差的线麻，操作时应横着（垂直）木纹方向粘麻，遇横竖木纹交接处（结构缝）应先粘拉缝麻。如柱头与额枋的交接缝，应先使柱头，麻丝搭在额枋上不少于 10 厘米，在使额枋麻时，可垂直于木纹压过来的麻丝。麻层应密实，厚度均匀一致。

木基层面使麻时，对于木结构缝的麻搭接，其宽度不得少于 30 毫米。

磨麻时，将崩秧、窝浆的麻割断后，应做补浆粘麻处理，然后进行下道工序。

（二）地仗空鼓

个别处或局部地仗与基层之间，或灰层与灰层之间，或灰层与麻布之间剥离不实，产生地仗空鼓。

1. 原因分析

木基层的包镶部位或拼帮部位松动不实，使地仗空鼓。

木基层劈裂、轮裂及膘皮未进行处理，地仗施工后，易造成空鼓，甚至开裂翘皮。

使麻时，由于操作不当，产生干麻包、窝浆现象，造成地仗空鼓。

2. 预防措施

木基层处理时，对包镶或拼帮的构件，有松动处用钉子钉牢，戗槎和劈裂处同时钉牢，翘皮应铲掉，轮裂的构件与木作协调解决后，再进行地仗施工。

使麻时，开头浆应均匀，粘麻应厚度一致。砸干轧后有干麻处进行潲生，水轧应使底浆充分浸透麻，用麻针翻麻确无干麻、干麻包后，再用麻轧子将阴阳角和大面赶轧密实、平整。

（三）油漆顶生

地仗涂饰油漆后，其表面局部出现成片的小鼓包，呈鸡皮状，严重时呈橘皮状或癞蛤蟆皮状，地仗彩画后其表面出现局部咬色变深，称顶生。

1. 原因分析

生桐油的油质不合格，钻生时形成外焦里嫩，未进行磨生晾干，就涂饰油漆，易产生顶生缺陷。

地仗表面钻生后未彻底干透，涂刷油漆后易产生顶生。

有的建设单位要求的工期越来越短，而施工单位为保证工期，违背地仗施工客观规律，在地仗磨细钻生后，局部未干，就进行油漆彩画，易产生油膜不干及顶生或彩画颜色不一致的缺陷。

2. 预防措施

地仗工程施工应使用合格的生桐油，钻生桐油中不宜掺加光油或其他干性快的油料，否则防止了顶生但缩短了工程使用寿命。

地仗钻生桐油干后（用指甲划出白印即为干）再用150目砂纸进行全面磨生，确无溢油现象时，清扫过水布后再油漆彩画。如全面磨生后出现溢油现象，应晾干后再进行油饰彩画。

（四）超亮

光油、金胶油、成品油漆刷后在短时间内，光泽逐渐消失或局部消失或有一层白雾聚在油漆面上，呈半透明乳色或浑浊乳色胶状物。

1. 原因分析

搓颜料光油、罩光油、打金胶油和涂刷油漆后，遇雾气、寒霜、水蒸气、冷或热空气及烟气的侵袭，在油漆上面凝聚造成超亮、失光。

油漆内掺入了不干性溶剂，刷后油漆表面有油雾。颜料光油、光油、金胶油内掺入了稀释剂，搓后表面造成失光。

物面吸油或物面不平；底层油漆未干透，面漆中含有较强的溶剂，容易使底层回软；造成表面上有碱会使油漆膜皂化。

2. 防治措施

在有雾气、水蒸气、寒霜、烟气和湿度大的环境中，不宜搓光油、打金胶油、涂刷成品油漆和虫胶清漆。必须涂刷时，应在太阳升起上午 9 时以后和下午 4 时以前施涂（水蒸气、烟气、湿度大的环境不宜施涂）。

搓光油和打金胶油出现超亮（呈半透明乳色或浑浊乳色胶状物）时，用砂纸打磨干净或用稀释剂擦洗干净，重新搓油或打金胶油。

成品油漆产生失光时，用软布蘸清水擦洗或用胡麻油、醋和甲醇的混合液揩擦，再用清水擦净，干后再涂刷一遍面漆。成品油漆因空气湿度大或水蒸气产生的失光，可用远红外线照射，促使漆膜干燥，失光也可自行消失。

油料房内应由专人负责配料，成品油漆不得掺入干性溶剂，颜料光油、光油、金胶油不得掺入稀释剂，并控制他人胡掺乱兑。

六、管理人员质量职责

（一）项目经理

对工程质量负全面领导责任。负责工程项目的日常管理工作，实施项目工程质量管理，确保施工过程处于受控状态，参与劳务队伍的选择，协调与建设单位、监理单位的关系，协调各工序工种之间的工作，使施工进度处于受控状态。组织分部（子分部）工程的质量验收工作。

（二）技术负责人

对本项目的工程质量负技术责任，采取有效措施落实"三检制"，参加设计交底，办理技术交底和变更洽商，编写施工组织设计、施工方案和各项技术措施，参加施工计划的制订及施工指挥调度。负责分项工程的质量验收工作。

（三）质量负责人

由项目经理担任。主持质量检查、检验试验、分项工程检验批验收等质量控制的日常领导工作。协助项目经理负责分部（子分部）工程的质量验收工作。协助项目经理负责本项目质量管理体系的实施和保持。

（四）质检员

负责预检、隐检、检验批质量验收工作，参与基础、主体和单位工程验收工作，对施工过程中出现的质量问题及时责成施工队或班组定期整改并制定整改措施。

（五）专业工长

在施工过程中安排本专业的生产计划、过程检验，对本专业的质量进行全面管理，对出现的问题及时处理并做好记录，对检验的部位进行现场标识并做出书面记录。

（六）试验员

对现场原材料等取样送检，保证工程质量。

（七）资料员

对工程资料进行全面收集和整理，负责收发文件。

（八）测量员

为不可预见性做准备，在项目部技术负责人的领导下全面负责工程的施工测量、竣工测量。负责仪器用具的检查、保管、保养等工作。熟悉现场图纸及多种测量方法，保证测量工作符合精度要求，及时、准确地配合施工。

（九）计量员

按要求建立项目计量器具台账，负责计量器具的发放、回收和标识管理。负责非强检类计量器具的检定工作和强检类器具的按时送检工作，做好原始检定记录和送检记录。监督后台搅拌配料的计量。

（十）安全员

积极贯彻、宣传上级的各项安全规章制度，组织对施工人员进行安全教育。督促各生产班组的安全生产活动，负责特殊工种的持证上岗情况及作业中的安全监督检查。对现场人员的违章行为进行纠正、处罚。

（十一）采购员

严格执行采购、加工的有关政策、法规，正确选择进货渠道并负责货物运输过程中安全保护工作。进货做到及时、准确，遇有变更或代用，须及时取得技术质量人员的认可。

（十二）材料员

严格执行我公司（物资仓库管理办法）及相关的质量管理体系文件。负责不合格物资的分类、记录、隔离和标识等工作，负责现场的标识保护工作及出入库物资的管理工作。

（十三）机械员

根据生产计划，做好机械设备的租赁、退场以及调配。负责机械设备的安全、合理使用，检查操作人员对操作规程的执行情况。对机械设备进行定期的检查和巡检、维修、保养并做好记录。

（十四）专业施工队负责人

对本施工队的工程质量负全面领导责任。负责本专业工程施工的日常管理，确保施工过程处于受控状态。主动配合其他专业工种的施工。组织本专业分项工程的队内验收工作。

七、质量管理程序

根据《综合管理手册》的规定，我单位对于质量管理过程进行了分解，并建立了各类管理程序。程序名称如下：

产品实现的策划程序。

与顾客有关的过程控制程序。

采购控制程序。

工程分包管理程序。

生产提供控制程序。

监视和测量装置控制程序。

检验和试验程序。

标识和可追溯性控制程序。

不合格 / 不符合、事故、事件、控制程序。

纠正措施程序。

预防措施程序。

八、质量控制程序

（一）质量控制程序图

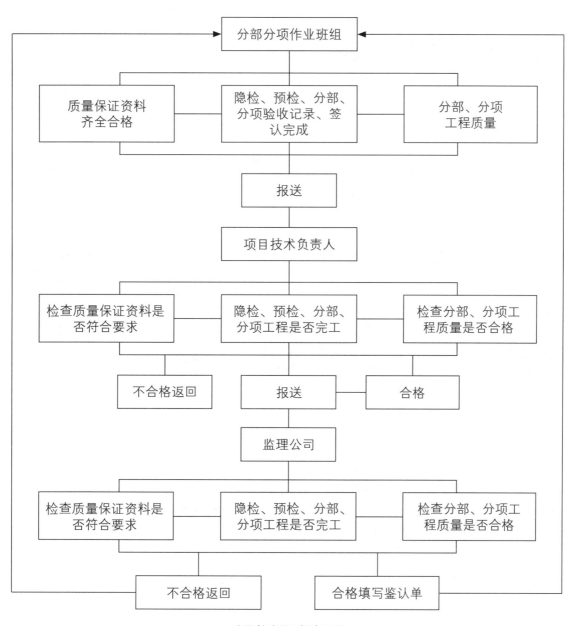

质量控制程序流程图

（二）检测试验控制

加强工程质量检测试验管理，建立台账和施工记录，主要工程材料、质量检测试验控制见下控制流程图。

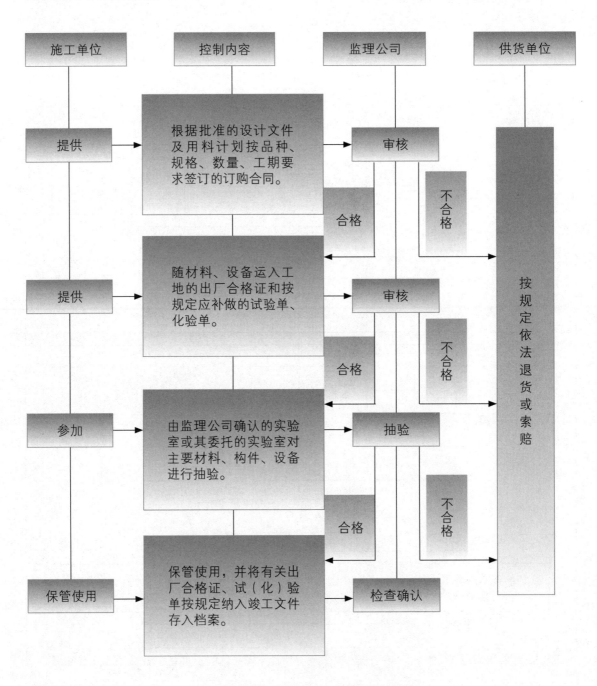

主要工程材料、质量检测试验控制流程图

（三）工程质量验收流程图

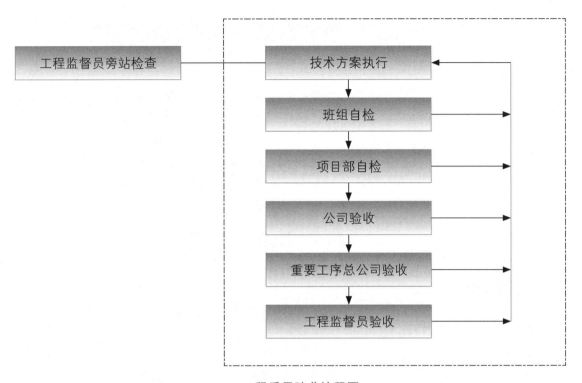

工程质量验收流程图

（四）工程质量内部检验管理

对工程设三级质量检查制，在每道工序作业期间，班组质量检查组、项目质量检查组不断检查，按照设计和施工规程，发现问题，立即解决。

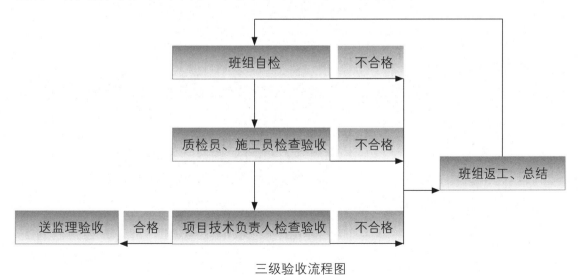

三级验收流程图

（五）分部分项工程验收

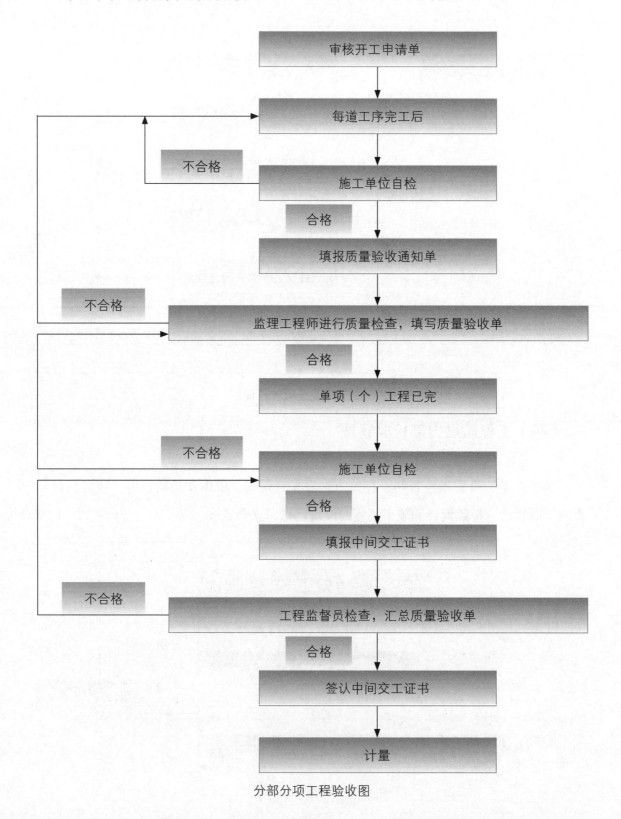

分部分项工程验收图

（六）不合格品控制程序

所有检验不合格品的识别、评审、处置、验证和交付，按公司程序文件《不合格品控制程序》执行。

九、工程质量控制方法

根据本公司质量保证手册，结合工程的实际情况，编制施工组织设计及自行施工的单项施工方案，编写作业指导书和质量检验计划，编制项目质量保证计划，明确质量职责。

对分包的质量控制：

将各专业分包工程按"施工准备阶段、施工阶段、交工验收阶段"进行划分，在各阶段对分解目标按计划、执行、检查、处理四个过程进行循环操作（即 PDCA 循环），在分包施工过程中收集、整理质量记录的原始记录，分析质量状况和发展趋势，有针对性地提出改进措施，对各工序施工质量作持续改进，通过工序施工质量控制整体质量。

（一）施工准备阶段的质量控制

1. 对通过招标确定的分包商，指导和帮助其建立完善的质量管理体系和机构，督促分包商配备的人员、设备、材料等满足质量技术要求，使各项技术文件、资料及施工现场正常交接，以便分包单位能迅速有效地开展工作。

2. 参与业主组织的分包招标，优选技术、管理先进的分包商。

3. 组织召开各分包商参加的技术交底会，将有关设计文件、总包管理依据和程序、工艺要求、质量标准向分包做详细的书面交底。

4. 组织有关分包商对施工现场的主要坐标、轴线、标高、施工环境及相关技术资料进行交接，确保分包能及时、正确、有序地开展工作。

5. 对分包商的进场报告、开工报告进行审查，确保其质量保证体系、组织结构、人力资源、机械设备、施工方案等满足工程质量要求。

（二）施工阶段的质量控制

1. 每周定期由总包召集分包商，对上周工程质量状况进行全面大检查，并组织各分包商召开质量问题分析会，就上周会议提出问题的落实情况进行检查通报，对未能落实整改的责任分包商进行经济处罚。

2. 所有用于工程的原材料、半成品、设备等进场后，必须由分包自检后报总承包商进行质量验收，需试验检验的由总承包商，通知监理公司进行见证取样送检，检验或试验合格的材料方能签证同意使用。

3. 总承包商配备相应的质量检测设备，对各分包的各施工工序质量全面跟踪检查，对检查出的质量问题向责任分包发出整改通知。

4. 各工序严格执行"三检"，其中"交接检"环节必须通知总承包商参加，由总承包商核验后报建立验收，验收合格后方可转入下道工序施工。

5. 实行工程隐蔽验收预约制，分包商提前二十四小时将预约申请报总承包商。

（三）验收阶段的质量控制

督促分包商按要求完成尾项施工，做好成品保护和相关竣工验收资料，配合总承包商顺利完成单位工程竣工验收。

（四）工程材料、设备的质量控制

1. 工程材料设备的报批和确认，工程材料设备的质量直接涉及工程质量。除业主制定的供应商外，总承包商对工程材料设备实行报批确认的办法，其程序为：

编制工程材料设备确认的报批文件。总承包商和分包商事先编制工程材料设备确认的报批文件，文件内容包括：制造（供应商）的名称、产品名称、型号规格、数量、主要技术数据、参照的技术说明、有关的施工详图、使用在工程的特定位置以及主要的性能特性等。报批文件附上总承包商统一编制的《材料设备报批单》，送业主、监理和总承包商。

总承包商在收到报批文件后，提出预审意见，报业主确认。

报批手续完毕后，业主、总承包商、分包商和监理各执一份，作为今后进场工程材料设备质量检验的依据。

2.材料样品的报批和确认，按照工程材料设备报批和确认的程序实施材料样品的报批和确认。材料样品报业主、监理、设计院确认后，实施样品留样制度，为日后复核材料的质量提供依据。

3.加强工程材料设备的进场验证和校验。

（五）施工工序的质量控制

1.检查各工序是否按程序进行操作。

2.检查测量定位是否准确。

3.检查"自检、互检、交接检"是否真实。

4.检查《分项工程评定表》是否符合实际情况。

5.检查隐蔽工程验收是否按程序进行。

6.检查特殊过程是否按作业指导书进行施工。

（六）过程控制的主要做法

1.全过程全天候进行跟踪监控，总承包商派出责任工程师，对分包商的过程质量展开全过程、全天候的监督与认可，凡达不到质量的不予签证，并限期整改。

2抓住关键过程进行质量控制，根据施工进度节点，突出重点，抓住关键过程进行质量控制。为了控制关键过程的工程质量，要求分包商编制施工方案，组织质量技术交底，下达作业指导书，对施工全过程实施质量检验。总承包商加强对关键过程的检查和监督，使得关键过程施工质量始终处于受控状态。

3接受工程监理、进行督促整改，在自检的基础上，提请监理工程师检验签字认可，没有监理工程师签字认可的，不得在工程上使用、安装或进入下一道工序施工。对监理在监理过程中开具的施工安装不符合设计要求、施工技术标准和工程合同约定，或者存在的测量、质量、安全等隐患方面的整改通知，总承包商予以及时落实、跟踪和督促相关分包商限时予以整改，直至建立验证签字认可为止。

4. 严格把关，进行过程检验。总承包商在施工过程中抓好过程检验。首先，审核分包商在施工方案中制订的检验和试验计划，验证检验和试验人员及检测单位的资质；其次，进行分项分部工程的质量复验，在分包商自检的基础上，对分项分部工程的质量进行复验认可；再次，对隐蔽工程采取连续或全数的检验和试验方法，对分包商的隐蔽工程验收记录进行复验认可，并在监理核验签证后方可进入下道工序施工；最后，组织主要分部工程质量的核验。总承包商制订主体工程质量的核验计划并报质检站，当上述分部工程分阶段完成时，经分包商自检、总承包商复验、监理验收签证后，由质检站组织人员前来进行质量的检验。通过过程的质量检验，使工程质量始终处于受控状态。

5. 成品保护，在施工过程中，有些分项、分部工程已近完成，其他工程尚在施工，或者某些部位已近完成，其他部位正在施工，如果对于已完成的成品不采取妥善的措施加以保护，就会造成损伤，影响质量。因此，搞好成品保护，是一项关系到确保工程质量、降低工程成本、按期竣工的重要环节。

对分包商已完成并形成系统功能的产品，经总承包商验收后，即组织人力、物力和相应的技术手段进行产品保护，直至形成最终产品交付业主使用为止。

十、质量检测

为确保试验工作顺利进行，我们将安排两名试验工程师对试验工作实行专职负责，包括与专业试验机构的联系和送检。

为便于工程的质量管理，我公司在施工过程中对分项工程设立了质量管理点，并对质量标准、对策和检测方法进行说明。在施工过程中，依据设立的质量控制目标，采用拟定的质量检测控制方法，对工程施工质量进行监控，以确保各分项工程目标的顺利实现。

对于工程的检测手段，主要分前馈检测、现场检测及反馈检测三种方法依次进行：

前馈检测，主要对工程使用的原材料质量进行检测及控制，确保进场材料的质量，为保证整个工程质量奠定基础。检测方法包括：检查原材料产品出厂合格证明、生产批号、生产日期、材料强度、质量等级等内容是否符合使用要求。

现场检测，及时发现施工过程中存在的质量问题，并及时予以指导、纠正。检测内容包括对砖加工、墙体拆砌等隐蔽工程等工序的检测，现场主要检测方法是由施工员、质安员、材料员对现场各作业班组的施工质量、材料进行外观检查，质量检查合格后方可进行下一工序的施工。

反馈检测，主要对施工完成后的半成品、成品等进行跟踪检测，了解已施工产品的质量情况，发现问题并施以补救措施，并为以后重复进行的类似工种、工序积累施工经验。反馈检测的方法主要是通过试件的制作检测、成品的表观检测。

十一、相应资源提供

（一）人力资源

1. 为确保本项目质量目标的实现，公司总部确定由某精干的项目部担任本施工任务。

2. 劳动力调配的详细安排参见施工组织设计相关安排。

3. 人员培训安排如下：

安全员在工人入场后一周内组织安全操作规程的学习和技能培训、演练。培训应分专业工种单独进行。架子工应重点进行培训。

质检员在工人入场后一周内组织质量培训班。培训班按技能培训和施工规范研讨分别进行。

雨季施工前由技术负责人组织全体工程技术人员学习雨期施工技术规范。

举办工种配合知识讲座。由瓦工工长和油工工长讲解对施工的要求和交叉施工的期望。

培训的具体安排、审批、考评等按公司（人力资源控制程序）规定执行。

（二）机械设备提供

机械设备提供已在施工组织设计的"施工准备"中做了详细安排，此处不再重复。

（三）工作环境

雨季施工环境管理将在本项目雨季施工方案中做出详细安排。

1. 现场材料应做好进料、存放的统一安排，砖、瓦件在雨季施工期间的苫盖，应由专人配合材料员负责做好此项工作，怕水的材料如石灰等要放在工棚内并采取防潮措施。

2. 木构件加工期间如遇雨要用塑料布苫盖；整修的大木构件及木基层（椽子、望板等）验收合格后，分类妥善码放，用垫木垫好，最下一层木构件离地面不得小于20厘米，且不得将大木码放在场地低洼处，并在更换安装前用塑料布苫盖好，经常检查防止雨水淋湿。

3. 墙身砌筑在施工期间遇雨也要苫盖，用塑料布将施工中的墙顶苫盖严密，且塑料布要垂直墙两侧适当高度，用扎绑绳配重固定压住塑料布，防止刮开。

4. 屋面施工逢雨季时，应对望板、各层泥、灰背和施工过程中的瓦面进行苫盖，只要在雨季施工中，必须在每天下班后用塑料布将屋面各施工部位苫盖好，并用脚手板或梯子板等妥善压牢，防止风大将苫盖的塑料布刮起；下班前专业工长必须对苫盖情况进行检查，夜间值班人员遇雨应进行巡查工作，并处理出现的情况。

5. 油饰地仗进行时，应注意天气变化。如遇天气变化异常，可将部分工序停下以防造成质量事故。地仗、油饰、彩画在雨季施工中，对易受雨水侵蚀、滴溅的部位应在下雨前做好防护遮挡、苫盖，在每天下班前做好此项工作，专业工长下班前进行检查，夜班值班人员夜间巡护。

6. 施工当中合理调配材料，尽量不在场内堆放过多的材料，随用随运。材料运输过程中做好防雨措施，防止运输过程中受雨淋造成不必要的经济损失。

7. 雨中派有责任心的保卫人员到现场查看苫盖好的木构件、材料是否被刮开，有无特殊情况；雨后，项目经理组织电工、架子工、安全员、现场材料管理员对施工现场的脚手架、用电设备和电缆线路、场内排水等情况进行认真检查，发现隐患及时处理解决，并确认不存在不安全因素后，再进行施工。

十二、顾客满意度调查

满意度调查应按三个阶段进行。即施工前、施工期间和竣工后。

满意度调查由项目经理亲自过问。

在甲、乙双方的工程例会上，满意度应作为一项会议议题。

建立顾客满意度月调查表。发现问题及时处理。竣工后应建立回访、保修记录。

十三、供方评价、选择与管理

项目自购物资主要由采购员负责。

物资科采购的物资，其物资供应方由物资科评定，项目经理部自行采购的物资由工程负责人、项目技术负责人负责组织评定，填写合格物资供应商评价表，并将合格供应商编入合格物资供应商名录。

对违反合同要求，供货质量低劣的物资供应方按程序规定进行处理。在物资供应过程中，材料员应对供货情况随时监控，发现问题应立即停止其供货，并及时上报。

工程材料需用计划由材料员负责提供，经项目负责人审批。

项目经理部根据公司人力资源部提供的合格分承包方目录，选择劳务人员，并对外地劳务人员进行培训，用工结束对该批劳务人员进行评定。

根据采购控制程序识别、评价的结果，木材选定某厂；瓦件、砖生产厂家选定某厂；石活生产加工厂家选定某厂。油漆选定某厂。其他材料应根据工程进度情况，按照（采购控制程序）的规定随时进行。

十四、施工过程控制

（一）施工准备

1.由项目技术负责人组织图纸预审，并组织专业工长及质检员等对已批准的施工组织设计学习讨论，使他们明确施工方法及质量要求。

2.由技术负责人根据劳动力使用计划和施工设备使用计划，提出分期分批计划，报项目经理组织落实。

3.由项目经理负责督促现场"三通"场地满足施工需要。

4.地面需要定位、标高时，由测量员负责坐标点和水准点的引进，负责定位放线，并进行水准点保护。由项目技术负责人通知公司质检科复核，做好书面记录。

（二）过程控制

1.由技术负责人确定项目的质量管理点，确定监控措施，由质检员负责执行。

2.施工前由技术负责人向相关人员进行技术交底，并填写交底记录。

3.坚持机械设备的日常保养、定期养护、维修制度，坚持每天的三检制和每周年的保养时间，对于检查出的问题，项目部及时处理，确保机械设备状况良好。

4.班组完成工序后，组织自检，质检员进行专项检查，并组织相关班组交接检查，并签署检查结论，作为下一道工序施工的依据。

5.装饰工程施工前由技术负责人编制样板方案，项目负责人审批后进行样板施工。

6.隐蔽工程验收由项目负责人组织，项目技术负责人、工长、质检员会同建设单位和监理单位参加，按要求进行。

7.当施工质量不符合要求时，质检员有权令其停工和返工，达到合格后再继续施工。

8.由技术负责人组织编制项目月进度计划，并验证计划落实情况。

9.由安全员负责督促落实安全生产责任制，对特殊作业人员持证上岗情况进行检查，并整理、保存有关的安全检查记录。

十五、关键工序与特殊过程的控制

关键工序的确定与控制：根据工程的特点，将大木结构制作、椽望制作、新做地仗、墙面砌筑、木基层防腐、灰背工程、宽瓦工程定为关键工序。这些过程（工序）对工程的影响较大，一旦出现问题，后果将不堪设想。因此，除应加强原有的检测手段外（预检、隐检等），还要由项目经理和技术负责人亲自抽检，并派专人进行"旁站督察"。

特殊过程的确定与控制：根据工程的特点，将木基层防腐、灰背工程定为特殊过程。对特殊过程应采取以下确认措施资格证书；检查设备工具；在正式施工前，所有工序都应进行样板件、样板部位，不符合要求者不得上岗；对施工人员进行理论考试，不合格者不得上岗；施工时随时进行观察检查，施工后逐一进行观察检查；在正式施工前及施工过程中，对每批进场的材料进行试验，合格后方可继续进行。在施工时要派专人在现场"旁站督察"。

十六、重点项目的质量预控

工程为古建筑修缮，屋面施工质量是重中之重。因此将木基层铺装及防腐工程、灰背工程及苫瓦工程列为工程质量预控的重点项目。地仗油饰彩画工程的地位也时重点之一，墙面清理粉刷影响观感也不可忽视。

十七、标识和可追溯性

（一）产品标识

1.运至现场的原材料、周转材料、成品、半成品的标识由材料员负责，施工过程的标识由专业工长及质检员等负责，麻刀灰的标识由实验员负责，施工设备和计量器具的标识由专业工长负责。

2.物资标识执行公司《标识和可追溯性控制程序》，计量器具的标识执行公司《监视和测量装置控制程序》。

3.紧急放行物资，让步接收或降级使用物资，由材料员建立书面记录，确保可追溯性要求。

4.成品保护（产品防护）的标识，墙面采用围挡挂牌，由施工班组负责。

（二）状态标识

1.凡建委或施工质量验收规范要求进行试验的材料及施工试验必须进行状态标识。

2. 由试验员负责对材料检验和试验状态进行标识，保证标识完好、准确。

3. 由设备员负责施工设备检验和试验状态的标识和管理。

4. 由质检员负责工序、分项、分部工程的预检、隐检等过程标识记录（资料）的签认，由资料员收集整理。

5. 由试验员负责施工试验项目标识的管理。

（三）必须确保可追溯的物资与过程

1. 工程必须确保可追溯的物资：砖、瓦、木材、油饰彩画材料、防腐涂料、白灰。追溯方式：合格证、试验单、复试单、有见证样样记录、产品清单等。

2. 工程必须确保可追溯的过程：拆除瓦面、墙面过程；木基层更换过程；苫灰背、宛瓦过程；地仗基层、墙面基层过程；抹靠骨灰过程；油漆施工过程等。追溯方式：预检记录、隐检记录、施工试验记录，分项、分部验评记录、施工日志等。

十八、施工过程监测及材料检测

（一）屋面工程

1. 预检项目：审瓦、沾瓦、宛瓦分中号垄。
2. 隐检项目：木基层防腐、泥背、灰背。
3. 施工质量验收：屋面工程，每一个屋面为一个检验批。

（二）墙体工程

1. 预检项目：砖料加工、灰浆准备。
2. 隐检项目：基底处理。
3. 施工质量验收：每一个流水段为一个检验批。

（三）地面工程

1.隐检项目：地基、垫层。

2.施工质量验收：每一个流水段为一个检验批。

（四）装修工程

1.预检项目：仗杆制作。

2.隐检项目：装修制作榫卯。

3.施工质量验收：每一个单体建筑为一个检验批。

（五）地仗油漆工程

1.隐、预检项目：旧地仗砍除、新地仗、颜料。

2.施工质量验收：每一个单体建筑为一个检验批。

（六）施工试验项目

砖、瓦、木材含水率。

（七）材料质量监测

1.所有进场、入库物资由材料员负责验证，对于有复试要求的材料，应在使用前进行复试，由材料员及实验员共同取样、送检，并将复试结果传递给材料组长，未经验证或复试的材料不准使用，工程需复试的材料有：砖、瓦、石材、防腐涂料等。

2.物资质量证明和复试报告由材料员收集，由资料员存档管理。

3.物资来不及验证时，应按公司有关规定执行，并由材料员做书面记录。用于结构工程的材料不允许未经检验合格即予放行。

4.分项、分部工程完成后，项目专业技术负责人，参加由监理单位组织的验收工作。有关地基与基础、主体结构分部工程的验收工作，公司质量技术部门的负责人也应参加。

5. 试验员按实验计划对所需工程试验项目抽取试样，填写试验委托单，经项目技术负责人签字确认，送实验室试验。

6. 由试验员及时从实验室签领试验报告单，通知工长作为试验状态标识的依据，将报告单存档管理。

7. 工程完工后，项目部组织专业人员按照图纸及规范对工程进行全方位检查检验、整理、填写工程报竣资料。

8. 对工程进行综合评定，合格后报业主、监理、设计等单位进行最终的检验工作。并协助建设单位报建委备案。

十九、不合格品的控制

对不合格物资应当天进行标识、记录、隔离，书面报告工地负责人，其评审程序按公司《采购控制程序》和《不合格品控制程序》执行。不合格物资的让步接收和降级使用要经公司质检科批准并与建设单位或监理单位签订接收协议。有关重要结构建材，一经发现不合格应立即封存，不得让步接受。

由质检员对不合格工序进行记录，当场签发质量问题通知单并立即令其停工。不合格过程未彻底纠正并经重新检验合格前，不得进行下道工序。

其他施工过程及管理体系各过程的不合格控制，按公司《不合格品控制程序》执行。

二十、质量数据分析

项目采用定性分析与定量分析相结合的方法。

定性分析也要以事实资料（可追溯）为基础。

定性分析以班组质量分析会、项目组每天质量例会、每周的质量分析会、质量通病研究会等形式进行。

（一）工程采用以下统计技术方法

1. 以数理统计为基础的抽样检验方法，如用于分项工程质量验收工作、顾客满意度调查等。

2. 因果分析图、直方图等，如用于 QC 小组的质量攻关活动。

3. 用于过程连续监控的控制图，如用于潜在不合格的发现。

（二）纠正措施与预防措施

1. 由项目负责人每周主持召开质量分析会，确定需纠正和预防的质量问题。

2. 纠正措施的制定应在不合格项发生的当天完成，预防措施的制定应在质量分析会结束后立刻开始。

3. 不合格物资的纠正措施、预防措施的实施与检查验证由材料员及项目技术负责人负责。

4. 施工机具、设备的纠正措施、预防措施的实施与检查验证由机械员负责。

5. 检验、测量、试验设备的纠正措施、预防措施的实施与检查验证由项目技术负责人负责。

二十一、工程质量保修承诺

不仅重视施工过程中的质量控制，以精品工程回报社会，同样也重视对工程的保修服务，对用户提供高品质的服务。我公司从工程交付之日起，对此工程的保修工作随即展开。在保修期间，我方将依据保修合同，以优质、迅速地维修服务维护用户的利益。

（一）保修期限

保修期限：自工程竣工验收并取得《建设工程质量合格证书》之日起，至合同规定的年限实行保修。

（二）服务期限

我公司在进驻现场之后，服务即开始，分为前期、中期、保修期、保修期后四个阶段。保修期结束后，我公司对工程进行终身服务，协助业主对建筑物进行全面的维护，协助物业部门对设备、设施进行维修、保养。

（三）定期回访

在项目工程部的监督指导下，自工程交付之日起每三个月组织回访小组对该工程进行回访，小组由公司主管经理或公司总工程师带队，公司工程部，技术质量部及项目经理等参加。

在回访中，对业主提出的任何质量问题和意见，我方都将虚心听取，认真对待，同时做好回访记录，对凡属施工方责任的质量缺陷，认真提出解决办法并及时组织保修实施，对不属于施工方面的质量问题，也要耐心解释，并热心为业主提出解决办法。

在回访过程中，对业主提出的施工方质量问题，应责成有关单位、部门认真处理解决，同时应认真分析原因，从中找出教训，制定纠正措施及对策，以免类似质量问题的再现。

（四）保修项目内容及范围

对施工项目的保修负全部责任。

（五）保修责任

当工程在使用期间发生因施工单位原因的质量问题时，由使用单位填写《建筑工程质量修理通知书》，通知驻现场保修负责人（或用电话通知，书面通知后补）。自接到《建筑工程质量修理通知书》或电话通知后，立即组织保修，并且在6小时内赶到现场进行维修，所发生的全部费用由施工方承担。

（六）保修措施

1. 工程交付后，与业主签订工程保修合同，并建立保修业务档案。如发生质量问题，我公司将立即成立工程保修小组，成员由工程经验丰富、技术好、处理问题能力强、工作认真负责的原项目部的施工管理人员及原工程的作业人员组成。在工程交付使用后的半年至一年内，保修小组将常驻在现场（在征得业主的同意后），配合业主做好各种保修工作，同时，将向业主提供详尽的有关技术说明资料，帮助业主更好地了解建筑使用过程中的注意事项。

2. 工程保修小组在接到业主维修要求后，立即到达故障现场与业主商定处理办法，能自行处理的质量问题，保证在 24 小时内给予解决，不能自行处理的问题及时上报公司工程部迅速研究解决。

3. 对业主提出的质量问题，认真分析、研究、制订维修方案。对有防水要求部位，准备好配料和材料，随时发生问题，随时进行解决，确保维修质量。保修实施时认真做好成品及环境卫生的保护工作，做到工完场清。

4. 技术部配合保修小组对保修工作进行技术指导，制定保修技术措施，并监督保修小组工作，做好保修的验收工作。如业主提出的保修要求与合同规定有出入时，公司项目工程部和经营部负责处理解释，并做到使业主满意。

第十二章　安全防护措施

项目经理部下设安全管理部，全面负责该工程的安全、文明施工、环境保护管理工作，总承包要求各分包商应成立相应安全管理机构，协助总承包搞好该分包商的安全管理等工作。

建立以总承包项目经理为首，项目副经理、各分包项目经理、安全项目副经理、专职安全员、工长、班组长、生产工人组成的安全管理网络。每个人在网络中都有明确的职责，总承包项目经理是项目安全生产的第一责任人，项目副经理分管安全，每位工长既是安全监督员，也是其所负责的分项工程施工的安全第一责任人，各班组长负责该班的安全工作，专职安全员协助安全副经理工作，这样就形成了人人注意安全、人人管安全的齐抓共管的局面。

建立各级各部门的安全生产责任制，责任落实到人。各项经济承包有明确的安全指标和包括奖惩办法在内的保证措施。总承包商、分包商之间必须签订安全生产协议书。并建立《安全教育制度》《安全生产例会制度》《特种作业持证上岗制度》《安全值班制度》《安全技术交底制度》《建立安全生产班前讲话制度》《日检查、周检查、旬检查制度》《机械设备、临电设施和脚手架的验收制度》《安全环保的奖惩制度》等主要安全管理制度。

加强安全宣传和教育是防止员工产生不安全行为，减少人为失误的重要途径，为此，根据世纪情况制定安全宣传制度和安全教育制度，以增强人员的安全知识和技能，避免安全事故的发生。

消除安全隐患是保证安全生产的关键，而安全检查则是消除安全隐患的有力手段之一。总承包将组织自行施工项目部和各分包商进行日常检、定期检、综合检、专业检等四种形式的检查。安全检查坚持领导与员工相结合、综合检查与专业检查相结合、检查与整改相结合的原则。检查内容包括：查思想、查制度、查安全教育培训、查安全设施、查机械设备、查安全纪律以及劳保用品的使用。

安全管理措施，要求所有安全设施的搭设实行申报制度，所有设施搭设必须以书面形式报总承包商审批，搭设完毕后通知总承包商，经总承包商验收合格后方能使用。拆除安全设施同样要向总承包商提出申请，经批准后方能拆除。同时，对多分包商共同使用或交替使用的安全设施实行验收、检修、交接制度，对安全设施搭设时间、位置、用途等情况，总承包商都一一记录在案，根据使用的要求和工程进度，做好动态管理，确保安全设施在使用过程中的完好、坚固、稳定，使安全设施始终处于安全状态。施工用电投入运行前，要经过有关部门验收合格后方可使用，管理人员对现场施工用电要有技术交底。施工现场供电线路、电气设备的安装、维修保养及拆除工作，必须由持有效证件的电工进行。对易燃、有毒、化学品的使用实行严格的安全管理。

消防安全管理，各施工现场实行总承包负责制，总承包商要对施工现场消防工作负全责，各分包商要服从总承包商的管理，双方要签订消防安全协议书，明确双方的责任。实行逐级责任制。项目经理是现场防火工作的负责人，根据工程的规模配备一名消防专业工程师，具体负责日常消防工作，专（兼）职防火人员，要做好防火负责人的参谋，组织编制、制定、完善施工现场有关防火安全的规定、规章制度，对现场进行防火安全监督、检查，落实责任，解决隐患；做好宣传教育工作，施工人员入场前应进行三级教育，组织义务消防队员进行教育，使他们掌握防火知识，训练他们扑救初期小火的技术能力。现场存放油漆、稀料、石油、液化气、电热器具等必须上报安全管理部批准。

文明施工与环境保护管理，文明施工是施工单位保持施工场地整洁、卫生的一项活动。一流的施工企业，除了要有一流的质量、一流的安全外，还必须具有一流的文明施工现场。

一、安全生产管理目标

在施工中，始终贯彻"安全第一，预防为主"的安全生产工作方针，认真执行国务院、建设部、北京市关于建筑施工企业安全生产管理的各项规定，以及北京市有关安全方面的规定与要求。把安全生产工作纳入施工组织设计和施工管理计划中，使安全工作与生产任务紧密结合，保证施工人员在生产过程中的安全与健康，严防各类事故发生，以安全促生产。

强化安全生产管理，通过组织落实、责任到人、定期检查、认真整改，杜绝死亡事故，确保无重大工伤事故。

生产由项目经理部安全生产负责人为首，各施工单位安全生产负责人参加的"安全生产管理委员会"组织领导施工现场的安全生产管理工作。

项目经理部主要负责人与各施工单位负责人签订安全生产责任状，使安全生产工作责任到人，层层负责。

半月召开一次"安全生产管理"工作例会，总结前一阶段的安全生产情况，布置下一阶段的安全生产工作。

各施工班组在组织施工中，必须保证有本单位施工人员施工作业就必须有本单位领导在场值班，不得空岗、失控。

严格执行施工现场安全生产管理的技术方案和措施，在执行中发现问题应及时向有关部门汇报。更改方案和措施时，应经原设计方案的技术主管部门领导审批签字后实施，否则任何人不得擅自更改方案和措施。

无因工死亡事故，无重大机械设备事故，无重大火灾事故，无食物中毒事故，轻伤事故率控制在 0.3‰以内。

二、安全管理体系

施工现场安全生产管理体系是施工企业和施工现场整个管理体系的一个组成部分，包括为制定、实施、审核和保持"安全第一，预防为主"方针和安全管理目标所需的组织机构、计划活动、职责、过程和资源。

（一）安全管理机构

工程项目部是施工第一线的管理机构。依据工程特点，建立以项目经理为首的安全生产领导小组和针对安全生产的督查小组。小组成员由项目经理、项目技术负责人、项目安全保卫负责人、各专业工长及外包队负责人组成。根据工程特点和面积，配备专业安全管理机构，其中安全负责人1名，专职安全员1名。建立安全生产领导小组和督查小组成员相结合的轮流值日制度，解决和处理施工生产中的安全问题，并进行巡回安全生产监督检查。并建立每周一次的安全生产例会制度和每日安全活动制度。项目经理亲自安排主持定期安全生产例会，协调安全与生产之间的矛盾，督促检查班前安全讲话活动的记录，保证安全工作问题的消除与整改落实。确保安全生产工作目标的落实。

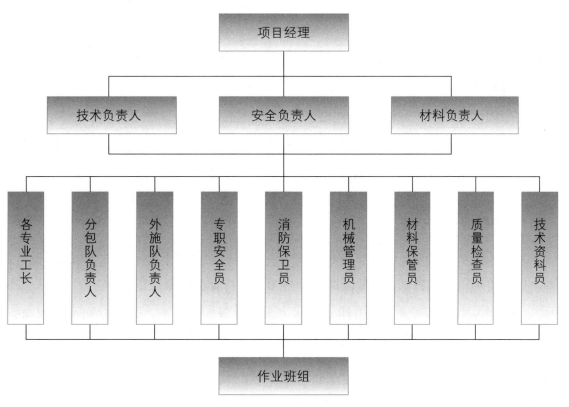

项目部安全生产管理体系图

（二）各岗位人员职责

1.项目经理：是本项目安全生产的第一责任人。负责统筹协调组织实施安全生产管理工作；组织制定和实施本项目的安全技术措施；领导项目部各职能部门进行定期安全生产检查，制定各项安全管理制度；对各级安检部门提出的安全隐患积极组织整改；对现场职工进行安全技术和安全纪律教育；发生伤亡事故及时上报，并认真分析事故的原因，提出和实施改进措施。对安全生产工作负全面领导责任。

2.项目技术负责人：对本项目安全技术负直接责任。协助项目经理贯彻执行安全生产规章制度；编制施工组织设计（施工方案）及安全技术措施，并负责组织实施与监督检查；负责向工长进行重大或关键部位的安全技术交底；组织职工学习安全技术操作规程；及时解决施工中的安全技术问题；参加工伤事故的调查分析，负责制定改进安全技术措施。

3. 安全负责人：负责对本项目安全生产工作进行全面监督检查、施工队入场人员的安全教育的工作。负责检查验收脚手架、提升井架及大型机械的安装；协助项目部有关领导搞好安全消防保卫工作，督促检查各种安全隐患整改工作；做好文施资料和日常检查记录资料上报工作；对本项目的安全生产工作负直接领导责任。

4. 材料负责人：负责对本项目大中型机械和机具的采购租赁和安全防护设施及防护用品采购验收工作。对所购置的产品质量负主要责任。

5. 工长：对所辖班组（包括外施队）的安全生产负直接领导责任。认真执行安全技术措施及安全操作规程；针对生产任务的特点向班组（包括外施队）进行书面安全技术交底并履行签字手续；随时检查施工现场内的各项防护设施和完好使用情况；及时纠正违章作业行为，及时解决安全隐患，做到不违章指挥。

6. 专（兼）职安全员：负责现场的安全生产日常检查工作，并作好日检记录；负责组织工人进行入场教育；发现问题及时处理并上报有关领导。

7. 消防保卫员：负责本项目防火防盗工作。负责施工人员消防治安知识培训和演练工作；负责专业保安人员的日常管理工作和消防器材的维修保养工作；并做好记录收集存档。

8. 机械管理员：负责本项目所有机械的进场检查验收和机械安全技术交底及安全教育工作。负责机械的日常检查、维修保养工作；并将记录材料及时存档。

9. 质量检查员：负责检查特殊工种的上岗证情况。

10. 材料保管员：负责本项目的各种材料进场收发登记验收工作。对有毒有害、易燃易爆物品分库存放单独管理，严格执行领退料制度；对项目部施工材料的安全、消防、保卫负有重要看管、防范丢失管理责任。

11. 技术员：负责监督检查本项目各项施工方案的执行情况。

12. 分包、外施队负责人：认真执行安全生产管理制度及相关法律法规，合理安排本队施工人员的工作。对施工人员在生产中的安全与健康负有全面责任。负责施工人员各项劳务手续的办理及安全教育培训工作；经常组织施工人员学习安全操作规程及相关法律法规，监督本队人员遵守劳动安全纪律，做到不违章指挥，不违章作业；根据上级的交底向本队各工种进行详细书面安全交底；落实解决所辖班组存在的各种安全隐患的整改工作。

三、安全管理制度

安全管理制度是安全施工的保障，也是我们安全管理工作的依据。我单位在项目开工前，将针对工程的施工特点，制定一系列规章制度，以指导安全生产管理工作。工程的安全生产制度如下：

明确安全生产目标。

认真落实国家和省市发布的安全生产法规、规程，坚持"安全第一，预防为主"的方针，建立健全施工安全监察监督网络体系，分段分部做好安全检查与防护，使之做到经常化、制度化、标准化。

完善安全保证体系并明确安全管理人员的职责，每一成员均要对国家有关安全生产的方针、上级有关指示、文件、安全操作规程进行系统的学习，以便在管理中指导生产工人的施工。

项目经理部与施工工程处和业主拟制定分包商签订安全生产协议，明确目标和奖惩措施。

加强安全教育和宣传，在生产实践中切实搞好"三基""三个事件""三件事""三个结合""六防止"的教育，各工程处进场时，由项目经理对工人进行安全教育，牢固树立"安全第一"的思想，提高工地职工的安全意识。

分项工程施工前，由工程处负责人、作业工长对工人进行岗前教育，使工人了解本工种的安全注意事项，掌握安全操作要点。

建立定期与不定期检查制度，每周由安全副经理、总工程师、安全检查部队现场安全做一次大检查，发现安全隐患或未按操作规程施工，及时下达限期整改通知书和处罚，整改后要及时检查整改情况，安全监察部各专业安检工程师须每日在工地巡回检查并有记录。

对特殊工种，如架子工、电焊工、起重工、电工须持证上岗，并定期培训面试。定期对特殊工种作业人员作体格检查，符合要求方能上岗。

安全措施经费实行专款专用，及时发放劳动保护用品。

调节好作业时间，不打疲劳战，夏季做好防暑降温，冬季做好防滑防冻措施。

禁止违章指挥、违章作业。

施工现场设置安全标识牌和标语牌，危险区域设置警示标志。保卫人员要认真负责，不得放非施工人员、车辆进入场地，经过允许的参观人员要戴安全帽并有专人引导。

（一）安全生产教育培训制度

为了搞好安全生产教育培训，增强职工安全生产意识。普级职工安全技术知识，增强职工自我防护能力，现根据建筑企业安全生产安全教育的有关规定，制定以下安全教育制度：

1.安全生产教育培训的类型

凡新招收的合同制工人，及分配来的实习和代培人员，分别进行一级安全教育。项目经理部进行二级安全教育。现场施工员进行三级安全教育。教育内容为：

讲党和国家的劳动保护安全生产的方针、政策。

讲公司安全管理规章制度、劳动、安全纪律。

讲"三不伤害"，即：遵守操作规程不伤害自己，讲究职业道德不伤害他人，居安思危不被他人伤害。

讲遵章守纪，反对违章指挥，反对违章操作。

讲公司内、外工伤事故血的教训。

讲安全生产，劳动保护、安全防火等规章制度与奖惩制度。

讲施工生产特点，危险地段，应注意的事项，防范措施与方法。

讲安全技术操作规程、安全、劳动纪律。

讲各工程的安全技术操作规程、安全、劳动纪律。

讲施工现场应注意的事项，预防事故发生的措施。

讲使用生产工具（设备的性能，用途和构造，使用的基本方法）。

讲劳保用品的使用与保管，爱护和保管生产工具（设备）和施工现场各种防护设施，安全标志。

对教育内容要进行考核，造册登记。教育人和接受教育人要签字备查。

配合施工的外包队工人进场，由项目经理、安全员进行入场安全教育，保卫人员进行治保消防教育，并填好安全教育登记卡（册），教育者与接受安全教育的包工队长或大班长，必须签名备查。

2. 变更工种工人的安全教育制度

凡有变更工种工作的工人项目部必须及时通知安全部门和现场安全员进行变更工种工作的安全技术教育，责任划分：由公司变更的，由公司质安科进行教育。由工地变更的，要通知安全员进行安全教育。变更工种安全教育，由教育人员填写安全教育卡（册），教育者与受教育者都要签字备查。

3. 特殊工种工人的安全教育制度

国家规定的电工、焊工、架工、司炉工、爆破工、机操工、起重工、小机动翻斗车司机、龙门吊司机等特殊工种，由器材部、安全部配合办公室申报市劳动保护教育中心进行培训取证。

经劳动保护教育中心培训发证的电工、焊工、小机动翻斗车司机、起重工、塔吊司机、架工、司发证的机操工及其他特殊工种，人员在本单位的，器材部必须造册证件号码，取证日期都必须登记清楚备查。凡特殊工种人员在工地的，安全员将本工地的特殊人员名单登记造册。

4. 公司生产管理人员的上岗培训教育

凡是与施工生产有关的管理人员必须接受市一级安全监督部门组织的安全培训教育（包括证件复审培训）。由公司工程部、安全部配合办公室组织实施，每年度持证率应达 80% 以上。

5. 季节性施工安全教育

进入雨季及冬季施工前，在现场经理的部署下，由各区域责任工程师负责组织本区域内施工的分包队伍管理人员及操作工人进行专门的季节性施工安全技术教育。

6. 节假日安全教育

节假前后应特别注意各级管理人员及操作者的思想动态，有意识、有目的地进行教育、稳定他们的思想情绪，预防事故的发生。

7. 特殊情况安全教育

施工项目出现以下几种情况时，工程项目经理应及时安排有关部门和人员对施工工人进行安全生产教育。

因故改变安全操作规程。

实施重大和季节性安全技术措施。

更新仪器、设备和工具，推广新工艺、新技术。

发生因工伤亡事故、机械损坏事故及重大未遂事故。

出现其他不安全因素，安全生产环境发生了变化。

8. 安全教育和培训

安全教育培训表

各类人员安全教育培训	安全培训时间	发证单位	有效期
企业法定代表人、经理、企业主管安全生产副经理	初次培训不少于32学时，每年再次培训不少于12学时	政府建设主管部门发放的《安全生产考核合格证书》简称A证	3年
项目负责人		政府建设主管部门发放的《安全生产考核合格证书》简称B证	3年
专职安全生产管理人员		政府建设主管部门发放的《安全生产考核合格证书》简称C证	3年
特种作业人员：电工、焊工、架子工、起重司机、司索工、信号指挥工、爆破作业、企业机动车驾驶等	接受专门培训	政府安监部门颁发的《特种作业人员操作资格证》	2年
一般管理人员的安全教育培训	每年不少于20学时		—
新上岗作业人员	岗前培训不少于24学时，每年再培训不少于16学时	项目经理部办理证件	1年

（二）安全检查制度

为及时发现项目安全生产管理中存在的问题，并加以改进，从而提高项目安全管理水平，现制定以下安全生产检查制度：

1. 项目部每周进行一次安全生产检查，项目部对施工现场每周进行一次全面的安全大检查，由项目经理组织，安全部、技术部、施工部负责人及有关人员参加，检查完毕后由项目安全部将安全隐患汇总，书面填好隐患汇总表并下达到劳务分包队，分包队伍接到项目安全部下达的隐患汇总表时，对存在的安全隐患，必须要做到"定整改责任人、定整改措施、定整改完成时间"进行整改，整改完毕后，必须以书面的形式上报项目安全部，并由安全部进行复查。

2. 项目安全部门各级安全员的日常巡回安全检查，对每天发现的安全隐患要及时地汇总，针对相对严重的或重大的安全隐患下达书面安全隐患整改通知单或重大安全隐患整改通知单，并对各自所下达的安全隐患条款进行监督落实整改。

3. 项目部的机电管理人员和劳务队的机电管理人员、机械设备管理人员每天必须对其所负责的电器，机械绝缘，设备的运转情况进行全面的安全检查，确认安全后才能使用，对存在的问题当天能处理的必须及时处理，并做好相关的记录；对当天不能处理的较大的问题，必须及时向部门经理反映和商量处理结果。严禁机械设备带病作业。

4. 专项安全检查，项目部应定期和不定期地组织以专业技术人员为主体，针对危险性较大的项目进行专项、重点检查，定期检查的时间间隔为两周。

5. 季节性和节假日前后的安全检查，每逢"夏季、冬季、风季、雨季"等可能给施工安全和施工人员健康带来危害的时段，以及五一、端午、元旦等节日前后，项目经理要组织一次针对季节性和节假日前后的安全检查。

6. 验收性的安全检查，施工现场所搭设的脚手架、井字架等，在使用前必须由项目安全部门，施工部门和技术部门的负责人及相关人员到现场进行验收检查，确认合格后，办理验收签字手续后方可使用。

7. 施工班组及分包单位的自行检查，施工班组要做好班前、班中、班后安全自检工作，尤其作业前必须对环境进行认真检查，并做好交接班记录，做到身边无隐患，班组不违章。

分包单位必须建立各自的安全检查制度，除参加总包组织的检查外，必须坚持自检，及时发现、纠正、整改本责任区的违章、隐患。

（三）安全专项方案管理制度

为加强对项目危险性较大的分部分项工程安全管理，明确安全专项施工方案编制内容，规范专家论证程序，确保安全专项施工方案实施，依据住房和城乡建设部《关于印发〈危险性较大的分部分项工程安全管理办法〉的通知》（建质〔2009〕87号）文件以及公司《安全生产管理手册》有关内容制定本制度。

1. 安全专项方案的定义

安全专项方案是指在编制实施性施工组织设计的基础上，针对危险性较大的分部分项工程单独编制的安全技术措施文件。

安全专项施工方案是施工组织设计不可缺少的组成部分，是施工组织设计的细化、完善、补充，且自成体系。安全专项施工方案应重点突出分部分项工程的特点、安全技术要求、特殊质量要求，重视施工技术与安全技术的统一。

2. 编制安全专项施工方案的范围及内容

危险性较大的分部分项工程是指建筑工程在施工过程中存在的、可能导致作业人员群死群伤或造成重大不良社会影响的分部分项工程。危险性较大的分部分项工程。

专项方案编制应当包括以下内容：

工程概况：危险性较大的分部分项工程概况、施工平面布置、施工要求和技术保证条件。

编制依据：相关法律、法规、规范性文件、标准、规范及图纸（国标图集）、施工组织设计等。

施工计划：包括施工进度计划、材料与设备计划。

施工工艺技术：技术参数、工艺流程、施工方法、检查验收等。

施工安全保证措施：组织保障、技术措施、应急预案、监测监控等。

劳动力计划：专职安全生产管理人员、特种作业人员等。

计算书及相关图纸。

3. 安全专项方案的编制、论证与审批

专项方案应当由项目技术部门组织本单位施工技术、安全、质量等部门的专业技术人员进行审核。经审核合格的，由项目技术负责人签字。实行施工总承包的，专项方案应当由总承包单位技术负责人及相关专业承包单位技术负责人签字。

不需专家论证的专项方案，经项目部审核合格后报监理单位，由项目总监理工程师审核签字。

超过一定规模的危险性较大的分部分项工程专项方案应当由项目部组织召开专家论证会。实行施工总承包的，由施工总承包单位组织召开专家论证会。

专项安全技术措施及方案的编制和审批表如下所示：

专项安全技术措施及方案的编制和审批表

安全技术措施及方案	编制	审核	审批
一般工程的安全技术措施及方案	项目技术人员	项目技术负责人	项目总工
危险性较大工程的安全技术措施及方案（参阅建设部建质〔2009〕87号）	项目技术负责人	企业技术、安全、质量等管理部门	企业总工程师

4 安全专项方案的实施

项目安全员对专项方案实施情况进行现场监督和按规定进行监测。发现不按照专项方案施工的，应当要求其立即整改；发现有危及人身安全紧急情况的，应当立即组织作业人员撤离危险区域。

项目技术负责人应当定期巡查专项方案实施情况。

对于按规定需要验收的危险性较大的分部分项工程，项目、监理单位应当组织有关人员进行验收。验收合格的，经项目技术负责人及项目总监理工程师签字后，方可进入下一道工序。

监理单位应当将危险性较大的分部分项工程列入监理规划和监理实施细则，应当针对工程特点、周边环境和施工工艺等，制定安全监理工作流程、方法和措施。

监理单位应当对专项方案实施情况进行现场监理；对不按专项方案实施的，有权责令项目部整改，项目部必须按规定进行整改。

（四）分包安全管理制度

为实现项目工程建设的安全管理目标，确保工程建设项目安全、文明施工，创精品工程。特对工程的施工分包项目做如下规定：

1. 工程所有分包项目应通过资质审查、招标、择优先选用分包队伍。资质审查内容如下：

有关部门核发的营业执照和安全资质证书，法人代表资格证书，施工简历和近3年安全施工记录。

满足安全施工需要的机械、工具及安全防护设施、安全用具。

施工负责人、工程技术人员和工人的技术素质是否符合工程要求；

具有两级机构的承包商是否设有专职安全管理机构；施工队伍超过50人的是否配

有专职安全员；50人以下的是否设有兼职安全员。

2. 中标了的施工单位必须依法签订安全合同。合同中应具体规定发包方和承包方各自应承担的安全责任，并由指挥部安全监督部门审查同意。

3. 安全资质审查必须由安监部门严格审查。凡未经安全资质审查或审查不合格的分包队伍，严禁录用，安监部门有否决录用的权力。

4. 发包单位应监督分包单位定期组织职工体检。体检不合格的或患有职业禁忌症者以及老、弱、病、残者、童工应坚决清退，严禁录用。

5. 工程开工前，分包单位必须组织全体人员进行安全教育和考试。受教育人员名单和考试成绩必须报项指挥部安监部门备案，并经抽考合格后，方可进入现场施工。

6. 分包单位对所承担的施工项目必须编制安全施工措施，大型独立施工项目还应编制施工组织设计，经发包单位技术、安监等部门审查合格后执行，并作为分包合同的附件。无此附件，发包单位签约者应负全部责任。

7. 分包单位施工人员进入施工现场应佩戴带有本人照片的胸卡，专职安全员应佩戴明显标志上岗，"胸卡"与安全员的标志严禁转借他人。

8. 分包单位的行政第一负责人是安全施工第一责任者，对本单位的安全施工负全责。要组织督促本单位施工人员认真贯彻执行国家有关安全生产的方针、政策、法令、法规和电力设施安全工作规程、安全管理施工规定、遵守发包单位有关安全施工、文明施工的管理规定，服从管理、监督和报导，并定期向发包单位安监部门汇报安全工作。

9. 发包单位的安监部门有责任负责组织分包单位定期或不定期的安全检查活动和安全工作例会，及时传达上级有关安全工作的文件及通报等。

（五）安全技术交底和危险因素告知制度

1. 职工上岗前，项目施工负责人和安全管理人员必须做好各工种的岗位安全操作规程交底工作，做好分部分项工程的安全技术交底工作，并做好危险源交底及监控工作。

2. 分包队伍进场后，项目经理必须对分包方进行安全技术总交底。

3. 项目安全管理人员必须做好变换人员的安全技术交底工作。

4. 各项安全技术交底内容必须完整，并有针对性。

5. 各项安全技术交底内容必须记录规范，写清交底的工种，工程部位和交底时间，签上交底人和被交底人的名字。

6. 交底必须履行交底人和被交底人的签字模式，书面交底一式二份，一份交给被交底人，一份附入安全生产台账备查。

7. 被交底者在执行过程中，必须接受项目部的管理、检查、监督、指导，交底人也必须深入现场，检查交底后的执行落实情况，发现有不安全因素，应马上采取有效措施，杜绝事故隐患。

（六）持证上岗制度

1. 基本定义：特种作业是指对操作者本人，尤其是对他人和周围设施的安全有重大危害因素的作业；特种作业人员是直接从事特种作业者人员。

2. 特种作业范围：电工作业；锅炉司炉；压力容器操作起重机械作业；金属焊接（气割）作业；厂内机动车辆驾驶；建筑登高架设作业。

3. 特种作业人员应具备的条件：年满18周岁，工作认真负责，身体健康，无妨碍从事本作业的疾病和生理缺陷，具有本作业所需的文化程度和安全、专业技术及实践经验。

4 培训：从事特种作业的人员，必须进行安全教育和安全技术培训；公司安全部门会同当地劳动部门和机械动力、技术、劳资、职工培训等部门对特种作业人员进行培训、复审工作；培训的时间和内容要严格按照特种作业《安全技术考核标准》和有关规定执行。

5. 考核发证和持证上岗：特种作业人员经安全技术培训后，经地区以上劳动部门考核合格取得操作证后，方准独立作业；考核分安全技术理论和实际操作两部分，考核都必须达到合格要求，不合格者可进行补考，补考仍不合格的要重新培训；考核内容根据特种作业《安全技术考核标准》和有关规定；特种作业人员考核发证工作由当地劳动部门或指定的单位考核发证；特种作业人员经培训考核发证后，必须持证上岗，无操作证严禁从事特种作业。

6. 复审：取得操作证的特种操作人员每两年必须进行复审一次，内容分工种安全技术理论和实际操作；进行体检；对事故责任者检查；复审不合格者，可在本月内再进行一次复审，仍不合格收缴操作证。凡未按规定复审的不得上岗，如上岗按无证论处。

7. 工作变迁：特种作业人员要保证相对稳定，异地工作时经所到地区劳动部门审核同意，可从事原作业。

8. 奖惩：对特种作业人员奖励与处罚应根据国务院《企业职工奖惩条例》和公司有关制度实施；对操作和造成事故者，公司安全专业人员有权根据情节扣证，情节特别严重的有权上报发证机关，吊销操作证并进行经济处罚和行政处分。

（七）设备管理制度

1. 为保证工程项目的所有施工设备运行正常，保证施工安全，特制定本制度。

2. 各种机械均应经机械动力部门检查，安全部门认可，且安全防护装置及安全规程齐全，产品技术、安全性能必须满足国家标准，否则不准使用。

3. 各种机械安装后，均应由安装部门组织有关部门参加验收，并向使用单位（人员）进行安全技术交底后，方能使用。

4. 电动机具的接地、接零要牢固可靠，各种电动机具应装有漏电保护器，使用前应检查绝缘是否良好，方可使用。

5. 必须建立定人定机制，定期检查维修，操作人员应持证上岗。

6. 各类机械操作人员，必须严格遵守操作规程，严禁酒后操作，认真执行"三不"：不准在运行中保养、不准设备带病运转、不准超负荷使用。

（八）安全事故处理办法

1. 按规定向有关部门报告事故情况：事故发生后，事故现场有关人员应当立即向本单位负责人报告；单位负责人接到报告后，应当于1小时内向事故发生地县级以上人民政府安全生产监督管理部门和负有安全生产监督管理职责的有关部门报告，并有组织、有指挥地抢救伤员、排除险情；应当防止人为或自然因素的破坏，便于事故原因的调查。

由于建设行政主管部门是建设安全生产的监督管理部门，对建设安全生产实行的是统一的监督管理，因此，各个行业的建设施工中出现了安全事故，都应当向建设行政主管部门报告。对于专业工程的施工中出现生产安全事故的，由于有关的专业主管部门也承担着对建设安全生产的监督管理职能，因此，专业工程出现安全事故，还需要向有关行业主管部门报告。

情况紧急时，事故现场有关人员可以直接向事故发生地县级以上人民政府安全生产监督管理部门和负有安全生产监督管理职责的有关部门报告。

安全生产监督管理部门和负有安全生产监督管理职责的有关部门接到事故报告后，应当依照下列规定上报事故情况，并通知公安机关、劳动保障行政部门、工会和人民检察院。

特别重大事故、重大事故逐级上报至国务院安全生产监督管理部门和负有安全生产监督管理职责的有关部门；较大事故逐级上报至省、自治区、直辖市人民政府安全生产监督管理部门和负有安全生产监督管理职责的有关部门；一般事故上报至设区的市级人民政府安全生产监督管理部门和负有安全生产监督管理职责的有关部门。

安全生产监督管理部门和负有安全生产监督管理职责的有关部门依照前款规定上报事故情况，应当同时报告本级人民政府。国务院安全生产监督管理部门和负有安全生产监督管理职责的有关部门以及省级人民政府接到发生特别重大事故、重大事故的报告后，应当立即报告国务院。必要时，安全生产监督管理部门和负有安全生产监督管理职责的有关部门可以越级上报事故情况。

安全生产监督管理部门和负有安全生产监督管理职责的有关部门逐级上报事故情况，每级上报的时间不得超过2小时。事故报告后出现新情况的，应当及时补报。

2.组织调查组，开展事故调查：特别重大事故由国务院或者国务院授权有关部门组织事故调查组进行调查。重大事故、较大事故、一般事故分别由事故发生地省级人民政府、设区的市级人民政府、县级人民政府负责调查。省级人民政府、设区的市级人民政府、县级人民政府可以直接组织事故调查组进行调查，也可以授权或者委托有关部门组织事故调查组进行调查。未造成人员伤亡的一般事故，县级人民政府也可以委托事故发生单位组织事故调查组进行调查。

事故调查组有权向有关单位和个人了解与事故有关的情况，并要求其提供相关文件、资料，有关单位和个人不得拒绝。事故发生单位的负责人和有关人员在事故调查期间不得擅离职守，并应当随时接受事故调查组的询问，如实提供有关情况。事故调查中发现涉嫌犯罪的，事故调查组应当及时将有关材料或者其复印件移交司法机关处理。

3. 现场勘查：事故发生后，调查组应迅速到现场进行及时、全面、准确和客观的勘查，包括现场笔录、现场拍照和现场绘图。

4. 分析事故原因：通过调查分析，查明事故经过，按受伤部位、受伤性质、起因物、致害物、伤害方法、不安全状态、不安全行为等，查清事故原因，包括人、物、生产管理和技术管理等方面的原因。通过直接和间接地分析，确定事故的直接责任者、间接责任者和主要责任者。

四、安全防护

安全生产责任制是企业安全生产各项规章制度的核心，开工前，项目创安领导小组，必须参照公司安全生产管理文件，结合项目实际情况，明确工程安全、质检、材料、行政、财务、计划等各职能部门及人员的安全生产责任，办公室悬挂安全生产责任制度，各部门及个人在工作中必须严格按责任制，进行安全生产管理工作。进入施工现场的作业队伍，必须要与项目签订施工安全合同。落实安全教育和班前安全活动，对进入现场作业的人员必须进行相关岗位安全教育工作，项目上设安全宣传栏，每月不得少于一版，并定期或不定期地在项目上开展安全知识竞赛。项目应配合公司做好安全检查工作，每月不得少于两次。施工现场设置"五版二图"，挂设于工地醒目位置，"五版二图"按公司视觉形象设计标志进行。施工现场围护设禁，严格门卫制度，非施工人员严禁进入施工现场。施工现场设安全检查岗，随时随地检查监督并纠正安全隐患，对违反有关安全规章制度者进行处罚。

（一）个人防护措施

工程中投入使用的个人防护用品主要有：安全帽、安全带、绝缘手套、绝缘鞋、面罩、目镜、耳塞、工作服等，施工中重点加强安全防护用品的采购和正确使用管理。

（二）防护用品的采购

进场前，由安全环保部提出个人防护用品的采购计划，物资设备部负责采购，要求所有防护用品必须具有产品合格证，质量必须符合国家标准的要求：安全帽必须保证能承受5千克钢锤从1米高度自由落下的冲击，帽衬和帽壳间要有空隙以承受缓冲；安全带采用可卷式安全带。

防护用品的正确使用：

1. 所有施工人员必须佩戴安全帽，戴帽时必须系紧帽带。

2. 工人在坠落高度基准面2米以上（含2米），无法采取可靠防护措施的高处作业人员均须系好安全带，使用时高挂低用。

（三）高空作业的安全防护

1. 高空及交叉作业防护措施，凡在同一立面上、同时进行上下作业时，属于交叉作业，应遵守下列要求：禁止在同一垂直面的上下位置作业，否则中间应有隔离防护措施；高处堆物（如模板、扣件、钢管等）应整齐、牢固，且距离楼板外沿的距离不得小于1米；高空作业人员应带工具袋，严禁从高处向下抛掷物料；严格执行"三宝一器"使用制度。凡进入施工现场的人员必须按规定戴好安全帽，按规定要求使用安全带和安全网。用电设备必须安装质量好的漏电保护器。现场作业人员不准赤背，高空作业不得穿硬底鞋。

2. 施工中对高处作业的安全技术设施，发现有缺陷和隐患时，必须及时解决；危及人身安全时，必须停止作业。

3. 高处作业中所用的物料，均应堆放平稳。工具应随手放入工具袋；作业中的走道、通道板和登高用具，应随时清扫干净；余料和废料均应及时清理运走，不得任意乱置或向下丢弃，传递物件禁止抛掷。

4. 雨天进行高处作业时，必须采取可靠的防滑措施。

5. 因作业必须，临时拆除或变动安全防护设施时，必须经施工负责人同意，并采取相应的可靠措施，作业后应立即恢复；防护棚搭设与拆除时，应设警戒区和派专人监护，严禁上下同时拆除。

（四）脚手架防护措施

1. 脚手架的施工必须是在专项施工方案的指导下进行，脚手架搭设到一定高度时，必须按照规定由有关部门人员进行分布检查、验收，合格后方可使用，使用中安排专人负责维护。

2. 施工中，脚手架的搭设，均由持有上岗证的架子工进行作业。并严格把好脚手架十道关。（即：材质关、尺寸关、铺板关、防护关、连接关、承重关、上下关、雷电关、操作人员关、检验关）

3. 钢管脚手架的杆件连接均使用合格的玛钢扣件。

4. 结构脚手架立杆间距不大于 1.5 米，小横杆间距不大于 1 米。彩画时脚手架立杆间距不大于 1.5 米，小横杆间距不大于 1.5 米。

5. 脚手架的操作面均满铺合格的脚手板，离檐头距离控制在 200 毫米以内，无空隙和探头板、飞跳板。操作面外侧设两道防护栏和一道 18 厘米的挡脚板，脚手架施工后操作面下方净空超过 3 米时，必须设一道水平安全网。

6. 保证脚手架整体结构不变形，脚手架纵向设置剪刀撑，其宽度不超过 7 根立杆，与水平面夹角控制在 45 度~ 60 度，设置正反斜支撑。

7. 各种脚手架在投入使用前均由项目技术负责人组织支搭和使用脚手架的负责人及技术、安全人员进行共同检查验收，履行交验手续。

8. 特殊脚手架在支搭、拆装前，由项目技术负责人编制安全施工方案，公司主任工程师审批后再进行施工。

9. 建筑物出入口必须搭设宽于出入通道两侧 1 米的防护棚，棚顶应满铺不小于 50 毫米厚的脚手板。通道两侧用密目安全网封闭。

（五）施工用电安全防护

1. 施工现场使用的电器元件必须符合标准要求，并要定期进行安全检查，及时发现和消除事故隐患，保证生产顺利进行。

2. 工程施工用电采用 TN-S 三相五线制供电，工程保护零线由施工现场总配电箱处做重复接地。引出重复接地电阻值不大于 10 欧姆。

3. 施工现场所有的电气设备均做保护接零，保护零线要单独敷设不作他用，保护零线采用黄绿双色线，与电器设备相接的保护零线采用 2.5 平方毫米的绝缘多股铜线。

4. 工程施工配电采用三级配电两级保护及总箱和开关箱保护。开关箱内安装漏电动作电流不大于 30 毫安，漏电动作时间小于 0.1 秒的漏电保护器。

5. 配电箱内各回路与其控制的电器设备要用文字标明、对号入座，防止误操作造成事故。保护零线、工作零线要通过接线端子板连接，严禁采用鸡爪式接线。

6. 电缆接头应绑扎牢固，并做好绝缘，保证其绝缘强度，并不得承受张力。

7. 施工现场照明应单设，照明开关箱设漏电保护器，箱体及照明灯具的金属外壳要做保护接零，室外灯具距地面不得低于 3 米，室内灯具不低于 2.4 米，灯头距临建顶棚大于 300 毫米，开关控制火线。潮湿环境、其他照灯电压不得大于 36 伏。

8. 工地场外食堂、库房、职工宿舍等临建内不准使用电炉子、电褥子，职工宿舍内不准随意安装插座。

9. 各类电器开关应和其控制的电动机、电焊机等设备的额定容量相匹配，5.5 千瓦以上的电器设备不得使用手动开关控制（使用自动开关），对于 11 千瓦以上的用电设备则应用降压起动装置控制。保险丝、保险片的容量，按其控制设备的容量额定电流的 1.5 倍～ 2 倍选用，严禁使用其他金属代替。

10. 现场电工必须是经过培训，考核合格持证上岗。

（六）安全用电措施

临时用电采用三级配电、TN-S 接零保护和二极漏电保护系统，并安排专业电工24 小时维护检修，确保安全用电无事故。

1. 临时用电管理

施工现场用电编制专项施工组织设计，报经主管部门及监理单位批准后实施。

施工现场临时用电按有关要求建立安全技术档案。

用电由具备相应专业资质的持证专业人员管理。

整个施工现场临时用电线路及设备采用三级配电，漏电保护作两级保护。

配电箱及设施的保护措施。

配电室及设施的保护措施表

序号	设施名称	保护措施
1	配电箱	（1）四周设置钢丝防护网设置外开门，并加锁由专业电工保护； （2）顶部安装彩钢棚，以防雨雪； （3）按规定配备沙池、灭火器材； （4）架空进出线；

总配电箱临时电缆埋地布置，穿越临时道路处加钢套管，四周填砂保护。

2. 现场照明：手持照明灯使用36伏以下安全电压，潮湿作业场所使用24伏安全电压，导线接头处用绝缘胶带包好。

3. 配电装置：配电箱内电器、规格参数与设备容量相匹配，按规定紧固在电器安装板上，严禁用其他金属丝代替熔丝。

（七）现场安全防护基本要求

项目部坚持贯彻"安全第一，预防为主"的方针，认真执行市建委关于现场管理的各项管理规定，加强施工管理，搞好安全生产。安全工作在专人负责的基础上实行目标分解，做到层层有人管、事事有人办，把安全工作落到实处。

现场设专职安全员，每天必须对现场的安全状况进行监督检查，做好记录和进行安全动态分析，还必须做好安全资料的整理工作，建立专门档案。施工队一进场，即对其所有人员进行《北京地区建筑施工人员安全生产须知》的教育，考试合格后方可上岗。

建立《安全教育制度》。对新工人和特殊工种工人进行必需的教育，同时针对施工生产的变化和生产环境作业条件的变化适时进行安全知识教育，半个月至少组织一次。建立《安全生产检查制度》，成立以项目经理为组长的安全检查小组，每星期安全检查小组对整个现场的安全状况全面检查一次；突击性特殊性安全检查的时间不固定。架子工、电工等特殊工种必须持证上岗，并配备安全防护用品。

1. 脚手架作业防护，脚手架支搭及所用构件必须符合国家规范。钢管脚手架使用外径48毫米~51毫米，壁厚3毫米~3.5毫米，无严重锈蚀、弯曲、压扁或裂纹的钢管。脚手架支搭前将基础整平并夯压坚实，设置排水措施以满足架体支搭要求，确保不沉陷，不积水。架体底座设通长脚手板。脚手架施工操作面必须满铺脚手板，离墙面不得大于200毫米，不得有空隙和探头板、飞跳板。操作面外侧应设一道护身栏杆和一道180毫米高的挡脚板。脚手架施工层操作面下方净空距离超过3米时，必须设置一道水平安全网，双排架里口与结构外墙间水平网无法防护时可铺设脚手板。架体必须用密目安全网沿外架内侧进行封闭，安全网之间必须连接牢固，封闭严密，并与架体固定脚手架必须与支搭牢固。脚手架必须设置连续剪刀撑（十字盖）保证整体结构不变形。在建工程的外侧边缘与外电架空线的边线之间，应按规范保持安全操作距离。特殊情况，必须采取有效可靠的防护措施。按临边防护要求设置防护栏杆及挡脚板，防滑条间距不大于300毫米。

2.高处作业防护，在2米以上高度从事砌筑、宽瓦等施工作业时必须有可靠防护的施工作业面，并设置安全稳固的爬梯。工程现场四周已经作了防护，为了防止建筑施工对施工现场以外人或物可能造成危害，施工中派安全员进行巡视，对进入危险区域的人员进行劝离。施工交叉作业施工前制定相应的安全措施，并指定专职人员进行检查并负责协调。

（八）安全生产责任制

为认真贯彻"安全第一，预防为主"的安全生产方针，明确建筑施工安全生产责任人、技术负责人等有关管理人员及各职能部门安全生产的责任，保障生产者在施工作业中的安全和健康。本责任制由公司安全科负责监督执行，各级、各部门、各项目经理部组织实施。各级管理人员安全生产责任如下：

1.公司经理责任：认真贯彻执行国家和各省、市有关安全生产的方针政策和法规、规范，掌握本企业安全生产动态，定期研究安全工作，对本企业安全生产负全面领导责任。领导编制和实施本企业中、长期整体规划及年度、特殊时期安全工作实施计划。建立健全本企业的各项安全生产管理制度及奖罚办法。建立健全安全生产的保证体系，保证安全技术措施经费的落实。领导并支持安全管理部门或人员的监督检查工作。在事故调查组的指导下，领导、组织本企业有关部门或人员，做好重大伤亡事故调查处理的具体工作和监督防范措施的制定和落实，预防事故重复发生。

2.公司生产经营责任：对本企业安全生产工作负直接领导责任，协助分公司经理认真贯彻执行安全生产方针、政策、法规，落实本企业各项安全生产管理制度。组织实施本企业中、长期、年度、特殊时期安全工作规划、目标及实施计划，组织落实安全生产责任制及施工组织设计。参与编制和审核施工组织设计、特殊复杂工程项目或专业工程项目施工方案。审批本企业工程生产建设项目中的安全技术管理措施，制定施工生产中安全技术措施经费的使用计划。领导组织本企业的安全生产宣传教育工作，确定安全生产考核指标，领导、组织外包工队长的培训、考核与审查工作。领导组织本企业定期和不定期的安全生产检查，及时解决施工中的不安全生产问题。认真听取、采纳安全生产的合理化建议，保证"一图九表"、业内资料管理标准和安全生产保障体系正常运转。在事故调查组的指导下，组织伤亡事故的调查、分析及处理中的具体工作。

3. 公司技术责任：贯彻执行国家和上级的安全生产方针、政策，协助公司经理做好安全方面的技术领导工作，在本企业施工安全生产中负技术领导责任。领导制订年度和季节性施工计划时，要确定指导性的安全技术方案。组织编制和审批施工组织设计、特殊复杂工程项目或专业性工程项目施工方案时，应严格审查是否具备安全技术措施及其可行性，并提出决定性意见。领导安全技术攻关活动，确定劳动保护研究项目，并组织鉴定验收。对本企业使用的新材料、新技术、新工艺从技术上负责，组织审查其使用和实施过程中的安全性，组织编制或审定相应的操作规程，重大项目应组织安全技术交底工作。参加伤亡事故的调查，从技术上分析事故原因，制定防范措施。贯彻实施"一图九表"现场管理法及业内资料管理标准。参与文明施工安全检查，监督现场文明安全管理。

4. 安全部门责任：积极贯彻和宣传上级的各项安全规章制度，并监督检查公司范围内责任制的执行情况。制定定期安全工作计划和方针目标，并负责贯彻实施。协助领导组织安全活动和检查。制定或修改安全生产管理制度，负责审查企业内部的安全操作规程，并对执行情况进行监督检查。对广大职工进行安全教育，参加特种作业人员的培训、考核，签发合格证。开展危险预知教育活动，逐级建立定期的安全生产检查活动。监督检查公司每月一次、项目经理部每周一次、班组每日一次。参加施工组织设计、会审；参加架子搭设方案、安全技术措施、文明施工措施、施工方案会审；参加生产会，掌握信息，预测事故发生的可能性。参加暂设电气工程的设计和安装验收，提出具体意见，应监督执行。参加自制的中小型机具设备及各种设施和设备维修后在投入使用前的验收，合格后批准使用。参加一般及大、中、异型特殊手架的安装验收，及时发现问题，监督有关部门或人员解决落实。深入基层研究不安全动态，提出改正意见，制止违章，有权停止作业和罚款。协助领导监督安全保证体系的正常运转，对削弱安全管理工作的单位，要及时汇报领导，督促解决。鉴定专控劳动保护用品，并监督其使用。凡进入现场的单位或个人，安全人员有权监督其符合现场及上级的安全管理规定，发现问题立即改正。督促班组长按规定及时领取和发放劳动保护用品，并指导工人正确使用。参加因工伤亡事故的调查，进行伤亡事故统计、分析，并按规定及时上报，对伤亡事故和重大未遂事故的责任者提出处理意见。

5. 技术部门责任：认真学习、贯彻执行国家和上级有关安全技术及安全操作规程规定，保障施工生产中的安全技术措施的制定与实施。在编制施工组织设计和专业性方案的过程中，要在每个环节中贯穿安全技术措施，对确定后的方案，若有变更，应及时组织修订。检查施工组织设计和施工方案中安全措施的实施情况，对施工中涉及安全方面的技术性问题，提出解决办法。对新技术、新材料、新工艺、必须制定相应的安全技术措施和安全操作规程。对改善劳动条件、减轻笨重体力劳动、消除噪声等方面的治理进行研究解决。参加伤亡事故和重大已、未遂事故中技术性问题的调查，分析事故原因，从技术上提出防范措施。

6. 组织部门（劳资、人事、教育）责任

劳资、劳务：对职工（含分包单位员工）进行定期的教育考核，将安全技术知识列为工人培训、考工、评级内容之一，对招收新工人（含分包单位员工）要组织入厂教育和资格审查，保证提供的人员具有一定的安全生产素质。严格执行国家和省、市特种作业人员上岗作业的有关规定，适时组织特种作业人员的培训工作，并向安全部门或主管领导通报情况。认真落实国家和省、市有关劳动保护的法规，严格执行有关人员的劳动保护待遇，并监督实施情况。参加因工伤亡事故的调查，从用工方面分析事故原因，提出防范措施，并认真执行对事故责任者的处理意见。

人事：根据国家和省、市有关安全生产的方针、政策及企业实际，配齐具有一定文化程度、技术和实施经验的安全干部，保证安全干部的素质。组织对新调入、转业的施工、技术及管理人员的安全培训、教育工作。按照国家和省、市有关规定，负责审查安全管理人员资格，有权向主管领导建议调整和补充安全监督管理人员。参加因工伤亡事故的调查，认真执行对事故责任者的处理决定。

教育：组织与施工生产有关的学习班时，要安排安全生产教育课程。各专业主办的各类学习班，要设置劳动保护课程（课时应不少于总课时的 1%~2%）。将安全教育纳入职工培训教育计划，负责组织职工的安全技术培训和教育。

7. 生产计划部门：在编制年、季、月生产计划时，必须树立"安全第一"的思想，组织均衡生产，保障安全工作与生产任务协调一致。对改善劳动条件、预防伤亡事故的项目必须视同生产任务，纳入生产计划优先安排。在检查生产计划实施情况的同时，要检查安全措施项目的执行情况，对施工中重要安全防护设施、设备的实施工作（如支拆脚手架、安全网等）要纳入计划，列为正式工序，给予时间保证。坚持按合理施工顺序组织生产，要充分考虑到职工的劳逸结合，认真按施工组织设计组织施工。在生产任务与安全保障发生矛盾时，必须优先解决安全工作的实施。

8. 项目经理责任：对承包项目工程生产经营过程中的安全生产负全面领导责任。贯彻落实安全生产方针、政策、法规和各项规章制度，结合项目工程特点及施工全过程的情况，制定本项目部各项目安全生产管理办法，或提出要求并监督其实施。在组织项目工程承包，聘用业务人员时，必须本着安全工作只能加强的原则，根据工程特点确定安全工作的管理体制和人员，并明确各业务人的安全责任和考核指标，支持、指导安全管理人员的工作。健全和完善用工管理手续，录用外包工队必须及时向有关部门申报，严格用工制度与管理，适时组织上岗安全教育，要对外包工队的健康与安全负责，加强劳动保护工作。组织落实施工组织设计中安全技术措施，组织并监督项目工程施工中安全技术交底制度和设备、设施验收制度的实施。领导、组织施工现场定期的安全生产检查，发现施工生产中不安全问题，组织制定措施，及时解决。对上级提出的安全生产与管理方面的问题，要定时、定人、定措施予以解决。发生事故，要做好现场保护与抢救工作，及时上报；组织、配合事故的调查，认真落实制定的防范措施，吸取事故教训。对外包队加强文明安全管理，并对其进行评定。

9. 项目技术负责人责任：对项目工程生产经营中的安全生产负技术责任。贯彻、落实安全生产方针、政策，严格执行安全技术规范、规程、标准。结合项目工程特点，主持项目工程的安全技术交底和开工前的全面安全技术交底。参加或组织编制施工组织设计，编制、审查施工方案时，要制定、审查安全技术措施，保证其具有可行性与针对性，并随时检查、监督、落实。主持制定技术措施计划和季节性施工方案的同时，制定相应的安全技术措施应监督执行。及时解决执行中出现的问题。项目工程应用新材料、新技术、新工艺，要及时上报，经批准后方可实施，同时要组织上岗人员的安全技术培训、教育。认真执行相应的安全技术措施与安全操作工艺、要求，预防施工中因化学物品引起的火灾、中毒或其新工艺实施中可能造成的事故。主持安全防护设施和设备的验收。发现设备、设施的不正确情况应及时采取措施。严格控制不合标准要求的防护设备、设施投入使用。参加每月四次的安全生产检查，对施工中存在的不安全因素，从技术方面提出整改意见和办法予以消除。贯彻实施"一图九表"法及业内资料管理标准。确保各项安全技术措施有针对性。参加、配合因工伤亡及重大未遂事故的调查，从技术上分析事故原因，提出防范措施、意见。

10. 项目工长、施工员责任：认真执行上级有关安全生产规定，对所管辖班组（特别是外包工队）的安全生产负直接领导责任。认真执行安全技术措施及安全操作规程，针对生产任务特点，向班组（包括外包队）进行书面安全技术交底，履行签认手续，并对规程、措施、交底要求执行情况经常检查，随时纠正作业违章行为。经常检查所管辖班组（包括外包工队）作业环境及各种设备、设施的安全状况，发现问题及时纠正解决。对重点、特殊部位施工，必须检查作业人员及安全设备、设施技术状况是否符合安全要求，严格执行安全技术交底，落实安全技术措施，并监督其执行，做到不违章指挥。每周或不定期组织一次所管辖班组（包括外包工队）学习安全操作规程，开展安全教育活动，接受安全部门或人员的安全监督检查，及时解决提出的不安全问题。对分管工程项目应用的符合审批手续的新材料、新工艺、新技术要组织作业工人进行安全技术培训；若在施工中发现问题，立即停止使用，并上报有关部门或领导。发现因工伤亡或未遂事故要保护好现场，立即上报。

11. 项目班组长责任：认真执行安全生产规章制度及安全操作规程，合理安排班组人员工作，对本班组人员在生产中的安全和健康负责。经常组织班组人员学习安全操作规程，监督班组人员正确使用个人劳保用品，不断提高自我保护能力。认真落实安全技术交底，做好班前讲话，不违章指挥、冒险蛮干，进现场戴好安全帽，高空作业系好安全带。经常检查班组作业现场安全生产状况，发现问题及时解决并上报有关领导。认真做好新工人的岗位教育。发生因工伤亡及未遂事故，保护好现场，立即上报有关领导。

12. 项目工人责任：认真学习，严格执行安全技术操作规程，模范遵守安全生产规章制度。积极参加安全活动，认真执行安全交底，不违章作业，服从安全人员的指导。发扬团结友爱精神，在安全生产方面做到互相帮助、互相监督，对新工人要积极传授安全生产知识，维护一切安全设施和防护用具，做到正确使用，不准拆改。对不安全作业要积极提出意见，并有权拒绝违章指令。发生伤亡和未遂事故，保护现场并立即上报。进入施工现场要戴好安全帽，高空作业系好安全带。有权拒绝违章指挥或检查。

13.劳务分包单位负责人责任：认真执行安全生产的各项法规、规定、规章制度及安全操作规程，合理安排班组人员工作，对本单位人员在生产中的安全和健康负责。按制度严格履行各项劳务用工手续，做好本单位人员的岗位安全培训，经常组织学习安全操作规程，监督本单位人员遵守劳动、安全纪律，做到不违章指挥，制止违章作业。必须保持本单位人员的相对稳定，人员变更，须事先向有关部门申报，批准后新来人员应按规定办理各种手续，并经入场和上岗安全教育后方准上岗。根据上级的交底向本单位各工种进行详细的书面安全交底，针对当天任务、作业环境等情况，做好班前安全讲话，监督其执行情况，发现问题，及时纠正、解决。参加每月四次的项目文明安全检查，检查本单位人员作业现场安全生产状况，发现问题，及时纠正，重大隐患应立即上报有关领导。发生因工伤亡及未遂事故，保护好现场，做好伤者抢救工作，并立即上报有关领导。服从总包管理，接受总包检查，不准跨省用工及使用外地散兵游勇。特殊工种必须经培训合格，持证上岗。

（九）施工安全措施

凡进入施工现场的安全防护用具及机械设备实行验收或准用证制度，未领取验收合格通知书或准用证的安全防护用具及机械设备不得使用。

建立、健全安全检查制度，定期和不定期地对施工现场进行安全防护检查，及时发现和消除事故隐患，确保安全生产。

各项工程在施工前由项目总工编制好专项安全防护方案，并向安全员作书面安全防护技术交底，再由安全员向操作人员进行岗前安全技术交底和安全教育，并做好交底记录入档。

所有从事安全防护管理工作人员，必须经上级有关部门培训合格后持证上岗。

进入施工现场必须戴好安全帽，高空作业系好安全带，穿好防滑鞋。凡非本单位人员进入施工现场必须进行登记批准，严禁将小孩带入施工现场。

施工现场不准赤脚，不准穿拖鞋、高跟鞋，不准穿裙子，不准光膀子，女职工作业要将长发绑扎好后戴好安全帽。

工作期间不准嬉笑打闹，不准在脚手架上看书、睡觉，不准在脚手架上爬上爬下，不准乘提拦上下，不准动用非本工种的机具设备，不准由高处向下抛扔物品，不准任意拆除安全防护设施，不准随意在施工场所吸烟，不准酒后上岗。

（十）安全技术措施的落实措施

工程开工前，总工程师或技术负责人要将工程概况、施工方法和安全技术措施，向参加施工的工地负责人、工长和职工进行安全技术交底。每个单项工程开始前，应进行重复交代单项工程的安全技术措施。有关安全技术措施中的具体内容和施工要求，应向工地负责人、工长进行详细交底和讨论，以取得执行者的理解，为安全技术措施的落实打下基础。

安全技术措施中的各种安全设施、防护设置应列入任务单，落实责任到班组或个人，并实行验收制度。

安全技术措施的交底是重要的，但是安全技术措施的检查落实就更重要。项目技术经理、执法经理、施工负责人（工程部长、技术部长、工长等）、编制者和安全技术人员，要经常深入工地检查安全技术措施的实施情况，及时纠正违反安全技术措施规定的行为，并且要注意发现和补充安全技术措施的不足，使其更加完善、有效。各级安全部门要以施工安全技术措施为依据，以安全法规和各项安全规章制度为准则，每天对各工地实施情况进行检查，并监督各项安全措施的落实。

对安全技术措施的执行情况，除认真监察检查外，还应建立必要的与经济挂钩的奖罚制度。

（十一）工伤事故的调查与处理

1.施工事故的预防。

2.施工伤亡事故的处理程序：迅速抢救伤员，保护事故现场。组织调查组。现场勘查。

3.施工伤亡事故的处理。

4.特种作业人员安全技术培训考核制度。

5.施工现场安全色标管理制度。

安全色：红色，表示禁止、停止、消防和危险的意思；蓝色，表示指令，必须遵守的规定；黄色，表示通行、安全和提供信息的意思。

安全标志：禁止标志，是不准或制止人们的某种行为（图形为黑色，禁止符号与文字底色为红色）；警告标志，是使人们注意可能发生的危险（图形警告符号及字体为黑色，图形底色为黄色）；指令标志，是告诉人们必须遵守的意思（图形为白色，指令标志底色均为蓝色）；提示标志，是向人们提示目标的方向，用于消防提示（消防提示标志的底色为红色，文字、图形为白色）。

（十二）安全危险源因素辨识表

安全危险源因素辨识表

序号	作业活动	危险因素	可能导致的事故	伤害可能性	伤害严重程度	风险级别
办公区						
1	办公活动	输电线路老化或超负荷	火灾	有可能	一般	3级
2	电器使用	电器漏电或电线破坏	火灾、触电	有可能	一般	3级
3	电器使用	绝缘老化、接触不良、使用不当	火灾、触电	有可能	一般	3级
4	电脑使用	电磁辐射	职业病	不可能	严重	3级
5	复印机	有害气体排放、为保证空气流畅	呼吸道及肺部疾病	有可能	严重	3级
6	吃饭	食物不洁净	食物中毒	有可能	一般	3级
7	餐具或饮水所用的器具	器具管理不当或材料缺陷	传染、致病	有可能	一般	3级
8	行走	卫生间、走廊地面太光滑	摔伤	有可能	轻微	4级
9	日常生活	开水	烫伤	有可能	一般	4级
10	灭火器	不按规定配备	火灾	有可能	严重	2级
11	办公场所吸烟	尼古丁等有害气体	肺病等	有可能	一般	3级
12	日常工作	坐姿时间过长	脊椎病	有可能	一般	3级

序号	作业活动	危险因素	可能导致的事故	伤害可能性	伤害严重程度	风险级别
13	办公环境	敞开式办公，人员集中过密	传染病	有可能	一般	2级
14	应酬业务	饮酒过度	身体伤害	有可能	一般	3级
15	打印机使用	噪声	烦躁	可能	轻微	3级
16	日常乘坐交通工具	交通工具意外事故	身体伤害	有可能	一般	3级
17	出差	上当受骗	财产损失	不可能	一般	4级
18	汽车行驶	交通工具意外事故	身体伤害	有可能	严重	2级
19	日常办公	工作超负荷	心理危害和其他视力危害	有可能	一般	3级
20	办公应急设备	标识不清或缺陷	身体伤害	有可能	一般	3级
21	本单位与外单位的日常流动	外部传染病源	传染病	有可能	一般	3级
生活区域						
1	集体宿舍	乱扔烟头	火灾	有可能	一般	3级
2	灭火器	不按规定配备	火灾	有可能	一般	2级
场内及场外项目区域						
1	搅拌机使用	违章操作	机械伤害	有可能	一般	3级
2	砖加工机械	违章操作	机械伤害	有可能	一般	3级
3	墙体作业	不系安全带	高空坠落	有可能	严重	2级
4	使用照明和施工用电	乱拉电线和违章作业、使用不合格电线材料	电击、火灾	有可能	一般	3级
5	搬运材料	无防护保护措施	意外打击	有可能	一般	3级
6	安全技术措施方案未经审批	安全措施不当	高空坠落 物体打击	有可能	严重	2级
7	现场施工	无设置安全标示、防护缺陷	高空坠落 物体打击	有可能	严重	2级
8	酒后施工	违章操作	高空坠落 物体打击	有可能	严重	2级
9	施工用电	未达到三级配电、两级保护	触电	有可能	严重	3级
10	施工用电	保护接地、保护接零混乱	触电	有可能	严重	2级
11	施工用电	保护零线装设开关或熔断器，零线有拧缠式接头	触电	有可能	严重	2级

序号	作业活动	危险因素	可能导致的事故	伤害可能性	伤害严重程度	风险级别
12	施工用电	固定式设备未使用专用开关箱	触电	有可能	严重	2级
13	施工用电	铝导体、螺纹钢铁做接地垂直接地及防护缺陷	触电	有可能	严重	2级
14	施工用电	配电箱内的电线老化	触电	有可能	严重	2级
15	施工用电	在潮湿场所不适用安全电压	触电	有可能	严重	3级
16	施工用电	非电工操作、无证操作	触电	有可能	严重	3级
17	外墙施工	违章作业	高空坠落 物体打击	有可能	严重	2级
18	仓库保管	输电线老化或超负荷运作	火灾	有可能	严重	2级
19	材料堆放	超高、不按规定堆放	坍塌、物体打击	有可能	严重	2级
20	危险品的管理	危险品未按规定采购、运输入库存储、施工使用	火灾、爆炸	有可能	严重	2级
21	材料运输	违章装载运输（超高、超重、未紧固）	车祸等	有可能	严重	3级
22	劳务工人入场	无技术工人上岗证	机械伤害	有可能	严重	2级
23	劳务工人入场	无特殊作业人员安全操作证	火灾	有可能	严重	2级
24	劳务工人入场	无特殊作业人员安全操作证	高处坠落	有可能	严重	2级
25	劳务工人入场	无特殊作业人员安全操作证	触电	有可能	严重	2级
26	劳务工人入场	无健康证	传染疾病	有可能	一般	2级
27	劳务工人入场	未按要求做安全检查	高处坠落、触电等	有可能	严重	2级
28	高处作业	抛、扔等违反操作规程	物体打击	有可能	一般	3级
29	高处作业	酒后或疲劳作业	物体打击 高空坠落	有可能	一般	3级
30	高处作业	电线未按要求绝缘架空	触电、火灾	有可能	一般	3级
31	高处作业	特殊操作人员未开动火证	火灾	有可能	一般	3级
32	高处作业	非焊工操作	触电、火灾	有可能	一般	2级
33	墙面施工	材料运输伤及工人	物体打击	有可能	一般	3级
34	墙面施工	砖料加工	物体打击	有可能	一般	3级
35	墙面施工	粉尘、噪声	职业病	有可能	一般	3级

五、安全技术交底

1. 施工工长根据分项工程对各专业人员要进行有针对性的安全技术交底，交底资料一式三份，双方签字各留一份，另一份作资料保存。

2. 安全技术交底必须定期或不定期地分工种、分项目、分施工部位进行。

3. 各班组每天要根据工长签发的安全交底，工序程序技术要求，进行有针对性的班前讲话，讲话应有记录。

4. 为了帮助工长及时对作业班组进行安全技术交底，专为施工负责人（工长）编制了一套常规安全技术交底资料供施工中参考。在使用中要根据施工环境、条件做一些调整或增加有针对性的交底内容，以保证施工作业中的安全。

六、针对工程施工特点有针对性的安全措施

根据工程的特点安全防护重点工作主要围绕建筑修缮施工进行。主要包括施工对游人、树木及部分相邻建筑的安全防护措施。

（一）针对游人施工的安全防护措施

其中神厨、神库、畜宰亭施工时需要封闭院落，院落外侧搭设围挡悬挂警示标语，对游人造成安全隐患的可能很小；祾恩门、三座门位于主要游览道路上，因修缮不能影响昭陵正常开放，需要搭设安全通道，通道侧面和顶部需彩板封护，并确保围挡封闭性，防止游人尤其是小孩进入施工部位；剩余建筑修缮时需围挡把建筑本体四周维护起来，做好必要的防护措施，运输材料避让行人。

（二）针对树木和相邻建筑的保护措施

本次修缮涉及的建筑较多，在施工过程中所修缮建筑物及运输道路附近的树木都应进行保护，如果树枝对修缮瓦面等项目造成障碍，应提前报与甲方确认解决办法，严禁未经许可多树枝进行割砍或捆绑。未在修缮范围内建筑应尽量避开，如有运输通道必须靠近建筑物等情况，应提前做好保护措施。

第十三章　文明施工、环境及控制现场扬尘措施

关于文明施工管理，公司总经理从政治和企业发展战略的高度做了重要部署，如我公司中标，将全力进取，搞好文明施工管理。

我们首先从落实组织机构开始抓好抓实文明施工、环境及控制现场扬尘措施的落实。第二从环境影响因素识别入手，确定明确的目标，把文明施工、环境及控制现场扬尘工作落到实处，即做到有针对性，解决实际问题。第三实行制度管理，对现场存在的环境影响因素进行跟踪管理，有目标、有措施、有检查、有问题分析、有整改、有复查、有验收结论。这种跟踪管理是动态的，要常抓不懈，贯穿工程施工的全过程。不能有头无尾或前紧后松，避免检查不认真、处理不坚决不彻底，造成抓了等于没抓，问题依然出现的情况，所以我们做了全面安排。

一、建立文明施工、环境保护组织机构

（一）项目部成立文明施工、环境保护领导小组

1. 文明施工、环境保护管理领导班子

组长：项目经理

副组长：安全员

组员：各专业工长

2.项目部文明施工、环境保护管理核心

项目经理:	1人	总工程师:	1人
油漆工长:	1人	木工工长:	1人
质量管理工程师:	1人	古建专业技师:	3人
质检员:	1人	安全员:	1人
材料员:	1人	试验员:	1人

作业队班组成立相应的环境保护小组，逐级落实责任，将组织、落实、检查、验收一体化。

实施方法：分片、分点包干制，制定专人负责管理。

二、工程环境影响因素识别

根据施工企业的特点，本项目有可能出现的主要环境管理因素有：噪声排放、粉尘排放、运输遗撒、污水排放、固体废弃物排放、光污染、火灾隐患、有毒化学物品的泄露与倾倒。

三、环境管理目标

噪声排放达标

主体修缮施工：控制在<70dB；

装修修缮施工：控制在<65dB。

现场扬尘排放达标：现场施工扬尘排放达到北京市环保粉尘排放标准要求。

运输遗撒达标：确保运输全过程无遗撒。

污水达标排放。

施工现场夜间照明应满足施工和保卫管理要求。

消防目标：防止并杜绝施工现场火灾、爆炸的发生。

固体排放：固体废弃物实现分类管理，提高回收利用量。

节约能源：项目经理部最大限度节约水电能源消耗，节约纸张消耗，保护森林资源。

四、环境保护执行标准

《中华人民共和国环境保护法》

《建设项目环境保护管理条例》

《中华人民共和国大气污染防治法》

《北京市环境保护条例》

《环境空气质量标准》GB3095-2012

《地面水环境质量标准》GB3838-2002

《声环境质量标准》GB3096-2008

五、场容管理措施

施工现场应实行封闭式管理，采用景观围挡，做到美观、坚固、严密，高度不得低于 2.5 米。围挡材质应使用专用金属定型材料，严禁在临时围挡面上乱涂、乱画、乱张贴，保持同周围环境协调一致。可适当悬挂给游人带来不便的致歉语和提醒居民注意安全的警示牌。

工地大门、围挡：工地围挡根据现场地形地貌，并采用专用施工现场景观围挡进行封护。在围挡宣传上征求业主意见。大门采用钢质材料制作，规格、色彩、文字组合按统一标准执行。设专人负责工地周边地区的清洁工作，保证在施工期间周边环境好于平时，树立业主与我公司的良好形象。

项目现场大门，可根据业主的意见决定是否并排放置放大的业主要求与公司质量方针标牌、现场平面布置、组织机构、安全生产、质量保证、消防保卫、环境保护等标牌；施工现场在大门明显处设置工程概况及管理人员名单和监督电话标牌。标牌内容应写明工程名称、面积、层数，建设单位，设计单位，施工单位，监理单位，项目经理及联系电话，开、竣工日期。标牌面积不得小于 0.7 米 ×0.5 米（长 × 高），字体为仿宋体，标牌底边距地面不得低于 1.2 米。

施工现场大门处设置"五版一图"，应有工程概况、管理人员名单及监督电话、安全生产、消防保卫、文明施工（包括环境保护）和施工现场总平面图。施工现场的各种标识牌字体正确规范、工整美观，并保持整洁完好。具体做法如下：在现场大门内侧明显处统一样式的施工标牌，内容为：工程名称、建筑面积、建设单位、设计单位、施工单位、监理单位、工地负责人、开工日期、竣工日期等。"六牌一图"，每块板高2.4米，宽1.2米，标准三合板成型、面用有机玻璃、电脑刻字。板的内容按我公司现行使用的《现场平面布置图》《现场安全生产制度》《现场文明施工制度》《现场消防保卫制度》《现场环卫卫生制度》《公司简介》《施工标志》《工程质量保证体系》《安全文明保证体系》。整个板的固定架用槽钢，上面加防雨棚。

现场必须采取排水措施，主要道路根据需要进行处理，满足施工要求。

必须在施工现场设置群众来访接待室，有专人值班，耐心细致接待来访人员。并做好记录。

施工区域、办公区域和生活区域应有明确划分，设标志牌，明确负责人。办公室和更衣室要保持清洁有序。施工区域内不得晾晒衣物被褥。

建筑物内外的零散碎料和垃圾渣土要及时清理。脚手架、上料平台等处不得堆放料具和杂物。使用中的安全网必须干净整洁，破损的要及时修补或更换，保持现场内整洁的环境。

临建设施：场外临建的外部形象（需经业主批准）：房檐为标准红色，体为白色或灰白色，门窗及框为标准红色。办公用房装修室内应美观大方，给人以舒适的感觉，门牌使用铜质材料。会议室正墙上方悬挂公司标识，标识下方设公司质量方针（横式排列），字体为烫金。墙体悬挂公司历年来代表性工程照片。宣传栏外框用铝合金按88J9-87制作。书写内容为：安全日历、天气预报、工程图片等。材料标识牌用木料制作，高0.7米，面板尺寸为400毫米×300毫米，书写内容为：材料名称、材料规格、检验状态、产地。施工用电箱均应统一购买，并标识100毫米×100毫米企业徽标及企业简称字样

办公室布置及办公用品：所有项目经理部办公室统一办公桌椅，样式不做规定。办公桌上放置桌卡，项目职工胸前佩戴胸卡，桌卡和胸卡统一制作，桌卡内容包括：企业标志及名称、姓名、职务，胸卡内容在桌卡内容基础上增加一张一英寸免冠照片。

服装：施工过程中统一着装，并按照业主要求宣传有关工作。

灰、浆制备场地内外散落的灰浆必须及时清理，打灰机四周及现场内无废灰浆。麻刀用后及时清理，不得随风刮出场外，周围环境。

临时围挡外不得占用，如需临时占用施工围挡以外的场地、道路必须报有关部门

批准。

现场配制流动厕所两部，每天进行清扫，保持厕内卫生。

六、控制扬尘污染措施

在施工作业中认真组织实施防治扬尘污染环境的措施。

施工现场应建立环境保护管理体系，责任落实到人，保证有效运行。

对施工现场防治扬尘污染及环境保护管理工作进行检查。

定期对职工进行环保法规知识培训考核。

施工现场主要道路必须进行硬化处理。施工现场应采取覆盖、固化、洒水等有效措施，做到不泥泞、不扬尘。

遇有四级风以上天气不得进行泼灰、磨砖以及其他可能产生扬尘污染的施工。

施工现场应有专人负责环保工作，配备相应的洒水设备，及时洒水，减少扬尘污染。

严禁在脚手架上凌空抛撒灰、泥、瓦件及落房土。施工现场应设密闭式垃圾站，施工垃圾、生活垃圾分类存放。施工垃圾清运时应提前适量洒水，并按规定及时清运消纳。

灰泥和其他易飞扬的细颗粒建筑材料应苫盖存放，使用过程中应采取有效措施防止扬尘。施工现场土方应集中堆放，采取覆盖或固化等措施。

从事渣土和施工垃圾的运输，必须使用密闭式运输车辆。出场时必须将车辆清理干净，不得将泥沙带出现场。施工机械、车辆尾气排放应符合环保要求。

灰土施工时，应随时洒水，减少扬尘污染。渣土要在施工完成之日起三日内清运完毕，并应遵守拆除工程的有关规定。

七、防治水污染措施

油工使用的灰油、光油、稀释剂等剩料或底料，应装入容器内运出现场；存放时应远离水源。

现场存放油料，必须对库房进行防渗漏处理，储存和使用都要采取措施，防止油料泄漏，污染土壤水体。

施工现场临建阶段，统一规划排水管线。

运输车辆清洗处设置沉淀池，排放的废水要排入沉淀池内，经二次沉淀后，方可排出或用于洒水降尘。

施工现场生活污水通过现场埋设的排水管道，向市政污水井排放。平时加强管理，防止污染。

八、防治施工噪声污染措施

现场遵照《中华人民共和国建筑施工场界噪声限值》制定降噪措施。

施工现场的土方机械、电锯、电刨、切砖机、云石机、角磨机等强噪声设备应控制使用数量，以减少噪声污染，营造较好的环境。

对人为的施工噪声应有管理制度和降噪措施，并进行严格控制。承担夜间材料运输的车辆，进入施工现场严禁鸣笛，装卸材料应做到轻拿轻放，最大限度地减少噪声干扰。

施工现场应进行噪声值监测，监测方法执行《建筑施工场界噪声测量方法》，并根据现场的特点，噪声值不应超过国家或地方噪声排放标准，昼间65分贝，夜间控制在55分贝。

根据环保噪声标准（分贝）日夜要求的不同，合理协调安排分项工程的施工时间，将容易产生噪声污染的分项工程安排在适当时段施工。

夜间装卸材料时，严格控制产生过大响声。

手持电动工具或切割器具应尽量在封闭的区域内使用，夜间使用时，使临界噪声达标。

提倡文明施工，加强人为噪声的控制。尽量减少人为的大声喧哗，增强全体施工人员的防噪声扰民的自觉意识。

牵扯产生强噪声的木材加工、制作，在场外完成。最大限度减少施工噪声污染，加强对全体职工的环保教育，防止不必要的噪声产生。

场外设置灰浆机棚和其他加工棚，一律采取排烟、除尘和消音降噪措施。

九、防治固体废物污染措施

坚持活完清场制度，下班场地清制度，划卫生责任区，实行分片包干，做到责任分明，文明施工监督员工长要随时检查，发现问题及时纠正。

现场的临建设施及材料机具的布置及堆放要严格按平面图所示位置进行，材料工具要码放整齐。任何材料、机械不得堆放在围挡外。

现场的道路要经常维护保持路面坚实、畅通，对落地灰、泥、刨花、锛渣等及时清理。

对能够回收利用的固体废物尽可能做到百分之百地回收利用．不能利用的固体废物及时运出现场进行消纳．

十、施工现场办公区、生活区环境卫生

施工现场办公区、生活区（设在现场外）卫生工作由专人负责，明确责任。

办公区、生活区（设在现场外）保持整洁卫生，垃圾存放在密闭式容器，定期灭蝇，及时清运。

生活垃圾与施工垃圾不得混放。

生活区（设在现场外）宿舍内夏季采取消暑和灭蝇措施，雨季按方案要求采取相应措施，并建立验收制度。宿舍内应有必要的生活设施及保证必要的生活空间，室内高度不得低于 2.5 米，通道的宽度不得小于 1 米，应有高于地面 30 厘米的床铺，每人床铺占有面积不小于 2 平方米，床铺被褥干净整洁，生活用品摆放整齐，室内保持通风。

生活区（设在现场外）内必须有盥洗设施和洗浴间。应设阅览室、娱乐场所。

施工现场应设水冲式厕所，厕所墙壁屋顶严密，门窗齐全，要有灭蝇措施，设专人负责定期保洁。

严禁随地大小便。

施工现场设置的临时食堂和生活区工人食堂必须具备食堂卫生许可证、炊事人员身体健康证、卫生知识培训证。建立食品卫生管理制度，严格执行食品卫生法和有关管理规定。施工现场的食堂和操作间相对固定、封闭，并且具备清洗消毒的条件和杜绝传染疾病的措施。

食堂和操作间内墙粘贴瓷砖，屋顶不得吸附灰尘，设排风设施。操作间有生熟分开的刀、盆、案板等炊具并存放柜橱。库房内有存放各种佐料和副食的密闭器皿，有距墙距地面大于 20 厘米的粮食存放台。不得使用石棉制品的建筑材料装修食堂。

食堂内外整洁卫生，炊具干净，无腐烂变质食品，生熟食品分开加工保管，食品有遮盖，应有灭蝇灭鼠灭蟑螂措施。

食堂操作间和仓库不得兼作宿舍使用。

食堂炊事员上岗必须穿戴洁净的工作服帽，并保持个人卫生。

严禁购买无证、无照商贩食品，严禁食用变质食物。

施工现场应保证供应卫生饮水，有固定的盛水容器和有专人管理，并定期清洗消毒。

施工现场应制定卫生急救措施，配备保健药箱、一般常用药品及急救器材。为有毒有害作业人员配备有效的防护用品。

施工现场发生法定传染病和食物中毒、急性职业中毒时立即向上级主管部门及有关部门报告，同时积极配合为什么防疫部门进行调查处理。

现场工人患有法定传染病或是病源携带者，应予以及时必要的隔离治疗，直至卫生防疫部门证明不具有传染性时方可恢复工作。

十一、场内材料运输管理措施

工程的材料、渣土运输可随时进行。

现场内运料要按指定路线、必须低速行驶，对施工区内运料指定路线两侧的设施及树木，要进行严格的保护。

根据工程特点，场内运输需要进行人工二次倒运，如夜间运输必须服从项目部材料负责人的指挥、调度，按指定地点、约定时间装卸材料和渣土，保证早晨 6:00 之前所有夜间运送的材料已倒入施工现场内，清运的渣土已运出现场，并有充足时间对运输道路进行清扫。

对运输单位、材料供应商的车辆加强管理力度，执行车辆进出现场登记制度，内容包括：单位名称、司机姓名、车牌号、运输材料名称、进出现场时间等。尽可能要求运输单位固定车辆、固定司机。

因工程特点，运输路线较长，且道路狭窄，项目部必须设专人负责夜间运输道路的巡查，易发生剐蹭路段设专人值守，并设置警示灯。

项目部设专职清扫班组，专职负责每夜运输后道路遗撒的清扫，保证早晨6点之前道路整洁干净，为营造清洁的环境。

进入现场的运输机动车辆必须控制载重量，服从业主管理部门规定的载重吨位，保护原有道路。

现场内各种材料应按照施工平面图统一布置，分类码放整齐，材料标识要清晰准确。材料的存放场地应平整夯实，有排水措施。

施工现场的材料保管应根据材料特点采取相应的保护措施。对易产生扬尘的材料进行苫盖，防止扬尘污染现场环境。

施工现场杜绝长流水和长明灯。

施工垃圾应集中分拣、回收利用并及时清运。

十二、现场管理措施

（一）现场文明施工措施

工程施工中，严格按照文明安全工地标准施工，以最严格的管理，来实现最高的要求，避免事故的发生，执行 GB/T28001 职业安全健康管理体系、GB/T24001 环境管理体系，给工作人员创造一个良好的工作环境。

每一个工作计划的制订应以不对工程环境造成影响为目标，每一个工作计划的制订应以创造"北京市安全文明样板工地"为目标。

1. 成立工地文明施工小组：文明施工管理人员由有经验、有能力的人员担任。参施队伍选择上强调政治素质高，环保意识强，要求受过培训。对各施工单位的管理，各施工单位进场前先对其进行环境管理方面的培训，进场后要求其严格按照我们制定的规章制度进行施工。针对北京市的具体要求，制定严格的现场施工管理规章制度。与北京市有关部门共同制订工程现场的环境管理方案。对参施的人员做好文明施工培训工作。

2. 文明施工管理目标：贯彻 GB/T28001 职业安全健康管理体系、GB/T24001 环境管理体系，创造绿色生态环境、建设人文施工现场，营造以绿地、清水、蓝天、白云为背景的绿色建筑。

3 健全管理制度

个人岗位责任制：文明施工管理应按专业、岗位、区片等分片包干，分别建立岗位责任制度。项目经理是文明施工的第一责任人，全面负责整个施工现场的文明施工管理工作。施工现场其他人员一律责任分工，实行个人岗位责任制。

经济责任制：把文明施工列入经理部管理责任制中，一同"包"、"保"、检查与考核。

检查制度：工地每月至少组织两次综合检查，要按专业、标准全面检查。施工现场文明施工检查是一项经常性的管理工作，可采取综合检查与专业检查相结合，定期检查与随时抽查相结合，集体检查与个人检查相结合等方法。班、组实行自检、互检、交接检制度。要做到自产自清、日产日清、工完场清、标准管理。现场根据施工部署中划分的作业区进行分区管理，设专人进行负责，现场内不留管理上的真空。

奖惩制度：文明施工管理实行奖惩制度。要制定奖、罚细则，坚持奖、惩兑现。

持证上岗制度：施工现场实行持证上岗制度。进入现场作业的所有机械司机、信号工、架子工、电工、焊工等特殊工种施工人员，都必须持证上岗。

会议制度：施工现场应坚持文明施工会议制度，定期分析文明施工情况，针对实际制定措施，协调解决文明施工问题。

各项专业管理制度：文明施工是一项综合性的管理工作。因此，除文明施工综合管理制度外，还应建立健全质量、安全、消防、保卫、机械、场容、卫生、料具、环保、民工管理等制度。这些专业管理制度中，都应有文明施工内容。

健全管理资料：上级关于文明施工的标准、规定、法律法规等资料应齐全。施工组织设计（方案）中应有质量、安全、保卫、消防、环境保护技术措施和对文明施工、环境卫生、材料节约等管理要求，并有季节性施工方案。施工现场应有施工日志。施工日志中应有文明施工内容。文明施工自检资料应完整，填写内容符合要求，签字手续齐全。文明施工教育、培训、考核记录均应有计划、资料。文明施工活动记录，如会议记录、检查记录等。施工管理各方面专业资料。

开展竞赛：现场各个方面专业管理之间应开展文明施工竞赛活动。竞赛形式多样，并与检查、考评、奖惩相结合，竞赛评比结果张榜公布于众。

（二）防止扰民和民扰措施

在工程的施工过程中，经理部将采取各种措施保持与周边居民和睦友好的关系。为实现这一目标，采取以下措施：

1. 成立以书记为核心，项目经理为主管的领导小组，专门负责此项工作。

2. 开工之初，主动拜访附近的居民，要求采取相应的措施，并将所采取的措施反馈给他们，以获得对方的信任和理解。

3. 施工期间工地设立居民接待办公室和投诉电话，随时接待居民来访；与居民及时沟通，耐心听取他们的意见，并及时处理。勤做思想工作，以使施工方和居民能相互理解，相互支持。

4. 在建筑物外围悬挂横幅"我们的施工给您带来不便，请您谅解"。每周日工地组织便民服务活动一次给社区居民解决一些实际困难。

5. 加强政治思想教育，要求全体职工文明施工，最大限度减少人为的噪声。在不影响施工及力所能及的前提下，主动为附近社区建设做贡献，所采取的活动应以解决实际问题为原则。以求得居民的协助和理解。

十三、现场环境保护措施

环保方针：严格规范，文明施工，美化现场，保护环境。

环境保护管理严格按照 GB/T24001 环境管理体系执行。

环境保护是我们项目管理的重要内容，是生产效益和社会效益的双重保证。每一个工作计划的制定应以不对环境造成影响为目标。

（一）环境保护责任目标

1. 噪声控制：噪声排放达到《中华人民共和国建筑施工场界噪声限值》（GB12523-90）的要求。

2. 现场扬尘排放达标：现场施工扬尘排放达到当地环保机构的粉尘排 5 标准要求。

3. 运输遗撒达标：确保运输无遗撒。

4. 生活及生产污水达标排放：生活污水中的 COD 达标（COD=300mg/l）。

5. 施工现场夜间无光污染：施工现场夜间照明不影响周围环境。

6. 杜绝施工现场火灾、爆炸的发生。

7. 固体废弃物实行分拣制，在内部回收利用。

8. 合理运用资源，降低能耗。

（二）防止施工噪声污染措施

1. 现场遵守《中华人民共和国建筑施工场界噪音限值》（GB12523—90）规定，并制定降噪措施和管理制度，且要严格控制。

2. 进场前，与建设单位一同做好居民思想工作，在居民区内进行宣传，给每户居民送去负责解释的宣传资料，以求他们的谅解与支持。对有可能受到较大干扰的住户，项目经理部指派专人重点做工作。现场成立扰民、民扰协调办公室，由支部书记兼任该办公室主任，全面负责协调扰民工作，并准备适当经费，以确保工作顺利开展。

3. 在施工过程中要科学统筹，合理安排，调整施工时间，尽量避免在夜间 10 点以后，次日凌晨 6 点以前进行施工。

4. 采用密目网进行围挡，全封闭并采用降噪围挡。

5. 教育施工人员严格遵守各项规章制度，文明施工，搬运料具时轻拿轻放，严禁大声喧哗，以减少人为的噪声干扰。

6. 车辆进入街道现场时速不得超过 5 千米，不得鸣笛。

7. 在特殊时间段内，例如高考期间，将严格遵守北京市政府的有关规定，白天中午及晚上 10 点以后的时间内禁止强噪声作业施工，以保证考生及周围居民的休息。

（三）降尘措施

工地现场环境保护服从甲方、街道、城管等部门的要求，并在施工前必须经工程所在地区的环保部门审批后方可施工，并主动要求环保部门定期监督指导。

1. 减少扬尘。设专人进行现场内及周边街道的清扫、洒水工作，防止施工现场泥土污染场外马路。

2. 施工现场全部采用硬化处理，并制定洒水降尘制度，配备洒水设备进行洒水，防止灰尘飞扬，保持周边空气清洁，并随时修复因施工损坏的路面，防止浮土产生。

3. 办公室保持整洁，垃圾集中堆放并定期清理。

4. 砖灰、白灰、泥子粉等其他飞扬的颗粒散体材料，要安排在库房内存放并严密封盖。施工现场临时存土均采用苫布覆盖。

5. 现场设立封闭式的垃圾站，垃圾用垃圾袋装好下运，禁止向下抛撒垃圾。施工生产区域内的垃圾采用容器装运，生活区内设专职保洁员进行清扫，施工垃圾及时进行清运，并检查垃圾清运的消纳证明。严禁凌空抛撒垃圾渣土及施工材料。

6. 针对工程用材料品种多，量大的特点，施工期间，从材料的进场保管及使用过程中进行严格控制，防止产尘。

7. 严禁使用北京市淘汰的对大气环境造成污染的施工材料。

（四）材料运输及运输遗撒的控制

1. 施工前提前作好材料运输计划，合理确定材料运输车辆的行走路线及时间。

2. 清运垃圾的车辆，用苫布对所载的垃圾进行覆盖，避免途中遗撒和运输过程中造成扬尘。

3. 对于运送大型构件要及时交通管理部门取得联系，以防影响交通。

4. 运输车辆不得超载，运输砂、石、渣土、土方等散料时，要使用封闭式车辆。车辆在出现场前，槽帮和车轮要清理干净，防止带泥上路和遗撒现象发生，保证车辆清洁后方可放行。门口铺设草帘被，以防车轮夹带泥水驶出。

5. 组织办理好市容、环卫、渣土消纳、交通各部门的有效证件、手续，保证车辆机械的正常运行，派专人每对工地附近的运土道路进行清扫，清除遗撒，以保证路面整洁。

（五）防止水污染措施

1. 施工现场的油料、稀料、油漆等，必须存放于库房内，库房地面必须进行防渗处理，上述物资储存和使用时，必须防止出现跑、冒、滴、漏现象，避免污染地下水体。

2.建立有效的排污系统：对现场废水、废物（特别是地仗用材料）排放作排放平面布置图，经处理、沉淀后排入院内管道，并及时到环保部门进行排污申报登记。定期对现场的废水排放、废物处理进行监测，填写运行控制检查记录表。

（六）废弃物处理措施

1.现场设一封闭式垃圾站，建筑物内外的零散碎料和垃圾要及时清理，施工剩余料具、包装容器要及时回收，堆放整齐。

2.生活垃圾集中堆放并定期清理。

3.施工现场禁止随地大小便。

4.场供应开水，饮水器具；现场内厕所专人保洁，采取水冲措施，及时打药，门窗齐全。

（七）采取措施防止大气污染

施工现场垃圾渣土要及时清理，清理施工垃圾时，采用容器吊运，严禁凌空随意抛撒，减少对周围环境污染。禁止在施工现场焚烧油毡、橡胶、塑料、皮革、树叶、枯草、各种包装皮等及其他会产生有毒、有害烟尘和恶臭气体的物质。

（八）爆炸及火灾隐患的控制

1.制定并落实各项消防规章及防火管理制度。

2.对现场施工管理人员及操作人员进行消防培训，增强消防意识。

3.按消防方案中的要求进行消防器材的配备。

4.油漆、稀料，氧气、乙炔等在材料存放区分库放置。

5.焊接施工，采取立体交叉作业，制订专门的消防方案防止发生火灾。

（九）环卫、卫生管理

1.工地制定切实可行的卫生管理制度，卫生责任区要划分明确，工地设一名负责人落实和检查制度执行情况。

2.办公室、值班室要保持清洁、整齐、有秩序。

3.办公区、现场周围无污物和积水，垃圾要集中分类堆放并及时清理。

4.设置专职保洁人员，保持现场干净清洁。现场的厨厕卫生设施、排水沟及阴暗潮湿地带，予以定期进行投药、消毒，以防蚊蝇、鼠害滋生。

5.现场食堂操作人员上岗前及上岗后要定期进行身体检查，食品要卫，生熟分开，不采购、出售腐烂、变质的食物，预防食物中毒。

十四、现场施工机械料具管理措施

（一）现场施工机械管理

1.机械需要有使用、检测记录，要有定期检查方案。

2.施工机械必须按各阶段的施工现场平面布置图确定的位置进行安装，安装完毕要组织检测验收，并经过试运转，检查各部件是否达到说明中的要求，合格后才能投入使用。

3.电焊机、切割机、电锯等机电设备，开关灵敏，接地可靠，电源线必须绝缘良好无漏电。

4.施工期间，使用的设备机械种类多，分布的作业面也较广，队伍多，机械的使用由项目部负责对用电、安全管理作统一协调。

5.所有机械必须由专职操作手操作和维修，操作手必须持证上岗，按操作规程操作，严禁非操作人员随意动用机械。

6.机械管理人员必须对操作手做安全技术交底，并做好记录，各工种必须服从项目部的管理，各工种的进场机械，项目部进行总体把关，防止不合格的机械进场。

7.所有机械做好使用及维修保养记录，必须每天检查，确保机械设备的安全使用，操作人员应做好交接班记录。

（二）料具管理措施

1. 严格落实现场料具管理制度，落实料具管理人员岗位责任制。

2. 按阶段的施工平面布置图明确的位置搭设临时仓库和料场，仓库要防雨、防潮、消防器具齐全，并安门上锁，料场要平整、夯实，高于周围地面，四周排水畅通。

3. 工程使用的周转材料多，使用前做好计划，安排专人负责管理、保养和维修，防止丢失、损失或挪作他用。现场内码放要整齐，周转材料不用时及时退场。

4. 进场材料按要求存放，露天存放物资按品种、规格、分类堆放，码放整齐，并做好标识。库内存放的材料要分类清楚，码放整齐，标识明显，材料摆放位置要方便收发。

5. 现场按计划进料，按计划或任务书发料。明确为可追溯性物资的材料，按我公司 GB/T19001 质量体系中《物资设备标识和可追溯性控制程序》要求执行，并详细填写有关记录，做好标识，便于实现可追溯性跟踪控制。

6. 现场使用的材料必须有合格证，材料员要搞好材料合格证的收集工作。

7. 现场码放的材料均用标牌进行标识，注明规格、型号、数量、产地、等级及进场日期。

十五、防民扰措施

进场前首先做好派出所和居委会等管理部门的工作，争取让这些管理部门支持我们的工作，帮助我们一起来做居民的工作。群众有任何动向都可以及时通知我方，提前做好准备。

向居民详细讲解该工程的结构形式、工期、所用机械及其对周围环境影响等情况，了解居民的安全顾虑，与居民相互协调。

施工期间除出入车辆外，大门一律关闭，人员出入走小门，禁止闲杂人等参观。如周围居民有参观要求，可由甲方或经理部统一组织。

施工期间我单位组成以经理部书记任组长的慰问协调小组，定期走访各户居民，了解其实际困难并尽力帮助其解决，并在现场设立接待室，认真听取居民反映的问题以及提出的建议，并在施工中及时调整，解决问题。

十六、卫生防疫措施

成立施工现场卫生防疫领导小组，负责施工现场和民工生活区流行病疫预防和控制。应根据季节变化的特点，结合现场实际情况，要做好流行性感冒、非典型肺炎、高致病性禽流感等流行疾病的防控。

施工场区的管理：保证场区道路通畅无积水。设置一定数量的垃圾桶，并有专人每天负责清理。

民工宿舍的管理：民工宿舍将保证足够的生活空间及必要的生活设施，宿舍高度不低于2.5米，面积不低于2平方米/人，每间宿舍不超过15人，并备齐被褥、衣架、脸盆等必要的生活用品。宿舍内夏季应将开启式窗户打开通风，保持室内空气流通，并安纱扇防蝇，冬季配备取暖设备，保持室内正常温度。

食堂的管理：职工食堂和外施对食堂设在上风地，地势较高，室内通风良好，排水通畅且距离厕所30米以上的地方。食堂建成后，需取得北京市卫生防疫部门颁发的《食品卫生许可证后》方可开火。炊事员每年进行一次体检，体检合格方可上岗。食堂内各种器具、主副食品不准直接接触地面，各种食品必须生熟分开，各种器具、机械、盖布应干净卫生，无不洁、生锈、霉变、油垢及残渣。菜墩、案板、刀具、容器等应生熟分开，并有明显的生熟标记。

厕所管理：施工现场和生活区的厕所建成水冲式，厕所屋顶、墙壁严密，门窗齐全有效，并有专人负责打扫，保持厕所卫生清洁，定期进行消毒。

饮用水管理：职工饮水由现场饮水站提供开水。夏季供应清凉饮料或绿豆汤。民工饮用水由专门的饮水站提供。

十七、环保管理制度及管理体系

（一）管理目标

创建"绿色现场"，建设"绿色工程"。

（二）环保管理组织体系

确立项目经理为首，技术部、安全部、工程部负责人参加的"环保领导小组"，认真组织开展日常管理工作。环保施工管理体系见下图。

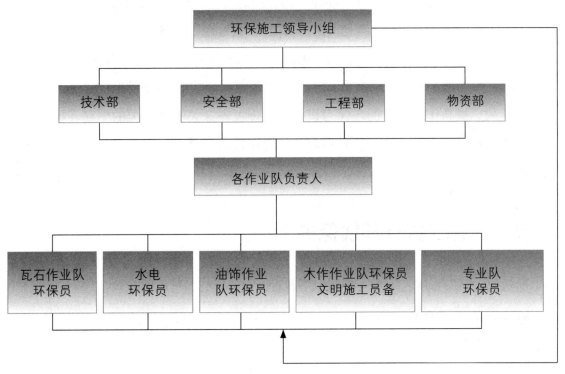

环保管理体系框图

（三）环保管理制度

1. 成立"环境保护管理领导小组"，组织领导施工现场的环境保护管理工作。每半月召开一次"环境保护管理领导小组"工作例会。

2. "环境保护管理领导小组"按照有关要求对现场环境保护措施的实施进行监督检查，对检查中所发现的问题，开出"隐患问题通知单"，根据具体情况，定时间、定人、定措施予以解决，并检查落实情况。

3. 安全部在工程开工前编制切实可行的环境保护方案及环保管理规定，明确管理人员职责，并依照管理规定定期进行检查、整改。发现有不符合环保管理规定的现象，应立即进行制止，进行纠正。

4. 在项目开工前，组织专家对施工过程中的环境保护情况提出评估报告，就施工过程中建筑材料、施工工艺、施工环境、施工人员生活等各个方面对环境的影响进行评估、降低影响应采取的对策，提出建设性方案，指导今后整个工程建设，并在实施过程中不断改进，提高环保水平。

5. 在项目实施过程中，实行"环保一票否决制"，对施工方案的会签、施工材料的选择、施工合同的签订、施工工艺的制定等所有项目建设的环节中，增加环保审查程序，凡对环保有不利影响或有潜在的隐患的，坚决予以拒绝，不得使用或采纳。

6. 所有参加施工的单位，在开始工作前开展学习、宣传环保意识，通过目前的环保重大事项，提高作业人员的环保意识，真正理解环保关乎全人类的生存环境；宣传项目采取的环保方案、措施，从我做起，从现在做起，提高环保意识，为绿色安全贡献力量。

十八、施工操作环境保护

加强施工环保力度，主要为控制以下各种污染：

防止扬尘污染措施

防止水源污染措施

防遗洒措施

现场、生活区烟尘的防治

防止光污染

油料、化学品的控制

第十四章　修缮前中后对比

一、祾恩门

祾恩门修缮前

祾恩门修缮中

祾恩门修缮后

裬恩门礓磋修缮前

裬恩门礓磋修缮中

祾恩门礓磋修缮后

祾恩门连檐瓦口修缮前

祾恩门连檐瓦口修缮中

祾恩门连檐瓦口修缮后

祾恩门山花博风修缮前

祾恩门山花博风修缮中

祾恩门瓦面修缮前

祾恩门瓦面修缮中

二、西配殿

西配殿修缮前

西配殿修缮后

西配殿椽望修缮前

西配殿椽望修缮中

西配殿椽望修缮后

西配殿山花修缮前

西配殿山花修缮中

西配殿山花修缮后

西配殿瓦面修缮前

西配殿瓦面修缮后

三、东配殿

东配殿修缮前

东配殿修缮中

东配殿修缮后

东配殿椽望修缮前

东配殿连檐瓦口修缮中

东配殿墙体修缮前

东配殿墙体粉刷

东配殿墙体粉刷后

东配殿瓦面修缮前

东配殿瓦面修缮中

东配殿瓦面修缮后

四、祾恩殿

祾恩殿修缮前

祾恩殿修缮中

祾恩殿修缮后

祾恩殿椽望修缮前

祾恩殿椽望修缮中

祾恩殿椽望修缮后

祾恩殿室内修缮前

祾恩殿室内修缮中

祾恩殿室内修缮后

祾恩殿攒柱根前

祾恩殿攒柱根中

祾恩殿攒柱根后

五、三座门

三座门修缮前

三座门修缮中

三座门修缮后

三座门瓦面修缮前

三座门瓦面修缮中

三座门瓦面修缮后

六、棂星门

棂星门修缮前

棂星门修缮中

棂星门修缮后

棂星门瓦面修缮前

棂星门瓦面修缮中

棂星门瓦面修缮后

七、神厨院大门及院墙

神厨院大门油饰修缮前

神厨院大门油饰修缮中

神厨院大门油饰修缮后

神厨院墙体裂缝修缮前

神厨院墙体拆砌中

神厨院墙体砌筑中

神厨院墙体抹灰中

神厨院墙体抹灰后

神厨院墙面粉刷前

神厨院墙面粉刷中

神厨院墙面粉刷后

神厨院瓦面修缮前

神厨院瓦面修缮中

神厨院瓦面修缮后

八、神厨

神厨修缮前

神厨修缮中

神厨修缮后

神厨瓦面修缮前

神厨瓦面修缮中

神厨瓦面修缮后

九、北神库

北神库修缮前

北神库修缮中

北神库修缮后

北神库瓦面修缮前

北神库瓦面修缮中

北神库瓦面修缮后

十、南神裤

南神裤修缮前

南神裤修缮中

南神裤修缮后

南神裤瓦面修缮前

南神裤瓦面修缮中

南神裤瓦面修缮后

十一、宰牲亭

宰牲亭下架修缮前

宰牲亭下架修缮中

宰牲亭下架修缮后（一）

宰牲亭瓦面修缮前（二）

宰牲亭瓦面修缮中（三）

宰牲亭瓦面修缮中（四）

宰牲亭瓦面修缮后

十二、随墙门

随墙门大门修缮前

随墙门大门修缮中

随墙门大门修缮后

随墙门大门油饰地仗修缮前

随墙门大门油饰地仗修缮中（一）

随墙门大门油饰地仗修缮中（二）

随墙门大门油饰地仗修缮后

十三、大院院墙瓦面

大院院墙瓦面修缮前

大院院墙瓦面修缮中

大院院墙瓦面修缮中（一）

大院院墙瓦面修缮中（二）

大院院墙瓦面修缮后（一）

大院院墙瓦面修缮后（二）

后记

感谢明十三陵昭陵修缮工程项目全体参与人员，从此项目开始，黎冬青、居敬泽、周颖、何志敏、侯爱国、刘通、房瑞、刘易伦、白咏桐、何方等同志，在开展勘察、测绘、摄影、资料搜集等方面做了大量工作。古建公司十七项目部，刘长星、于连平、赵倩倩。在此致以诚挚的感谢。

本书虽已付梓，但仍感有诸多不足之处。对于十三陵昭陵的研究仍然需要长期细致认真的工作，我们将继续努力研究探索。至此再次感谢为本书出版给予帮助、支持的每一位领导、同事、朋友，感谢每一位读者，并期待大家的批评和建议。